高等院校动画专业规划教材

DIGITAL PAINTING TECHNIQUES

数字绘画技法

赵鑫　李铁　编著

U0211979

清华大学出版社
北京

内容简介

数字绘画是计算机图形技术发展的产物，也是一种新的艺术形式，对传统的创作方式有重大影响。本书重点讲述了数字绘画线面结合风格的基本绘制流程。全书共分10章，内容包括线条的绘制、快速平涂技法、圈影绘制技法、熏染绘制技法、复合式蒙版绘制、数字绘画的工具、点吸式绘制技法、广义画笔意识的养成、素材组合式综合绘制技法、综合技法实例分析。全书插图精美、实例充分，每章均附有针对性的专项习题。

本书适用于动画、游戏及数字媒体专业的研究生、本科生以及数字绘画、数字艺术爱好者阅读和自学，也可以作为动画、游戏及数字媒体专业人士的参考书籍。

本书封面贴有清华大学出版社防伪标签，无标签者不得销售。
版权所有，侵权必究。举报：010-62782989，beiqinquan@tup.tsinghua.edu.cn。

图书在版编目(CIP)数据

数字绘画技法/赵鑫，李铁编著．—北京：清华大学出版社，2018 (2023.1 重印)
(高等院校动画专业规划教材)
ISBN 978-7-302-50672-0

Ⅰ．①数… Ⅱ．①赵… ②李… Ⅲ．①图像处理软件－高等学校－教材 Ⅳ．①TP391.413

中国版本图书馆CIP数据核字(2018)第154499号

责任编辑：刘向威
封面设计：文　静
责任校对：徐俊伟
责任印制：丛怀宇

出版发行：清华大学出版社
网　　址：http://www.tup.com.cn，http://www.wqbook.com
地　　址：北京清华大学学研大厦A座　　**邮　　编**：100084
社 总 机：010-83470000　　**邮　　购**：010-62786544
投稿与读者服务：010-62776969，c-service@tup.tsinghua.edu.cn
质量反馈：010-62772015，zhiliang@tup.tsinghua.edu.cn
课件下载：http://www.tup.com.cn，010-83470236
印 装 者：三河市龙大印装有限公司
经　　销：全国新华书店
开　　本：185mm×260mm　　**印　　张**：18　　**字　　数**：484千字
版　　次：2018年9月第1版　　**印　　次**：2023年1月第5次印刷
印　　数：3701～4700
定　　价：79.00元

产品编号：076980-01

前言

ANI ATI

数字绘画通过科技媒体实现了“手工”绘制的数字化转换，既有手绘过程的直觉感受，又有计算机运算的细腻准确，使人机完美结合，其画面效果具有独特美感。它以自身的特殊功能引导和满足社会与人文对审美的文化需求，具有独特的商业价值和广阔的发展空间。

本书以循序渐进的方式，充分结合实际案例，重点讲授了当前被业界广泛应用的十余种数字绘画技法。涵盖电影、动画、新媒体及出版印刷等相关数字绘画的应用领域，涉及影视概念美术绘制、分镜头绘制、游戏美术绘制、风格类插画绘制等众多应用方向。全书既注重案例实际流程的直观演示，又侧重反复强化数字绘画技法之间的相互联系，使得本书的知识结构非常紧凑。深入引导读者探寻数字绘画特有的绘制特性与规律，从而便于高效地学习、理解和实践。以传统绘画观念的数字化展现作为切入点，充分兼顾传统绘画与数字绘画的结合。与此同时，深度挖掘数字绘画艺术创作的特性规律，为更好地引领读者不断开拓非线性数字绘画创作意识分享了很多实用的经验与体会。本书注重知识结构由浅入深、由表及里，并在每一章都留有习题，从而强化学生对数字绘画重点技法的实践和掌握。本书适用于动画、游戏及数字媒体专业的研究生、本科生阅读和自学，也可以作为动画、游戏、数字媒体专业人士和动漫爱好者的参考书籍。

数字绘画是艺术和技术的完美结合，创作者既要有扎实的美术功底、较高的审美能力，同时又要对数字绘画创作特性深入理解、对相关软件技术娴熟运用，更要在创作实践中多加思索、敢于尝试。衷心希望本书能够为我国数字艺术人才培养和业界产业应用尽绵薄之力。

本书第1～3章和第7～10章由赵鑫编写，第4～6章由李铁编写。由赵鑫完成全书的修改及统稿。

由于编者水平及时间有限，书中不当之处在所难免，欢迎广大同行和读者批评指正。

编　者

2018年1月

Contents 目录

第1章　线条的绘制

线面结合的画面表现风格是数字绘画众多风格中较为突出的一种，在实际绘制中应用非常广泛。线面结合的绘制技法集合了迪士尼二维动画美术和日本动漫美术绘制的相关特点和经验，充分整合数字化图形制作软件的具体操作，形成了线稿绘制、快速平涂、圈影、熏染四位一体的流程化绘制模式。每个模块技法结构既相互联系又相对独立，串联了 Photoshop 等图形绘制软件众多操作命令和绘制技巧。通过循序渐进的学习，学习者可以掌握线面结合中每个绘制板块的基本操作原理，有助于逐步了解绘制软件自身操作特性，为更多的绘制技法延伸提供可能。在二维图形设计软件中，Photoshop 的操作模式具有一定的典型性，数字绘画创作者对该软件的深入理解有助于在同类型绘制软件应用中触类旁通。

线面结合风格以线条和颜色块面为主要画面组织形式。“线”作为分界线处于面与面相接的位置，在实际绘制中对于物体造型的塑造及画面内容的展现都起到了非常重要的作用；“面”则是画面色彩关系的主要载体，为画面物体体量、质感及整体画面氛围的营建发挥积极的表现作用。线面结合的数字绘画造型明确、画面层次泾渭分明、效果清新亮丽，被广泛应用于插图绘制、新媒体动画及游戏美术制作等动漫领域(如图 1.0.1 所示)。

图 1.0.1　线面结合的画面表现风格

线面结合的画面表现遵循着传统二维动漫美术制作中"定型上色"制作流程，以"定型"为先导，"上色"作为画面完善的有力补充。在线面结合的系列绘制流程中，线稿绘制对画面主体进行形体塑造、展现画面内容都起到了重要的作用。定稿线条的最终绘制是将绘画者最初草图化的创意想法变为具象的直观画面表现，与后续的上色环节紧密联系、承上启下（如图 1.0.2 所示）。

图 1.0.2 "承上启下"的线稿

画面中无论是角色还是场景，在线条勾勒之后就已经形成了准确的造型表现，形成画面内容组织的一个强有力因素。从某种角度而言，线条的成败决定了整个画面外在的"形式美"，这就需要绘制者充分把握软件特性，掌握实用的线条绘制方法和步骤，通过数字软件技术提升线稿绘制效果和效率。在接下来的章节中，将陆续介绍相关软件中关于线条绘制方面的功能，以及实战绘制中非常实用的绘制步骤和技法。读者在领会基本操作原理的同时，有针对性地反复练习，并在自己的创作实践中灵活应用，一定会有所收获。

1.1 IllustStudio 常规操作及参数设置

IllustStudio 是一款由日本 CELSYS 公司研发的数字绘制软件，是日本主流的漫画绘制软件。IllustStudio 在线条绘制方面的表现非常出色，其显著的功能特点是具备有效的"抖动修正功能"，可以对已经画出的线条进行抖动修正，让绘制出的线条曲率变化更加流畅。软件可以对线条绘制进行细节设置，例如为线条加入出笔或收笔时的笔锋效果等。通过该软件的数字化程序，让每一位数字绘画爱好者在自身原有绘制能力的基础上画出超乎意料的线条感觉。IllustStudio 的笔触类型和调配方式有别于 Photoshop，甚至在某些方面的绘制操作远逊于后者，但在线条绘制方面具有独特优势。绘制者在平时的绘画创作中，应经常横向关注相关绘制软件的技术特性，做到各取其长、为我所用。本节重点介绍 IllustStudio 线条绘制方面的相关知识和技术应用特点（如图 1.1.1 所示）。

图 1.1.1 软件 IllustStudio

1.1.1 初识 IllustStudio

双击桌面 IllustStudio 软件快捷方式(如图 1.1.2 所示),打开软件 IllustStudio,整体界面风格非常类似于 Photoshop,各种工作面板多为浮动形式,使用者可根据绘制需求适时调整界面布局。可在最上面的菜单列表中单击“面板”菜单,在下拉菜单中选择需要调用的面板类型。在界面左侧的工具栏中,将鼠标或数位笔光标停顿在某个工具按钮之上,系统会自动弹出该工具的快捷键应用显示,可进行初步识记并尝试通过快捷键切换工具类型。在菜单栏的下方有一个适时变换的工具属性,可根据画面绘制需求对当前工具属性进行有针对性的细化调节(如图 1.1.3 所示)。

图 1.1.2 软件 IllustStudio 快捷方式

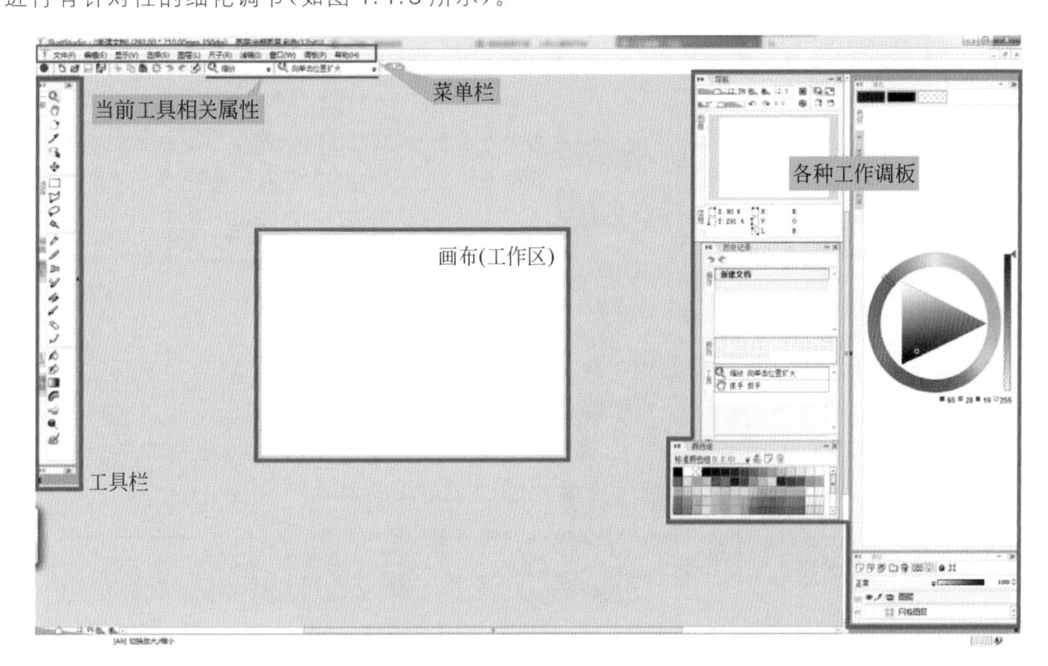

图 1.1.3 IllustStudio 工作界面

1. 常规视图操作

对于二维图形绘制软件的学习往往是从逐步掌握常规绘制习惯开始的,初步形成绘制、擦除以及对画面的“远近”观察等基本操作。在 IllustStudio 环境下的常规操作中,经常用到橡皮擦工具(快捷键为 E)和画布旋转工具(快捷键为 R)。画布旋转工具可适时进行画布旋转,在界面左侧工具栏中双击工具按钮或画布(工作区),画布旋转角度可恢复到初始状态;实时观察画面可使用放大镜工具(快捷键为?(问号键)),放大镜工具被激活时,可单击画布(工作区)进行逐级放大或框选相应部分进行画布区域放大,按 Alt 键可进行画布缩小观察;抓手工具(快捷键为 H)可帮助绘制者对画布进行位置移动,便于随时观察。在实际操作中往往使用键盘上的空格键随时切换抓手工具应用状态。这些常规的视图操作与 Photoshop 具有一定相似性,绘制者需在实践中逐渐养成操作习惯。可以将数位笔的光标放置在工具栏上的某一个工具上,系统会自动弹出相应的快捷键,绘制者可以逐渐摸索这些快捷键操作,以提高绘制效率(如图 1.1.4 所示)。

2. 画布新建与调整

执行"文件"→"新建"命令(快捷键为 Ctrl+N),弹出"新建"对话框(如图 1.1.5 所示),进行相关数值的调整,在"预设尺寸"中选择系统预设的画布尺寸,或根据实际绘制需求直接设置"宽"和"高"的实际数值,在下拉菜单中确定"单位"类型;在"标准分辨率"下拉列表中选择画布分辨率,一般 300dpi 或 350dpi 的画面精度即可满足印刷需求;选择画布"纵"项或"横"项以确定画面的构图布局。单击"确定"按钮,完成新建画布的设置。

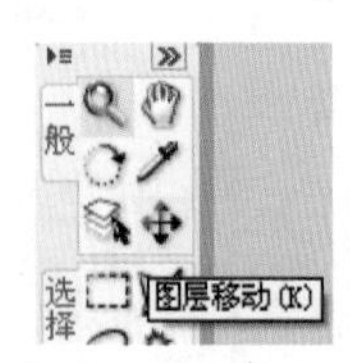

图 1.1.4 显示快捷键

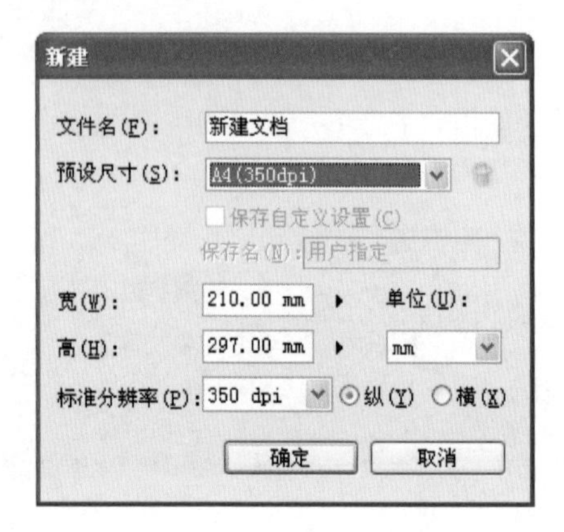

图 1.1.5 "新建"对话框

在实际绘制中,经常会遇到构图预想超出现有画布大小的情况,这就需要在绘制过程中进行画布尺寸的调整,可执行"编辑"→"更改画布尺寸"命令,弹出"更改画布尺寸"对话框。原画布四周出现尺寸调整框,移动调整相应的调节控制点调配画面尺寸,单击对话框中的"确定"按钮完成尺寸调整,新拓展的区域以白色底图呈现(如图 1.1.6 所示)。

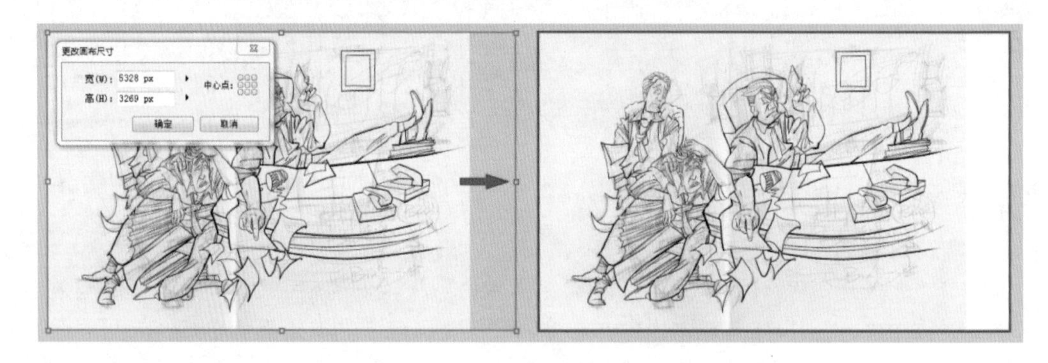

图 1.1.6 更改画布大小

3. 文件导入与输出

执行"文件"→"打开"命令(快捷键为 Ctrl+O),弹出"打开"对话框(如图 1.1.7 所示),IllustStudio 具有较强的兼容性,"文件类型"中包含了 psd 格式的文件,便于用户在实际绘制中与 Photoshop 紧密配合。通过打开导入的 psd 文件,可在 IllustStudio 中灵活利用相关图层绘制,但 Photoshop 中的某些图层效果设置会有所变化,绘制者应多多留意。

当线稿完成绘制后可以执行"文件"→"另存为"命令(如图 1.1.8 所示),在"保存格式"下拉列表中选择 Photoshop;然后单击后面的"设置"按钮,在弹出的"Photoshop 设置"对话框中选择

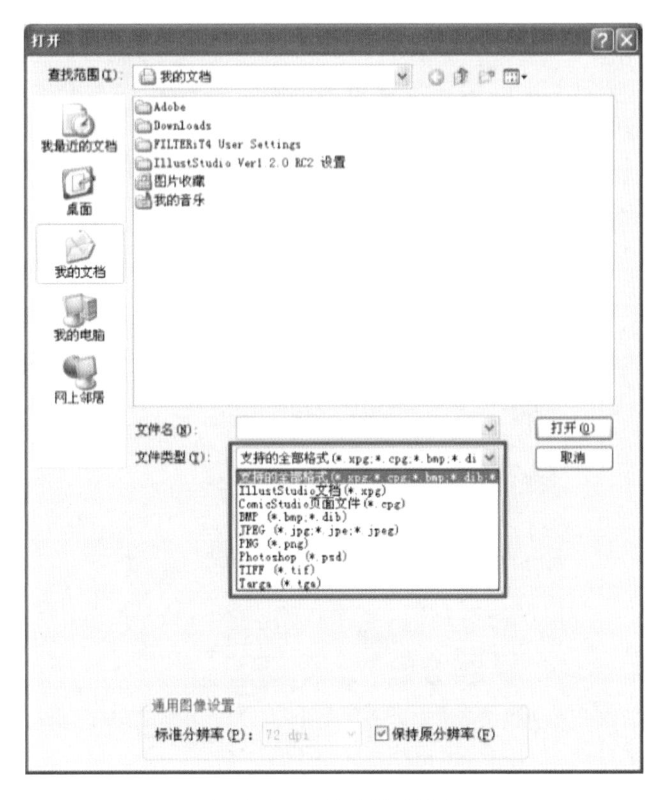

图 1.1.7　“打开”对话框

“保持图层结构输出”，为后续相应的浮动层在 Photoshop 中顺利打开和编辑奠定基础，方便上色等相关操作(如图 1.1.9 所示)。

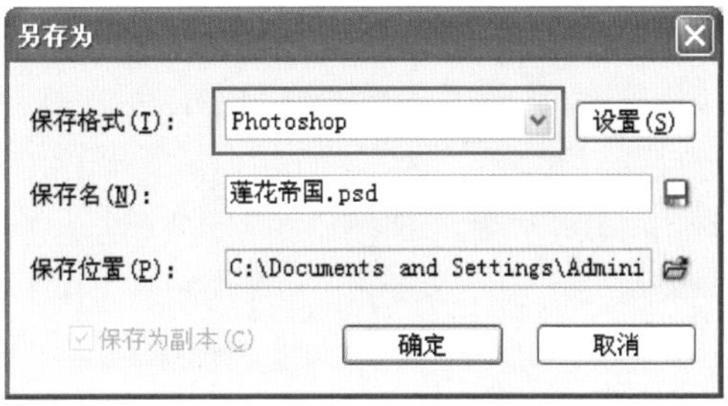

图 1.1.8　“另存为”对话框

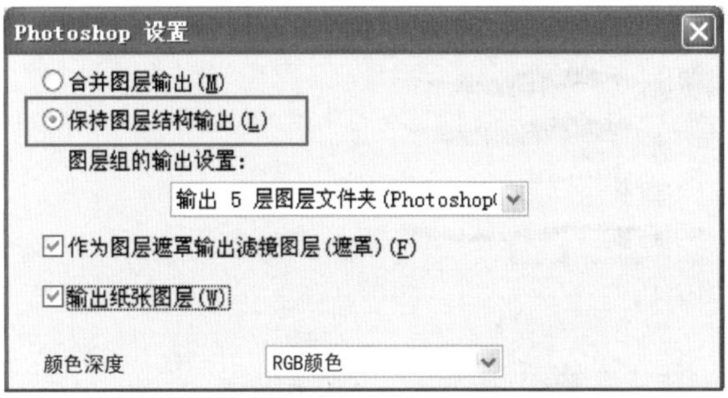

图 1.1.9　“Photoshop 设置”对话框

4. 图层的相关设置

在 IllustStudio 的线条绘制中，会频繁使用图层面板相关操作，其基本概念和操作方法与 Photoshop 大致相同，相关功能的按钮位置和功能名称有些小的变化。执行“面板”→“图层”命令，调出“图层”面板。对于“图层”面板的常规操作，可以执行“图层”菜单中的相关命令实现，也可以直观地单击“图层”面板上的相关功能按钮进行操作。结合线条绘制的相关操作，“图层”面板的相关操作如图 1.1.10 所示。

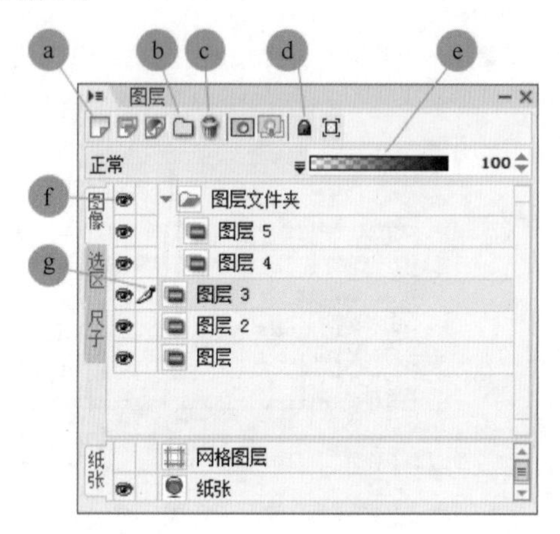

a.新建图层　b.新建文件夹　c.删除图层或文件夹　d.锁定图层或文件夹
e.不透明度调整　f.可见性指示　g.当前指示

图 1.1.10　“图层”面板

5. 绘制工具的相关设置

在 Photoshop 中，钢笔工具是路径绘制工具，而 IllustStudio 中的钢笔工具则是真正意义的绘制工具。在界面左侧工具栏选择钢笔工具（快捷键为 P）。依次单击 P 键，工具栏中的“钢笔”“铅笔”“点笔”会依次显示激活，使用时需留意当前工具的选择状态。

使用钢笔工具在画布随意绘制，绘制手感会非常轻盈随手。执行“面板”→“工具组”命令，调用“工具组”面板。面板中包含了“基本”“效果”“补正”及“扩展”四个扩展栏，依次单击前面的“+”标记按钮可将扩展栏打开并进行具体参数的调整（如图 1.1.11 所示）。

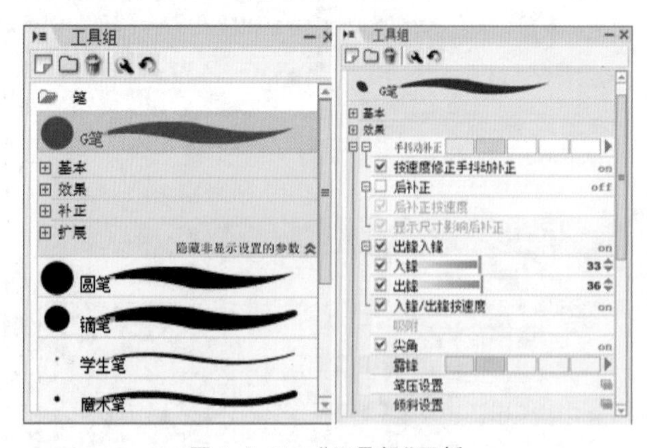

图 1.1.11　“工具组”面板

“G 笔”是对真实漫画线条绘制的“G 笔尖”的效果模拟，下面以“G 笔”为例，分别对几个扩展栏的相关属性进行重点详解。

(1)"基本"扩展栏

笔触直径大小调节通常使用快捷键"["或"]"分别进行笔尖直径缩小或放大,单击面板中调节滑杆左侧的按钮图标,可选择笔刷直径的调节类型。默认为"无变化",在实际应用中推荐使用"笔的压感"类型,相应图标也会随之变化。笔尖直径滑杆调节的下面为画笔的不透明度调节(如图 1.1.12 所示)。

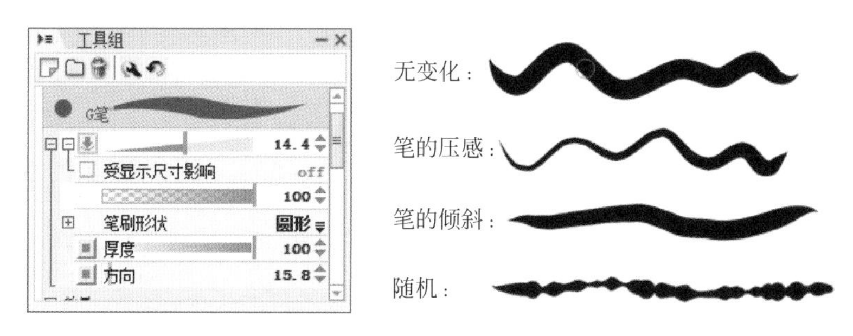

图 1.1.12　工具组"基本"扩展栏及"笔的压感"类型示意

在笔刷形状调节中,"厚度"调节可对原有圆形截面的笔触进行"压扁","方向"可对笔刷截面进行旋转变化。两个调节滑杆的左侧同样具有按钮图标,可进行分类调整,分类细项与画笔直径调节细项相似。例如将"画笔直径"和"厚度"的类型均变为"笔的压感",将"方向"的类型变为"笔的方向",绘制者在画线时结合数位笔压感及运笔行笔感觉,即可绘制出更加富有变化的流畅线条(如图 1.1.13 所示)。

图 1.1.13　"笔的方向"相关设置效果示意

(2)"效果"扩展栏

在"效果"扩展栏中选中"抗锯齿"选项,可使绘制出的线条效果规避锯齿效果,确保线条质量更加流畅,在通常情况下经常是处于被激活状态。注意,线条的流畅程度与 IllustStudio 画布的分辨率大小、数位板自身压感级参数的大小以及计算机显卡、内存等硬件匹配的具体情况相关,这都需要绘制者综合考虑(如图 1.1.14 所示)。

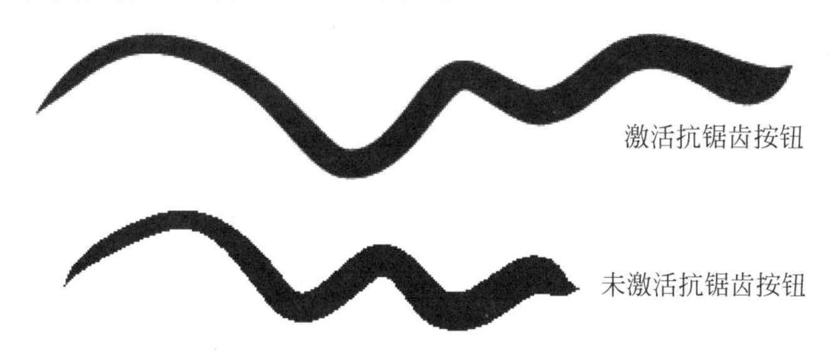

图 1.1.14　线条的抗锯齿效果对比

(3)"补正"扩展栏

"补正"就是软件本身通过特定算法将数位笔实际绘制抖动的数值进行一定范围的筛检,以达到光滑的目的,这也是 IllustStudio 线条绘制的优势所在。"手抖动补正"共分为 5 个级别,级别越高防止线条抖动的效果则越好。

“后补正”是 IllustStudio 的特色功能之一，通过对“后补正”数值的调整，软件会自动识别刚刚绘制的线条，并根据一定的系数关系对现有线条进行曲率归纳，数值越高，补正的曲率衰减越大，对绘制线条的调整效果更趋向于直线。一般情况下，绘制“柔美”线条的补正范围为 2～5，绘制者要结合自身的实际绘制手感和画面需求，找到最适合的参数范围。“出峰”和“入峰”选项强化了绘制线条入笔及出笔位置的“渐细”效果，数值调节越高，“渐细”效果越明显。选择“尖角”选项，单击“笔压设置”右侧的设置按钮，弹出“笔压设置”面板，通过调节绘制压感曲率的变化可绘制出更加精细的线条（如图 1.1.15～图 1.1.17 所示）。

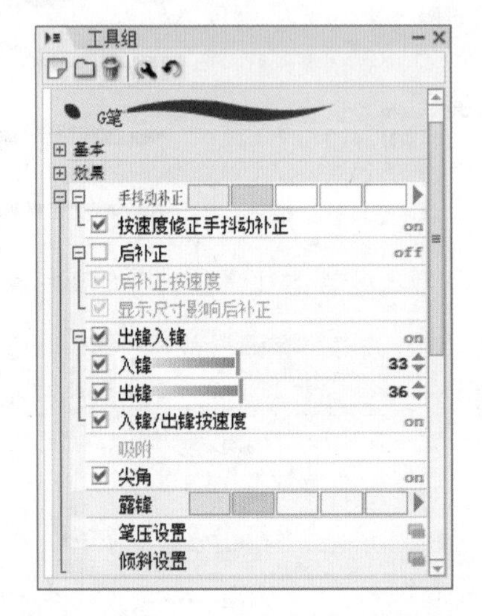

图 1.1.15 “工具组”面板相关参数调节

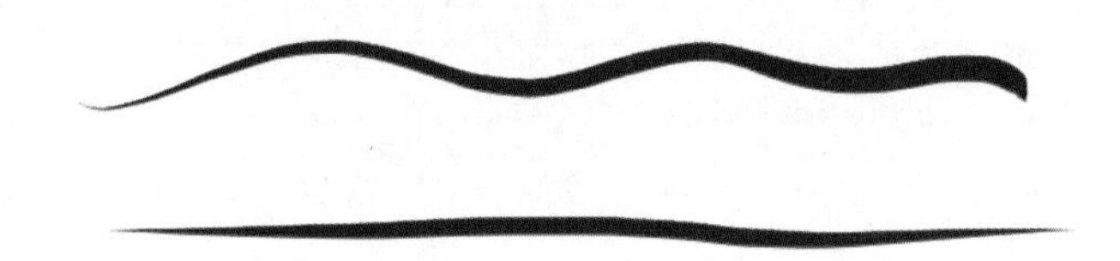

图 1.1.16 “入峰”和“出峰”效果示意

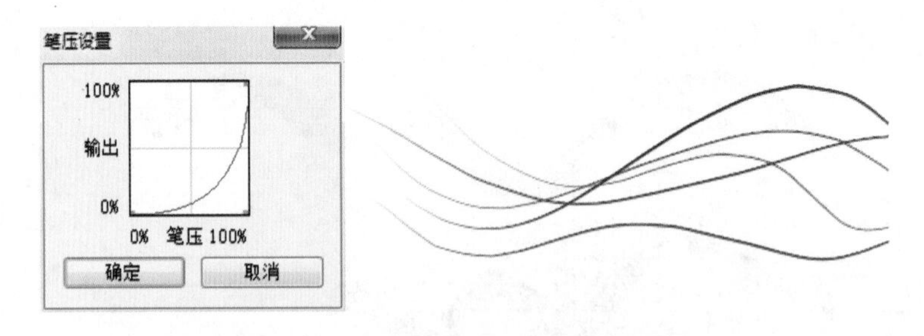

图 1.1.17 通过“笔压设置”绘制纤细的线条效果

“工具组”面板的参数调节都非常直观，使用者可以一边调节一边尝试，慢慢体会绘制感受和功能特性，逐步找到规律。在“工具组”面板靠上位置有一个“恢复初始设置”按钮，可帮助使用者将画笔参数恢复至默认状态。

6. 快捷键相关设置

通常情况下，在 IllustStudio 中进行线条绘制时会频繁使用新建图层、合并图层、复制图层等操作任务，钢笔工具、铅笔工具、橡皮擦工具和移动工具会在线稿绘制中频繁切换。当绘制者的绘制状态娴熟到某一阶段，软件常规的默认组合功能键已不能满足更加流畅的绘制需求，这种情况下，绘画者可以自主设置符合自身操作习惯的快捷键。

在 IllustStudio 中执行“文件”→“自定义”→“快捷键设置”命令，在弹出的“自定义设置”对话框中可进行如下操作：选择“菜单”类型并在其“类别”板块中选择“图层”，此时邻近的“命令”板块会自动罗列出图层相关的命令操作；在“命令”板块中，单击“新建光栅图层”；根据自身使用需求，在“新的分配”输入框中输入相应的快捷键（单键或组合键都可以），本例快捷键输入为 F1；快捷键输入后，单击“分配”按钮，此时刚刚输入的快捷键出现在“当前分配”的显示框中。单击“确定”按钮，“自定义设置”对话框自动关闭，完成“新建光栅图层”的快捷键设置。回到当前的绘制文件，按 F1 键，即可快速创建光栅图层（如图 1.1.18 所示）。

图 1.1.18　“自定义设置”操作流程示意

根据操作经验，提供常规应用的快捷键设置在实际的绘制操作中效率较高，供绘画者参考：F1 键（新建光栅图层）、F2 键（合并图层）、F3 键（复制图层）、F4 键（删除图层）、数字 1 键（钢笔工具）、数字 2 键（铅笔工具）、数字 3 键（橡皮擦）、数字 4 键（图层移动工具）。

1.1.2　线条绘制技法

本节内容是基于 IllustStudio、Photoshop 软件平台的绘制操作，重点介绍一些较为实用的线条绘制技法。以 IllustStudio 实际操作为例，相关方法同样适用于 Photoshop 等其他绘制软件，绘制者可以在实践中结合个人的绘制习惯不断摸索，逐步积累线条绘制的经验。

1. 短线原则

短线原则即将长线“化整为零”，简单地说，就是将一个长线条拆分为若干线段，分别绘制并进行相互组接，形成完美的长线效果。绘制者在进行线条绘制时，人为的抖动效果虽可通过软件进行数据化的“精练”，但如果一条长线画下来折角过多，即使经过“补正”计算，效果也不理想。在画笔面板中“补正”参数设置相同的情况下，线条绘制的效果也会大相径庭。效果 1 中是一条长线绘制，线条的入点为 a、出点为 b，绘制路径进行了 3 次折角；效果 2 中，有意将长线划分为 4 段相对简单的短线，各小线段都有自己的入点和出点。“补正”功能实际上进行了 4 次小的运算，确保每一条短线的相对精练；效果3则是在“短线”绘制的基础上，将局部进行了擦除，对整体线条效果进行了有目的性的整理，形成了相对规整的画面效果(如图1.1.19所示)。

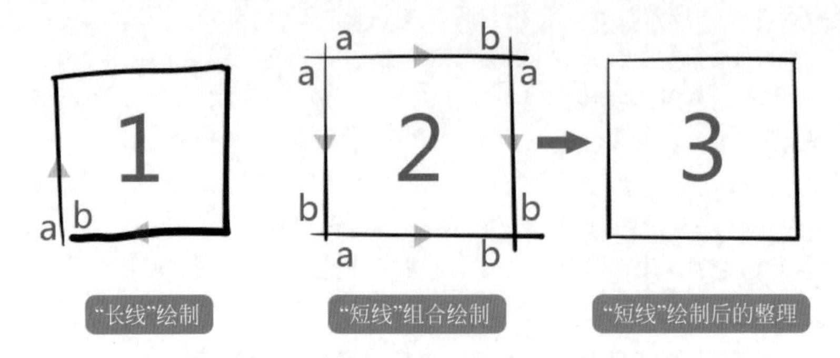

图1.1.19 线条绘制对比分析

短线原则同样适用于曲线的组合式绘制，这与在真实绘制中借助云尺等辅助性绘制操作非常相似，将一条曲线拆分为若干相对曲率的线段并进行绘制、组接。将这种绘制思路展开，通过局部线条组合构筑的方式游刃有余地绘制更加丰富的线条效果(如图1.1.20所示)。

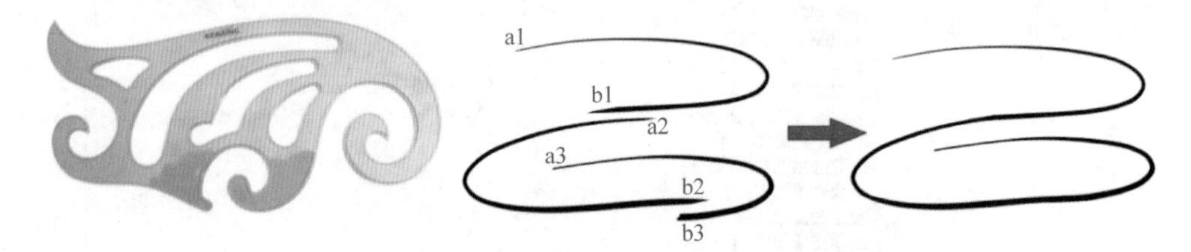

图1.1.20 基于云尺绘制原理的曲线绘制

在线面结合风格的插图绘制中，这种短线原则在线条绘制过程中被广泛应用。例如图1.1.21中马耳朵前的一束鬃毛，绘制时有意拆分成左右两条线段，并根据线条的实际走向选择了入点在上、出点在下的绘制方式。通过合理地拆分绘制，使得单条线段中没有明显的“折角”，力求做到每条线段的精确到位，从而保证了整个线稿的流畅效果。

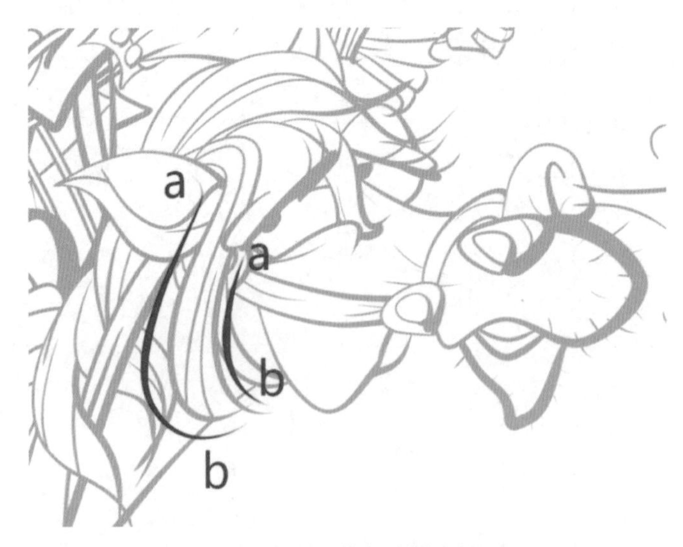

图1.1.21 线条绘制分析

这种短线原则也为绘画者提供了“思考”的时间，线条相对缩短对塑造形体非常有益，从而避免了“长线一来，囫囵吞枣”，将很多精妙的细节充分展现。

2. 甩线对位法

在实际线条的绘制中，通常将甩线对位法与短线原则相结合使用。首先通过对画面造型的线条进行“拆分组织”分析，明确一条即将绘制的短线大致的起止方向，在一个新建图层中将线条绘制完成后，使用移动工具将该线条进行移动对位。

所谓“甩”，意味着线条绘制的速率较高，绘制过程争取做到利落果断，即便同样使用软件自身的“补正”功能，不同的行笔绘制仍会出现大相径庭的效果（如图 1.1.22 所示）。

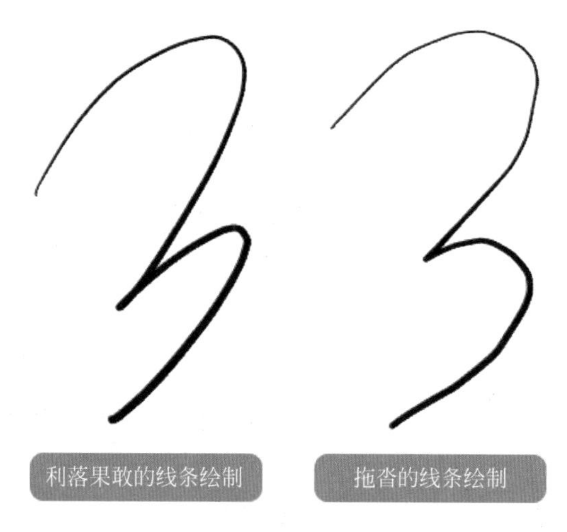

图 1.1.22　不同速率的线条绘制对比

例如图 1.1.23 中这个人物的手臂绘制，C1 与 C2 之间的线段是满足画面需求的线条部分，但在实际的“甩线”绘制中，最初线条的入点 a 和出点 b 往往超出画面的实际需求，尤其在出点部分，一定要“甩”出去。这样的线条处理有助于提升绘画者“甩线”的绘画感受，为后期的“对位”环节拓展很大的调整空间。

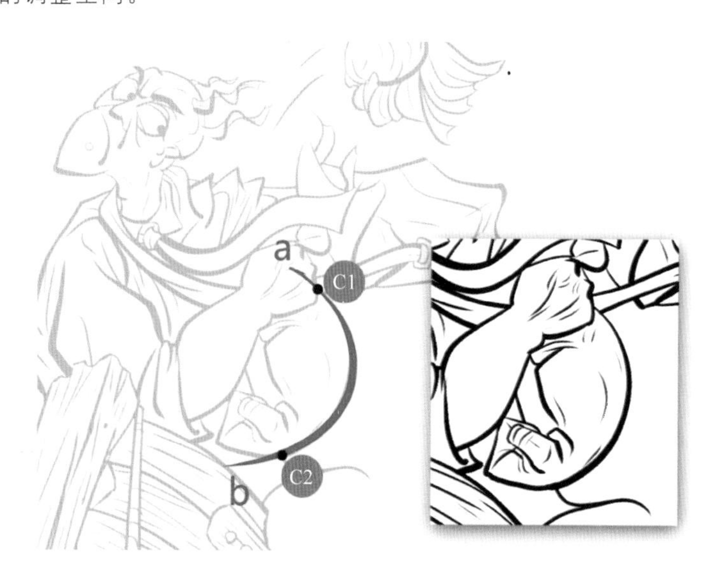

图 1.1.23　线条入点和出点的位置关系

根据物体结构塑造需求的不同，“甩线”绘制状态会有所差别，做到时而“铿锵有力”，时而“风驰电掣”，时而“灵力轻盈”，时而“拙劲十足”，这样才能更加丰富地传递画面语言，更好地塑造形体关系。应注重线条绘制时入笔和出笔时的力道变化，适时调整画笔设置中“入峰”“出峰”的数值。图 1.1.23 中手臂边缘的线条绘制就采用了从入点到出点逐步加力的绘制手法，并降低了画笔的“出峰”数值，使线条更加“有劲儿”，与画面气质合拍。

在画面绘制过程中，有些线条可适当随意，多注重线条的流畅性。例如图 1.1.24 中左侧仙人掌，造型的变化随意性较大，在兼顾基本形体的基础上对仙人掌表面纹理线条的“甩线”绘制时用线则更加放松。同时，这种类似纹理性较强的线条应与其边缘的轮廓线条形成粗细的对应关系，使主体更加突出；画面右侧是一个人物的卡通形象，线条绘制时，尤其是五官等结构性或画面情绪表现较强的部分，绘制状态则相对严谨，用线则更加铿锵有力。

图 1.1.24　不同“气质”的线条表现

所谓“对位”就是将其“甩线”绘制的线条通过工具栏中的图层移动工具（快捷键为 K）移动至相应位置；按快捷键 Ctrl + T（与 Photoshop“自由变化”命令一致）进行相应的长短、角度调整，以达到该线条恰到好处的位置和方向；“对位”后，对于线条中不需要的穿插部分可通过工具栏中的橡皮擦工具（快捷键为 E）进行擦除。

如果绘制线条的操作在单一图层完成，一笔下去很难做到既要考虑到线条的造型塑造，同时又要满足该线条出点落位精准，画错了只能反复地按快捷键 Ctrl + Z 不断取消上一次操作。但若为了避免线条画得不到位，有意放慢线条绘制的速度，即便大致的形体和位置正确，也会因为绘制速度过慢，使得线条看上去非常笨拙，效果会大打折扣。对于初学者，每个线条在绘制之前可以先新建图层，通过后期的操作调整到位，确定最后效果后，再将正确的线条图层加以合并。“甩线”是为了强化线条的帅气，而“对位”则有效保证了线条落位精准，新建图层则为“对位”操作提供了可能。

随着绘制手感的不断熟练，绘制线条的把控性也在不断提升，可逐渐采用单层直接绘制与甩线对位相结合的方法，以提高线条绘制效率。对于单层线稿绘制，“返回上一步”（快捷键为 Ctrl + Z）是使用率较高的操作命令，有的时候为了追求一个线条绘制的效果，需要反复尝试。

下面讲解甩线对位绘制线条实例。

根据角色头发造型的大致走向新建图层，由位置 a 至 b 绘制相应线条，线条果断流畅，如需位置调整，可使用移动工具将该线条移动微调（如图 1.1.25 所示）。

继续新建图层，按照头发整体块面结构由位置 a 至 b 绘制一条新线条，步骤如上所述（如图 1.1.26 所示）。

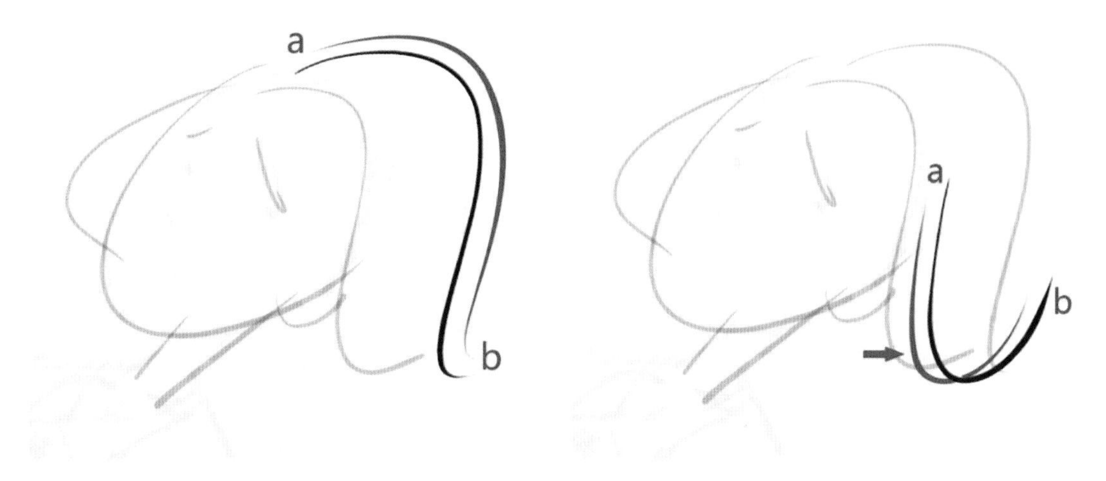

图 1.1.25　“浮动”图层中的线条　　　　图 1.1.26　进行线条对位

伴随绘制任务的不断深入，所建图层逐渐累积增加，选择当前工具为 ✥ 移动工具，按 Alt 键，单击画面中的线条，可迅速切换至当前线条的所在图层，如例图中迅速切换到深色线条所在的“图层 20”。此时，非当前图层的绘制内容以灰度形式展现，使绘制者便于观察（如图 1.1.27 所示）。

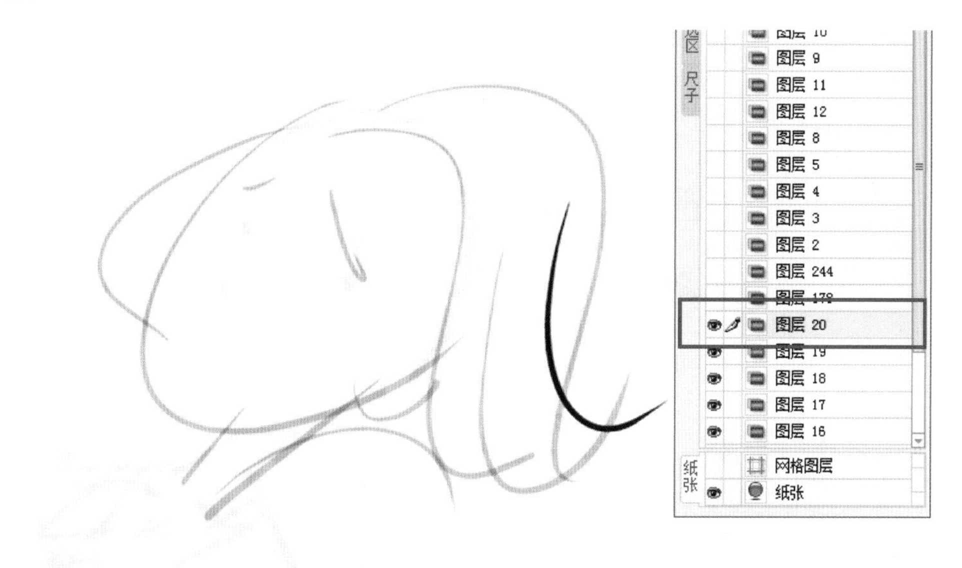

图 1.1.27　当前层单独显示

甩线对位绘制完成后，选择相应图层所在线条，使用橡皮擦工具（快捷键为 E）对多余线段进行局部擦除，线条绘制应做到随时绘制随时整理（如图 1.1.28 所示）。随着绘制操作的不断熟练，也可先逐层进行甩线对位绘制，然后对部分图层进行合并统一擦除多余部分，这样可以大大提升工作效率（如图 1.1.29 所示）。

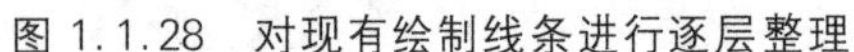

图 1.1.28　对现有绘制线条进行逐层整理

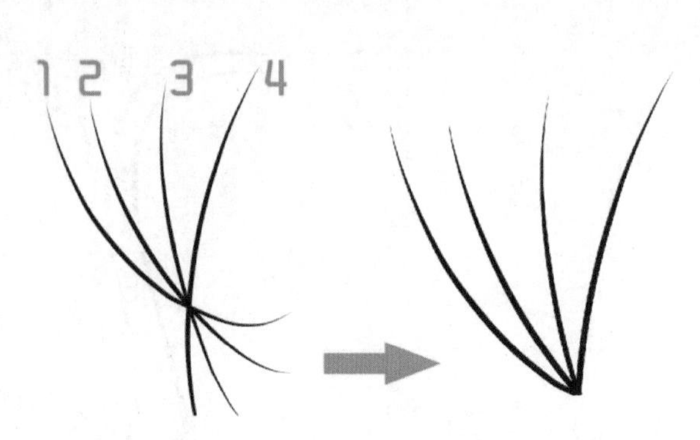

图 1.1.29　图层合并后统一擦除多余部分

甩线对位绘制操作的过程中，应注重不同形体关系的线条变化，在图 1.1.30 中，绘制桌子的线条时，可将工具组中的“后补正”数值适当调大，直接绘制折线效果的硬边线条(见线条①)；绘制腿部或靠枕的布料褶皱时，适当调整“笔压设置”，让笔尖缩小，绘制时把握较为轻盈的手感压力(见线条②)；绘制衬衫袖口的线条时，可取消画笔“出峰”选项并适当降低“入峰”数值，绘制时的手感把握由轻到重的感觉(见线条③)；绘制一些类似按钮的线条时，可采用有顿挫感的绕圆绘制(见线条④)。

图 1.1.30　线条所处的图层关系

画面中的线条因具有一定的差异性才形成了丰富的对比关系，绘画者应多从画面内容出发，根据不同的形体关系来变换与之相似的线条气质，充分把握画面线条的主从关系，做到粗细、虚实、疏密的对比，结合最基本的形体关系的塑造。沿着这个方向，绘画者可根据自己的绘制习惯不断揣摩和练习，逐步找到甩线对位的绘制感觉。

3. 主形填充涂抹法

主形填充涂抹法以甩线对位为操作基础，对当前线条造型细节不断丰富完善，同时兼顾了物体主要形体线条的联系性。如图 1.1.31 中线条①是帽子边缘的线条的局部绘制，线条②是人物脸部线条的局部绘制，两个线条的曲率变化具有一定的联系。

图 1.1.31　主形填充涂抹绘制的应用

下面举例说明用主形填充涂抹法进行拆分绘制：

- 在新建图层中，用“甩线”绘制帽子主边缘形；
- 继续新建图层，对于帽子的褶皱进行局部的填充式绘制；
- 回到主形的所在图层，使用橡皮擦工具对主形线条进行局部涂抹擦除；
- 新建图层，使用甩线对位进行鼻子和嘴唇的绘制；同上，对主形线条进行局部擦除（如图 1.1.32 所示）。

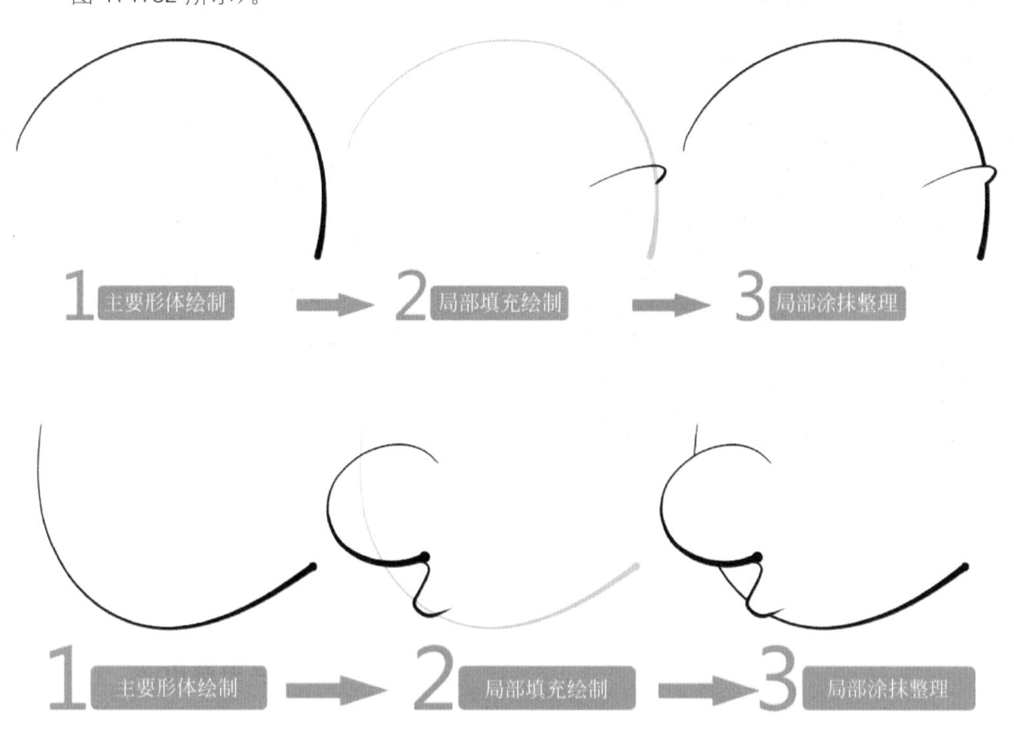

图 1.1.32　主形填充涂抹绘制局部实例分析

主形填充涂抹法在突出细节的同时，保证了物体主形体线条前后的贯穿连续。其在卡通风格的形体绘制中是非常实用的一个小技巧，绘画者要具备从宏观到微观、从整体到细节的绘画意识，使细节刻画起到画龙点睛的作用(如图 1.1.33 所示)。

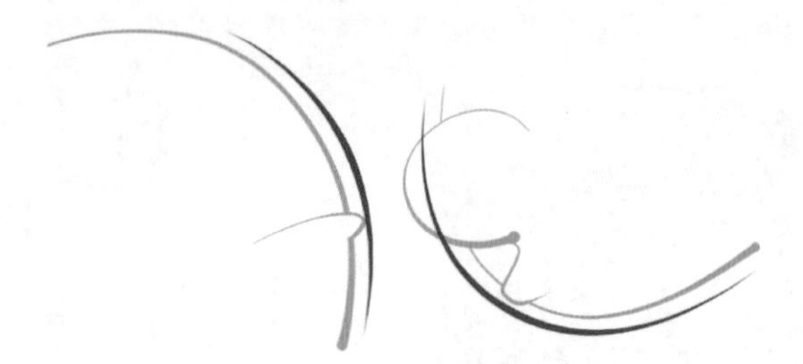

图 1.1.33　具有连续性的形体塑造

在实际绘制中主形填充涂抹法不仅应用在同一物体的细节深入上，还可继续延展该技法的应用内涵，提升该技法的绘制效率，让绘画步骤更加优化合理，不断地丰富画面表现。图 1.1.34 中主人公手臂被前面的领带局部遮挡，在实际的绘画步骤中，可采用主形填充涂抹的线稿绘画理念和绘画步骤。将手臂作为“主要形体”先行绘制，充分利用图层关系，将领带作为“局部填充”的后续绘制，对主形中人物手臂遮挡的线稿进行局部擦除，既丰富了画面内容，又保证了被遮挡造型的连续性，这是对主形填充涂抹技法的延展应用。

这种绘制技法的灵活运用逐步改变绘制者“推着画”的习惯，帮助绘画者游刃有余地添加画面细节(如图 1.1.35 所示)。

图 1.1.34　主形填充涂抹技法的延展应用

图 1.1.35　蝴蝶结与反光镜的形体关系

4. 间距填充法或主线辅线法

间距填充法是先绘制两条相对流畅的线条，但两条线各自的出点和入点并不接触，有或大或小的间隙，用一些小的线段描绘细节，并将之前的“小间隙”进行“填充”，以达到造型流畅且细节丰富的画面效果。图 1.1.36 中这个人物手臂的线稿绘制过程充分体现了间距填充法特有的绘制技巧与步骤。

首先通过甩线对位的方式绘制主要形体的边缘线条，为进一步说明线条所在图层的关系，以不同颜色区分线条各自的图层，线条与线条之间彼此保留一定的空隙，为间距填充法留有一定的绘制空间(如图 1.1.37 所示)。

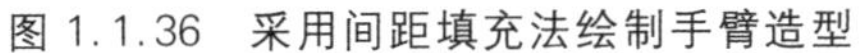

图 1.1.36 采用间距填充法绘制手臂造型

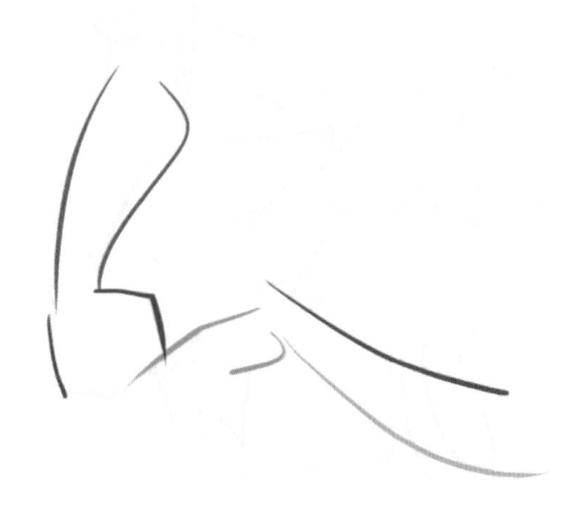

图 1.1.37 甩线对位的前期铺垫

在新建图层中进行细节的线条绘制，红色线条显示为当前图层间距填充的线条绘制。在本例中，线条衔接处多为手腕的转折位置或皮肤的局部褶皱，绘制过程应留意线条绘制时的压感力道，以更好地体现结构关系（如图 1.1.38 所示）。

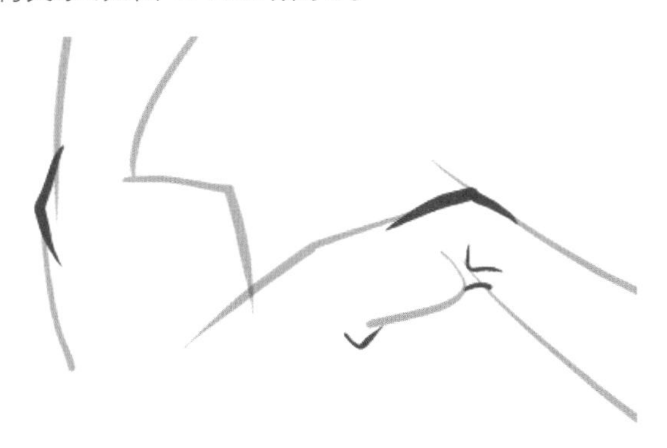

图 1.1.38 间距填充法绘制

根据画面需求，使用橡皮擦工具将不需要的“线头”进行擦除，在此过程中应注重形体节点的穿插关系。间距填充法通过使用小线段绘制，将两侧的线条进行有机结合，突出了结构的联系性以及画面的丰富性，是一种非常实用的塑形线条绘制技法。在操作过程中先画主要线条，再画衔接短线，也可将间距填充法形象地称为“主线辅线结合法”。

5. 液化塑形法

液化塑形法是通过 Photoshop 滤镜中的液化工具对线稿进行更加精细灵活的塑造，这是线稿绘制整体完成后非常实用的一个线条整理技法，可作为 IllustStudio 线稿绘制的有力补充。

灵活运用液化塑形法，可以使画面线条更加灵活生动，更富于表现力。图 1.1.39 中，为了更好地表现画面中角色无奈的精神状态，通过液化塑形法，将角色眉骨原有线稿进行曲线化处理；图 1.1.40 中，角色身体两侧的边缘线贴合结构产生凹凸的起伏感；在图 1.1.41 中，为了体现推车者步履蹒跚前行的状态，画面中独轮车的线条呈现出波浪式的起伏。液化工具对于线条的塑造起到了事半功倍的效果，增加了线条的表现力。

图 1.1.39 情绪性的线条表现

图 1.1.40 结构细节的线条表现

图 1.1.41 丰富线条语言的营建

在 Photoshop 中对线稿进行液化操作具有一定的针对性，需使用相应的选区绘制工具，将准备要进行液化修改的线条区域进行选择，选区和线条之间应保持一定的距离，为后续的液化变形预留一定的空间。执行“滤镜”→“液化”命令或按快捷键 Shift + Ctrl + X，弹出“液化”滤镜面板。选择“向前变化工具”，根据画面需求调整“画笔大小”或按快捷键“[”“]”，在线条相应部分进行涂抹式液化处理。在涂抹过程中切忌变形过度，这样会影响原有线稿的像素组织，造成不清晰的画面效果(如图 1.1.42 所示)。

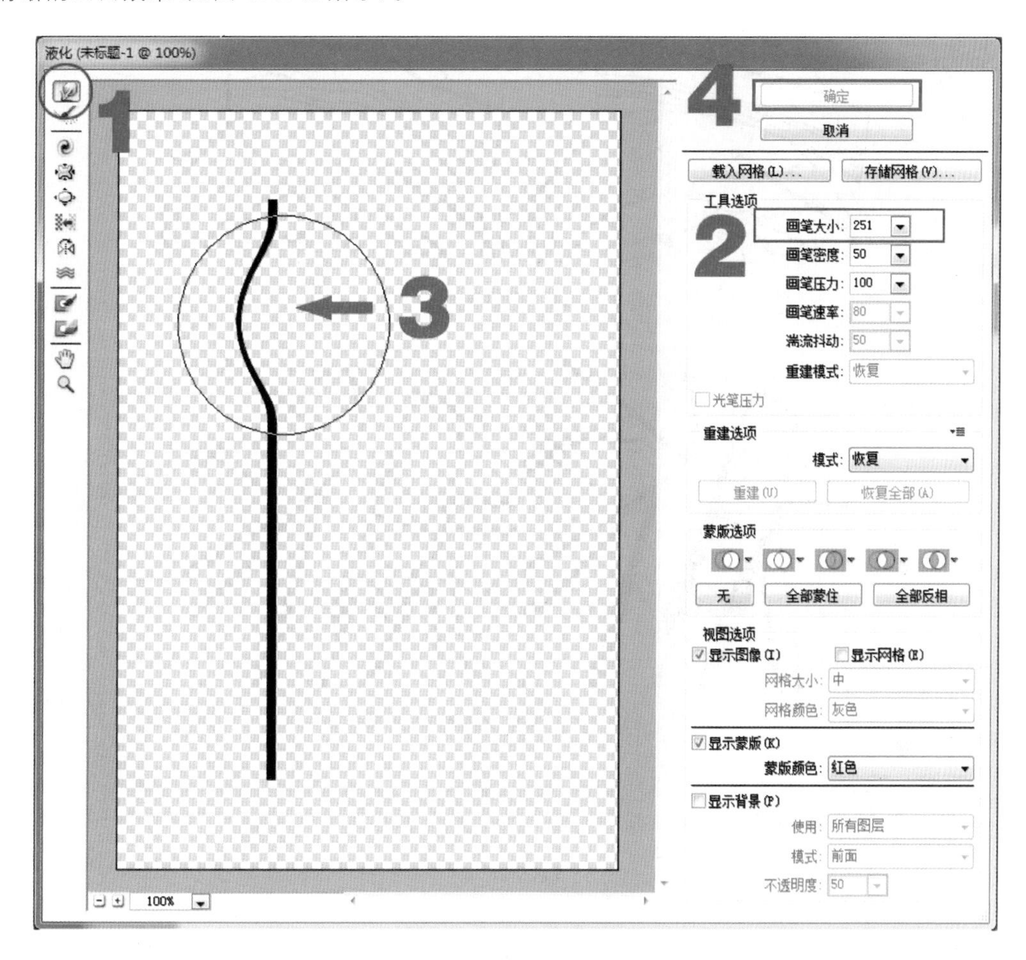

图 1.1.42 “液化”滤镜面板

在进行涂抹液化的操作中，要注意对非液化画面区域的保护。在图 1.1.43 中，为了突出衣服褶皱局部的起伏感，在进行涂抹液化操作时应使衣袖后面的线条保持不变，注重笔触直径、落笔位置与涂抹方向的关系。

逐步形成整体绘制流程的意识后，会在线稿绘制阶段针对那些需要后期液化的造型线条进行基础式绘制。图 1.1.44 中为了突出船桨局部布条捆绑的效果，在线稿绘制时有意加粗，帮助后期液化操作时做出一定的结构和光影效果。

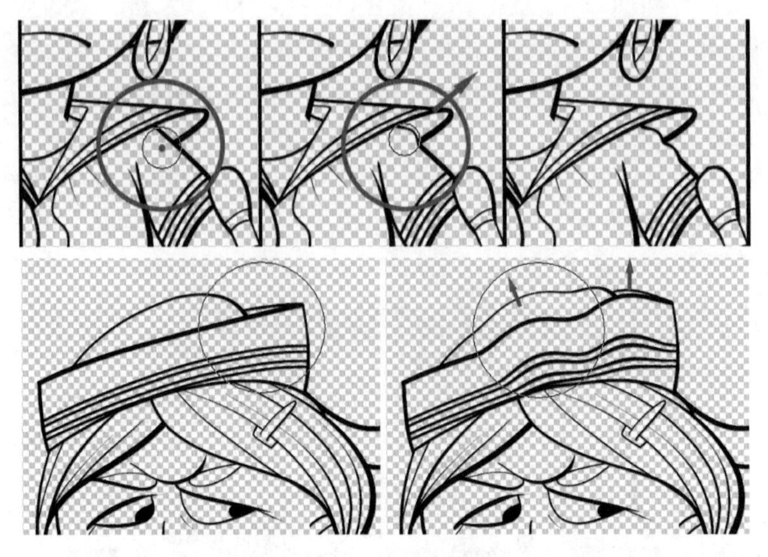

图 1.1.43　局部液化效果

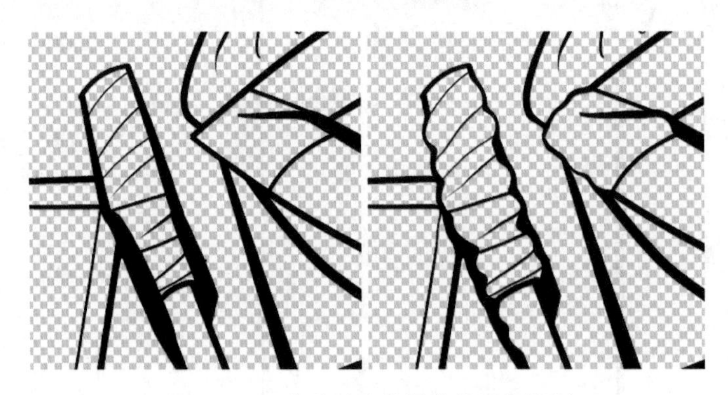

图 1.1.44　线稿对液化操作的预留绘制

绘制者一定要有较为全面的数字绘画意识，让软件的数字技术相互配合，各尽所长。在图 1.1.45 中正是巧妙运用了液化涂抹的方法，为救生圈增添了生动的造型细节；图 1.1.46 中水面波纹线条造型同样运用了此类技法。这样的例子不胜枚举，绘制者要在创作实践中灵活运用。

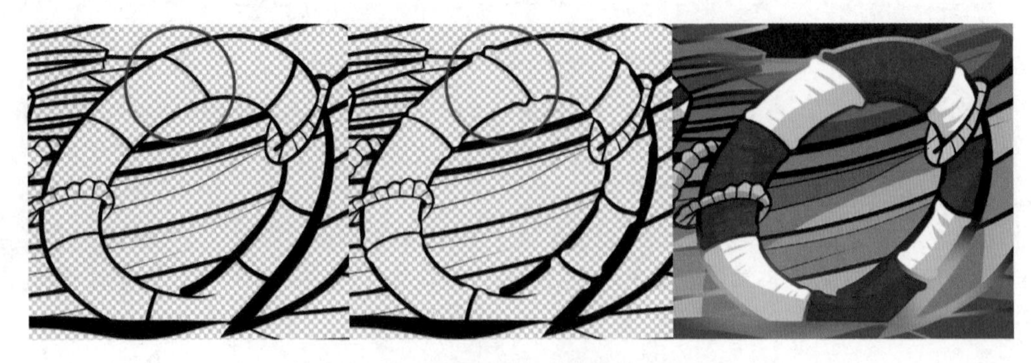

图 1.1.45　突出细节变化的线条造型处理

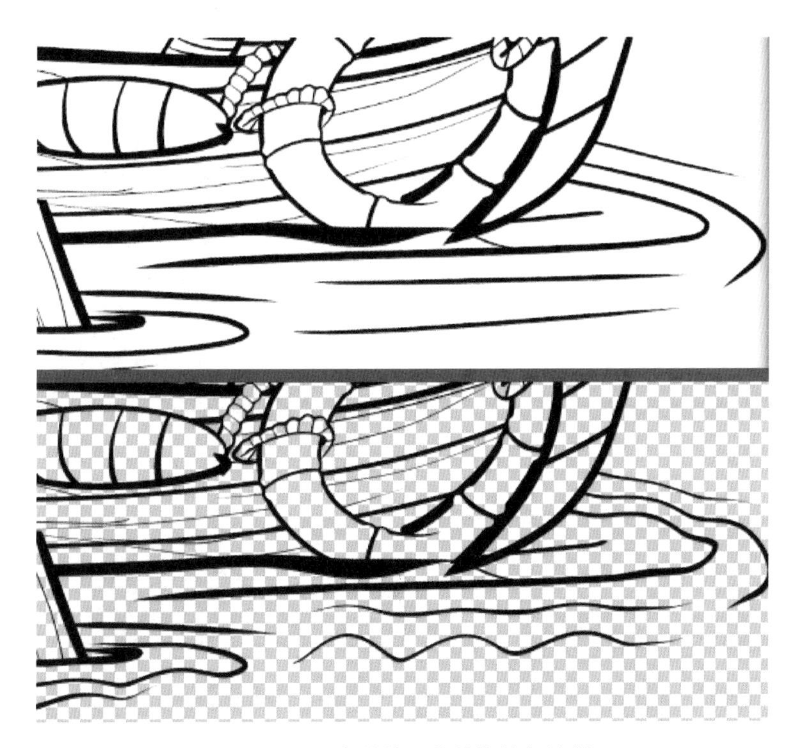

图 1.1.46　有的放矢的前期线条绘制

6. 二度绘线法

在实际绘制中，对于线面结合的画面绘制，线条绘制未必非要做到一蹴而就，IllustStudio 线稿绘制到一定阶段就可以开始配合 Photoshop 进行后续的上色绘制，可以逐步为绘制者提供一个相对完整的画面印象。在此基础之上，可以发现画面内容细节的不足或欠缺，此时可将当前效果的 Photoshop 中的上色文件另存为一个 jpg 格式的图片文件。在 IllustStudio 中执行"文件"→"打开"命令，直接将该 jpg 图片打开；根据绘制者对画面内容的需求，在 IllustStudio 中继续新建图层进行相应的线稿内容绘制。要充分结合不同的绘制主体细分好图层，便于后续 Photoshop 的上色处理。这种二度绘线的方式为表现更加丰富细腻的画面提供了可能，同时这种有主从关系的绘制步骤思路清晰，也非常便于绘制者对整体画面的把控。在图 1.1.47 中，左图为阶段性的画面绘制效果，右图则为在此基础上通过二度绘制的细节造型，对现有画面内容进行了进一步的细节丰富。在绘制的过程中要保证每个新绘制的物体线条都在一个独立的图层中，便于后期上色操作。

图 1.1.48 是类似"猜猜看"的对比图，为便于观察对比，采用二度绘线法继续深入画面细节的绘制，采用标注提示的方式。从某种角度而言，二度绘线法是主形填充涂抹法的继续延展和深化，使画面内容更加丰富。比如图中 a 的标注位置，通过后续的二度绘线法绘制了楼梯扶手的细节，正是在原有画面墙体的"主形"基础上进行的添加。

二度绘线的灵活运用对画面表现具有极强的内容延展性，拓展了数字绘画常规的绘制流程。以线面结合风格表现为基础，形成模块化的线面互动，强化了数字绘画非线性的绘制特性，使画面效果更具表现力(如图 1.1.49 所示)。

在实际的线条绘制中，要充分利用分析绘制主体的层次关系，进行有计划有组织的线条绘制。根据之前的内容讲授，线面结合风格的线稿绘制在合并图层之前常会累积一定数量的线稿

图 1.1.47　二度绘线对比示意

图 1.1.48　画面深入对比示意

图层，这就需要在“图层”面板中养成良好的图层管理习惯。对于画面中具有层次关系的绘制物体要进行合理的分组与命名，同时对“草稿”图层要进行锁定，避免在线稿合并过程中误将草图一并处理(如图 1.1.50 所示)。

线稿绘制要合理利用图层资源，对于场景中重复出现的某元素，可以在单独图层进行勾勒，以备后期在 Photoshop 上色后作为一个独立的元素被随时调用，从而大大提升绘制效率。图 1.1.51 中，线稿阶段以元素为单位，在每个独立图层中进行了相应的绘制，在 Photoshop 中对每个元素进行上色绘制，形成独立的应用元件，并进行画面的构筑。这样的绘制效率非常高，绘制者可在实际案例中灵活运用。另外，随着绘制者对软件应用的不断深入，逐步了解其不同的表现特性，在线稿绘制阶段要做到有的放矢。水的表现，在线稿阶段仅仅是绘制了两条波纹状的线条，其余部分是在 Photoshop 中使用特定的纹理类笔刷进行绘制的，在对画面表现不断丰富的同时，做到了扬长避短，提升了效率。

绘制者可结合以上这些列举的技法，进行有针对性的实践练习，做到融会贯通。同时不断

图 1.1.49 线面互动的画面组织

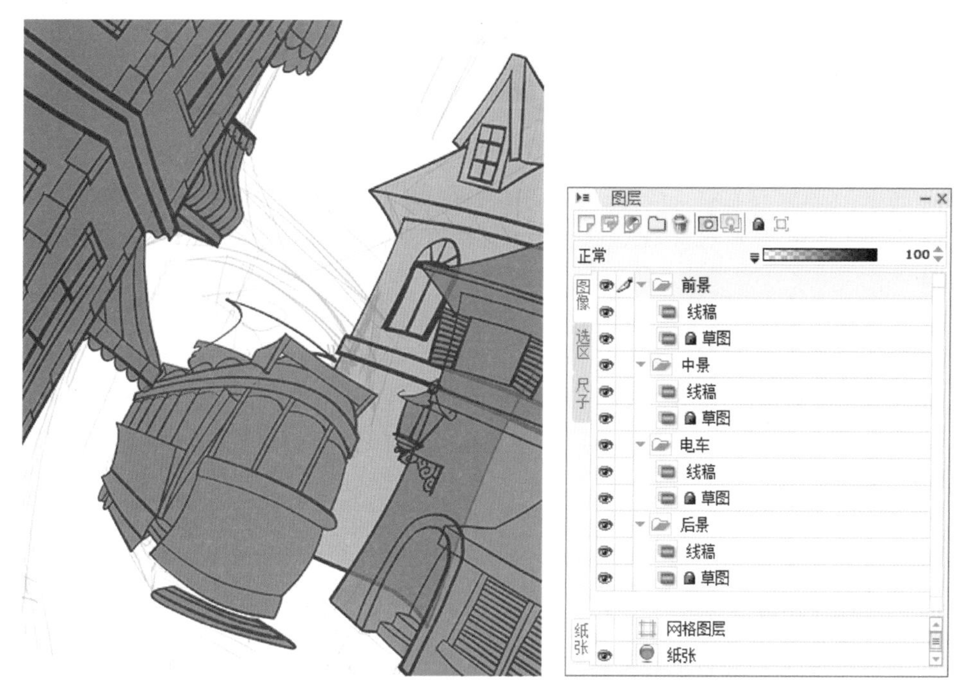

图 1.1.50 线稿层次组织及“图层”面板管理示意图

感受各技法之间的相互关系，结合个人绘制习惯，熟能生巧，实践出真知，同时也希望能够有自己更独特的理解和新技法的派生。

1.1.3 线条风格与应用技巧

在线条的绘制过程中，一定要注重线条的造型变化，一条线画下来，无论长短，都要注重行笔快慢的变化和线条粗细的变化，同时注意“起承转合”，如同写书法一样，要充分利用数位板的压感功能。线条与线条之间要有“出锋”与“入锋”的对比；要富于节奏感，力求有力道且富于变化；疏密之间要有层次；在线条之间注重点、线、面的层次关系。同时，线条要依据对象形体结

图 1.1.51　线稿元素的巧用

构的变化而变化，这才是富有生命力的线条表现，才是富有表现力的线，这些是在线条绘制过程中要充分考虑的问题，只有这样，画出来的线条才禁得起推敲，才会为后续的数字绘画奠定坚实的基础。

对于线条的理解和表现，无论是在西方绘画还是中国传统绘画的艺术哲学中都有很多相关的论述，多了解，多感受，做到艺术修养和技能技法的共同进步。

结合动漫绘制的特性，就线条本身的绘制技巧而论，IllustStudio 软件的操作过程是比较简单的，必须在绘画基本功上多练习。在实际绘制中应注重画面线条的粗细的变化，在绘制主结构形时，线条可相对粗壮有力，为后续的内结构线条和纹理线条的粗细变化拉开维度、形成对比关系。

边缘线形形成轮廓意向，而内结构线形则与边缘线形有机结合，线条游走于物体表面之上，是突出物体结构与体量表现的有效方式。很多绘画者往往忽视物体内结构线条的绘制作用，画面线条缺乏层次变化、线条不够丰富、结构塑造不够明确（如图 1.1.52 所示）。

在同样的边缘线形中，绘制不同的内结构线形可产生不同的体量感受。例如图 1.1.53 中卡通人物脸部的绘制，蓝色的结构线以“点连线”的方式勾勒出脸部颧骨位置的结构关系，绿色的结构线描绘出眼睛、鼻子和嘴周围的一些小的结构关系。右侧的画面中则是没有结构线的画面效果，与前者形成了鲜明的反差。这些小的内结构线形在阐述结构、丰富画面的同时，对于画面后期光影上色环节也起到了很好的造型指导作用。

内结构线表现形式要充分结合相应的画面风格，针对相对卡通的画面表现，内结构线形的绘制也是高度概括的，有一定的发挥空间。

内结构线形为后期“圈影”上色环节提供有价值的参考作用，例如图 1.1.54 中人物衣服领口位置在线稿阶段绘制了一些褶皱的线条，圈影选区绘制时可依据这些线条参考构筑局部的造型结构，从而丰富了画面效果。

在实际的线稿绘制中，线条要注重粗细变化。通常情况下，可将整体造型的外轮廓线条适

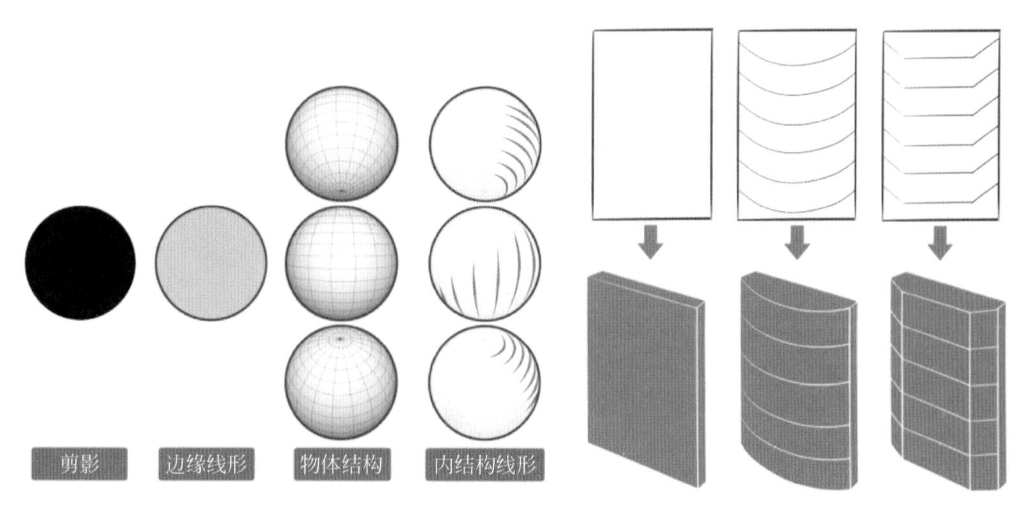

图 1.1.52 内结构线形的透视意向表现

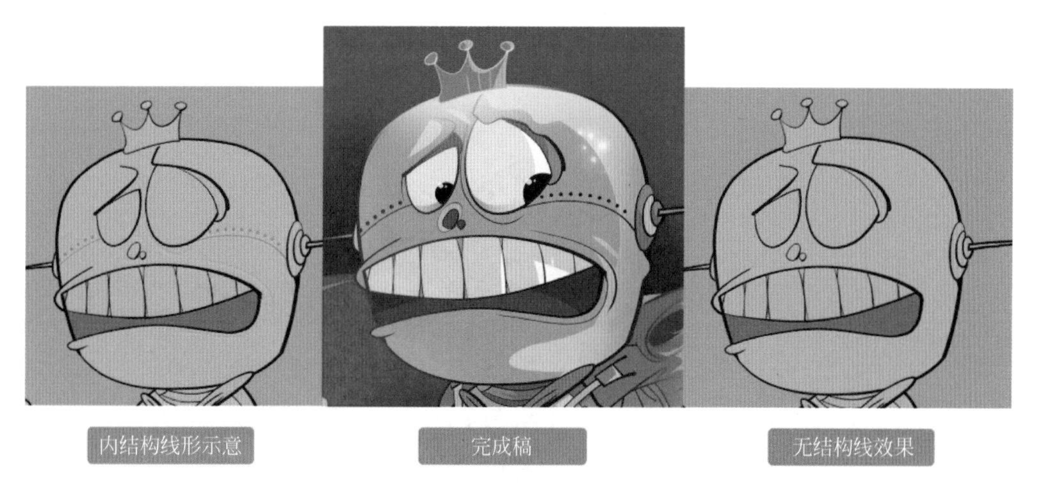

图 1.1.53 内结构线形对画面形体的表现

当加宽，笔触抑扬顿挫变化明显，而内部的一些小的结构或纹理化线条则可适当变细，形成对比呼应的关系。有时后期的圈影上色在卡通风格表现中未必会做到面面俱到，前期线稿绘制中一些相对细腻的线条表现，对于细节结构描述会起到了不可替代的作用。图 1.1.55 中，角色手部、衬衣和外套均采用了类似主形和细节辅助形粗细变化的线条绘制，绘制方式的对比关系也形成了细腻的视觉印象；角色腿部毛发的点状绘制，则更是基于纹理化的线条表现，严格意义说，也是细小的结构。这种侧重纹理化的线条绘制也可采用相对较细的线条表现，与大的结构粗线形成对比关系，达到异曲同工的画面感受。

以甩线对位为核心的系列线条绘制，线条效果细腻流畅。相对于此类型的线条风格，续线法绘制的线条则更有手绘味道，富有顿挫感。根据绘制对象的造型特征，行笔速度时快时慢，这种线条绘制技法被称为续线法（如图 1.1.56 所示）。续线法的绘制感觉类似于真实绘画中“描线”的手法，通过小的“碎笔”笔触顺势续接，或长或短，或粗或细。

续线法是一种平心静气的绘制状态。在图层分配方面，这种续线法往往是在单一图层中完成绘制，之前介绍的相关技法也可以灵活地运用于续线法绘制中。落笔的心态比较平和，落笔

图 1.1.54 内结构线形对圈影绘制具有引导作用

图 1.1.55 角色衬衫上兼顾纹理和内结构表现的线条

图 1.1.56 续线法描绘的线条

压感较轻，是一种“断断续续”的“描”线状态，似乎是可以出错的样子，允许冒出些不经意的“线头”，在画面的绘制留下了思考的痕迹(如图 1.1.57 所示)。

续线法是线条绘制的高级运用，需要绘制者具有娴熟扎实的绘制功底，该技法经常在单一图层上进行绘制，减少了很多创建图层的相关操作，所以绘制效率较高。其特有的线稿风格也促使绘制者在 IllustStudio 的“工具组”面板中取消“防抖”功能及“后补正”功能的勾选状态。续线法是非常自然的绘制方式，它可以在众多平面绘制软件中通用。

图 1.1.57 富有手绘气息的线稿风格

在实际绘制中，线稿绘制要以一定的构思草图作为参考。草图绘制的方式相对灵活，可进行传统纸面绘制，通过扫描仪或相机拍摄的方式再进行数字化采集，传输到计算机软件中，并以此为参考进行线稿绘制；也可以直接在软件中进行草图创作，在 IllustStudio 中一般使用铅笔工具进行草图绘制。概念草图具有一定延展式的画面气质，对后续正式线稿的绘制具有一定的指导和引领作用(如图 1.1.58 所示)。

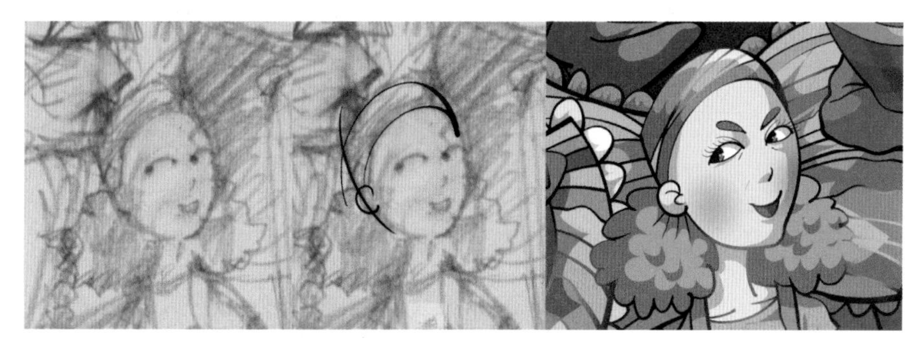

图 1.1.58 铅笔稿扫描草图

将草图图像放置在图层序列的最底层，适当调整其大小和位置关系，适当降低草图图层的不透明度，可以使后续的线稿绘制相对清晰、便于绘制者观察。后续的正式线稿可在草图层之上新建图层，并结合相关技法展开绘制，线稿绘制时依旧要保持一种创作状态，是草图基础上的“二次创作”，这一点非常重要。

对于绘画能力较强的绘制者来说，草图环节一般点到而已，画面中的草图有了初步的造型意向便开始了正式的线稿绘制。初学者在创作时则要尽量提高草图绘制的完成度，为后续的线稿绘制提供更多的造型参考，有助于画面质量的提升。在绘制过程中，也可以随时新建图层绘制草图参考，局部线稿完成后即可将草图参考层删除或隐藏(如图 1.1.59 所示)。

线稿绘制的最终画面效果由创意、构图、造型以及线条表现等综合绘画因素决定。对于初学者，卡通风格的造型相对概括，有助于绘制者在甩线对位技法练习时的发挥；以高水准的造型草图作为参考有助于线稿绘制练习整体画面品质的提升，令初学者信心倍增。初学者可挑选一些优秀的卡通动漫角色作为参考进行线条绘制练习(如图 1.1.60、图 1.1.61 所示)。

图 1.1.59 IllustStudio 绘制的草图风格

图 1.1.60 以优秀手稿为参考的线条练习一

图 1.1.61 以优秀手稿为参考的线条练习二

线条感觉不仅反映了绘画者的绘画功力，同时也客观展现了绘制创作者综合的审美能力及创意水平。绘制者在学习掌握软件线条绘制技法的同时，还要在自身艺术修养方面多下工夫，这样才能绘制出品质较高的线稿作品。广义上讲，数字绘画的绘制方法是多元的，不仅可以是从始至终在计算机中绘制并尝试不同的绘画软件，根据不同的画面内容和表现的具体要求；同样也可以与传统绘画相结合，将纸面的线条绘制稿扫描到计算机中，再进行后续的数字化处理。不拘一格、灵活多样，让数字绘画呈现更加丰富多样的画面表现方式。虽然线稿都是通过同一位艺术家描绘，但媒介和使用工具不尽相同，绘制出的线条感觉也各具特色。

线条的绘制要与后续的上色步骤有机结合，画线稿时如何做到有的放矢，就要求绘画者对于绘画步骤有一个整体的理解，了解每个环节的特性，以做到各尽所长。在后续章节中也将注重介绍技法之间的穿插关系，让初学者对于线面结合的数字绘画有更为全面的认识。

本节小结

本节对线面结合的画面表现特点做了简要介绍，分析了线稿绘制在整体绘制流程中的作用和意义。介绍了软件 IllustStudio 针对线条绘制的基本操作和相关绘制，讲授了线面结合风格中线条绘制的短线原则的概念和应用。重点讲授了甩线对位、间距填充法、主形填充涂抹法、甩线对位法、液化塑形法、二度绘线法等线条绘制技法，以及设定草稿与线稿绘制的关系。希望通过本章节的学习，绘制者充分结合个人的绘画习惯，在有针对性的专项训练中多多体会，并有所收获。

本节作业

- 结合相关设定练习，在软件 IllustStudio 中针对该设定方案分别进行虚线法与钢线法两种不同风格的线条勾勒练习。在线条勾勒的练习中，要不断尝试并体会本节教学中重点强调的线条绘制原则。
- 结合涂抹填充法或间距填充法，进行专项线条绘制练习。该练习可结合预先准备的设定稿，也可尝试进行即兴的设定创作练习。

1.2 Photoshop 的线条绘制

对于线面结合的画面表现，Photoshop 在线条的绘制方面缺乏类似 IllustStudio 的抖动修复运算处理。随着硬件技术的发展，数位板压感级别不断增强，计算机运算速度和显卡显示质量不断提升，可在一定程度上帮助绘画者在 Photoshop 中完成更加顺畅的线条绘制。数位屏的出现有效模拟了绘制者传统的绘制操作习惯，插件笔刷的研发不断深入，有很多与真实笔刷一一对应的细分笔刷可供绘制者使用，这一切都使得整个绘制感受更贴近真实(如图 1.2.1 所示)。

IllustStudio 是日本本土的绘画软件，被称为“日本的 Photoshop”，在日本的动漫绘制领域有非常广泛的应用，逐渐形成了特有的画面表现风格。Photoshop 没有线条绘制的自动防抖修复功能，线条绘制过程中就更加需要使用者具备较强的绘制能力和稳定性，这也是 IllustStudio 在线条绘制方面被广泛使用的一个原因。相对于凌厉清新的线条表现，Photoshop 的线条绘制风格更多了几分“徒手”绘制感，绘制状态会更加随意，线稿间充满了“思索”或是微微抖动的印象，在“续线法”绘制的体现方面表现得尤为突出。伴随丰富的笔刷选择类型，Photoshop 线条绘制的表现方式更加多样灵活。也正因如此，Photoshop 特有的线稿绘制环境会令使用者更加放松，整体的线稿绘制效率有一定程度的提升。从宏观角度看，在 IllustStudio 中讲到的各种线条的绘制

图 1.2.1　Photoshop 线条绘制

方法和绘制原则，绘制者在 Photoshop 的绘制应用中都可以做不同程度的尝试。伴随绘制者数字绘制操作习惯的不断纯熟，绘制时“人为抖动”的问题也会得到大大的改善。Photoshop 纯“手工”线条的绘制风格无所谓好与坏，关键是体现相应的画面表现，理解和掌握不同软件的绘制特性并做到各尽所长，对于掌握更多的数字绘画风格是非常有益的。绘制者可根据自身的实际绘制能力及软件间的鉴别应用的感受以及画面表现风格灵活选择(如图 1.2.2 所示)。

图 1.2.2　Photoshop 绘制在线面结合风格中的应用表现

由于 Photoshop 强大的图像综合绘制和编辑能力，目前它依旧是数字绘画领域当之无愧的创意绘制基础平台。在线条绘制的范畴中，还有一个细分的绘制应用方向就是草稿绘制或创意绘制。在构筑式的叠加绘制中，创意式的线稿草图多是进行构思的图像化展示，草稿环节的画面图像会逐步被后续深入的叠加绘制所取代。草图式的线稿绘制，技法本身相对简单直观，这也是初学者接触数字绘画时经常练习的一个方式。本节草图的线稿绘制不作为教授重点(如图 1.2.3 所示)。

在数字绘画领域，尤其是线面结合的画面表现风格，除了常规较为直观的徒手绘制线条以外，也有一些较为灵活的线条编辑绘制方式。之所以称为“编辑”，是因为需要通过软件中相应的命令操作对线条表现进行步骤式的呈现，这是数字绘画线条绘制方式的有益补充。其中一个

图 1.2.3 线稿草图在构筑式叠加绘制流程中的体现

比较具有代表性的线条编辑绘制方式就是路径勾线法，通过本节的学习，可掌握钢笔工具的基本操作。钢笔工具及相关的路径概念 Photoshop 和 Illustrator 的实际应用中有异曲同工之处，本节的内容安排具有一定的延展性，一方面继续深入了解线条绘制丰富灵活的应用技法，同时也可为学习者在相关矢量软件路径绘制的基本操作奠定一定的基础。路径勾线绘制作为线条编辑绘制方式的重要组成部分，是徒手绘制的有益补充，线条风格结实且极富张力，为画面增色不少，在 UI 界面设计、图案设计、插画绘制等方面被广泛应用。

本节内容讲授共分为两部分：一是对于 Photoshop 中路径基本概念和钢笔工具的基础操作进行解析；二是对于路径勾线技法实战绘制中的一些经验与技巧的分享(如图 1.2.4 所示)。

图 1.2.4 路径勾线技法的应用与表现

1.2.1 初识路径与绘制

路径是由若干锚点、线段(直线段或曲线段)所构成的矢量线条，路径在软件操作界面可视，但在最终的呈现图像或打印图像中并不显示。在曲线段上每个被选取的锚点都会显示出一条或两条方向线，方向线以方向点结束。方向线和方向点的位置决定了该路径的形状和长短，移动这些元素即可改变路径的形状和长短(如图 1.2.5 所示)。

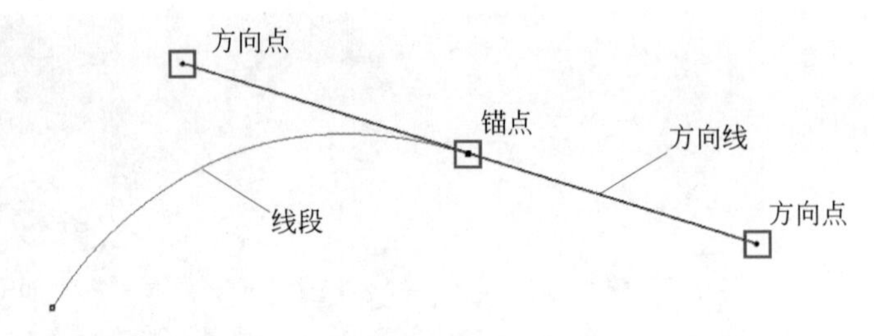

图 1.2.5 路径的构成要素

路径可以是闭合的，没有起点和终点（例如一个封闭的圆圈）；也可以是开放的，带有起始端点（例如一条波形线）。用路径所构成的线条都是矢量线条，无论放大或缩小都不会影响其分辨率。编辑完成的路径可以保存在图像文件中，也可输出为一个扩展名为 AI 的矢量文件，在其他图形软件中重新进行编辑。

锚点又称为节点，在绘制路径时，线段与线段之间由一个锚点连接，锚点在图形学中属于贝塞尔节点，通过该点两条方向线的方向和长度，决定锚点两侧线段的曲率。当锚点显示为白色空心时，表示该锚点未被选取；而当锚点为黑色实心时，表示该锚点为当前选取的点。锚点有三种类型：直线锚点、切线锚点、折角锚点（如图 1.2.6 所示）。

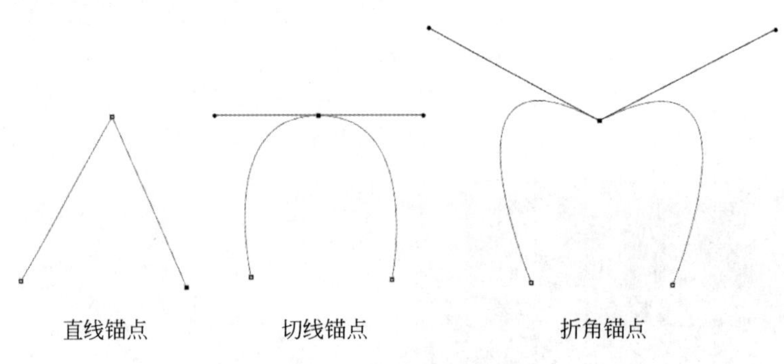

图 1.2.6 锚点的三种类型

如果线段两端的锚点都是直线锚点，则两个锚点之间连接的部分为直线；如果任意一端的锚点属于切线或折角锚点，则两个锚点之间连接的部分为曲线。当改变锚点的属性时，通过该锚点的线段会随同改变。

当用直接选择工具或转换点工具选取切线或折角锚点时，锚点的两侧就会出现方向线，用鼠标拖曳方向线末端的方向点，就可以通过调整方向线的长度和方向，改变曲线段的曲率。

1. 绘制直线路径

用钢笔工具绘制的最简单的路径是一条直线，通过单击钢笔工具创建两个定位点实现。继续单击，就可以创建由角点连接的直线段组成的路径（如图 1.2.7 所示）。

在工具架选择钢笔工具（快捷键为 P），将钢笔工具定位到画面中想要开始绘制直线段的位置，然后单击以定义第一个定位点（不要拖动）。

再次单击想要线段结束的位置（按住 Shift 键单击可将角度限制为 45°的倍数），继续在其他位置单击可设置新的直线段锚点。当前添加的锚点始终显示为实心方块，表示为选中状态。之前定义的锚点则为空心方块标记，并且取消选择状态。

注意：如果创建了错误的锚点位置，可在该锚点上单击鼠标右键或数位笔功能键。也可在弹出的快捷菜单中选择单击“删除锚点”或直接单击Delete键将错误锚点直接删除。

如关闭路径，将钢笔工具光标放在初始第一个（空心）锚点位置上。此时钢笔光标指针旁边会出现一个小圆圈。单击鼠标左键或数位笔，使路径闭合。

2. 绘制曲线路径

使用钢笔工具添加曲线改变方向的定位点并拖动形成曲线的方向线来创建曲线，方向线的长度和斜率决定曲线的形状。应使用尽可能少的锚点来绘制曲线，这样的曲线更容易编辑调整，充分利用方向线的长度和角度来形成曲线变化。

绘制曲线中的第一个点，可选择钢笔工具（快捷键为P）。将钢笔工具定位在想要开始绘制曲线的位置，然后按住鼠标左键或数位笔并拖动光标。此时会出现第一个锚点，并且钢笔工具光标变为箭头。在Photoshop中，指针只有在开始拖动后才会更改。拖动操作是为了设置创建曲线段的斜率，然后释放鼠标按钮。操作过程中，按住Shift键可将工具约束为45°方向（如图1.2.8所示）。

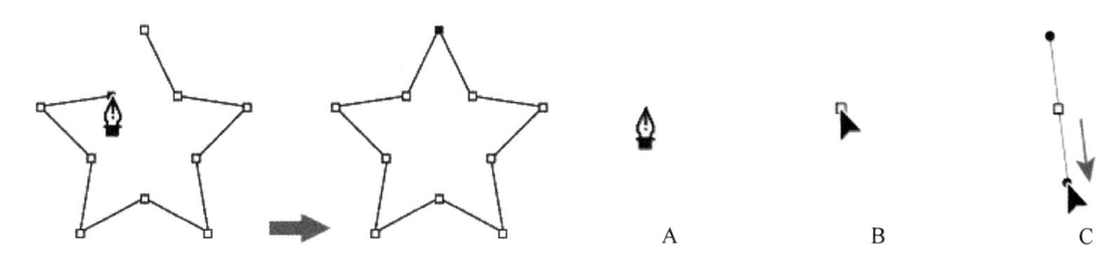

图1.2.7　直线路径绘制

图1.2.8　路径绘制过程示意

绘制曲线中的第二个点，可将钢笔工具定位在想要曲线段结束的位置。如果要创建C形曲线，可沿着与上一个方向线相反的方向拖动，然后释放鼠标按钮（如图1.2.9所示）。

如需创建S形曲线，可沿着与上一个方向线相同的方向拖动，然后释放鼠标按钮（如图1.2.10所示）。

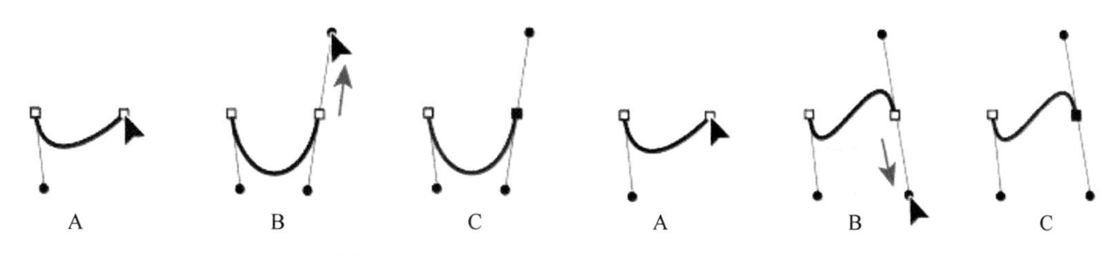

图1.2.9　路径绘制过程示意

图1.2.10　路径绘制过程示意

可继续从不同位置拖动钢笔工具，创建一个系列平滑的曲线。注意：在常规状态下，方向线两端的控制点相互控制，如需调整方向线某一端的控制点位置，可按Alt键进行单一控制点的调整。如需路径闭合，可将钢笔工具光标放在第一个（空心）初试锚点上。光标指针旁边会出现一个小圆圈，单击后拖动完成闭合路径；如果想绘制创建的是一个非闭合状态的路径，在确定最后一个锚点位置之后，可按Ctrl键，在画面空白位置右击，即可完成本次操作，路径状态为非闭合状态。

3. 锚点属性的转换

使用钢笔工具，依次单击两个位置的锚点创建一个直线段。将钢笔工具光标放在当前激活状态的锚点上，光标旁边出现一条小斜线，此时可单击并进行位移拖动出现方向线，用以设置接下来要创建的曲线段的斜率(如图 1.2.11 所示)。

将光标放在下一个定位点的位置，单击并拖动新的锚点以完成曲线路径绘制(如图 1.2.12 所示)。

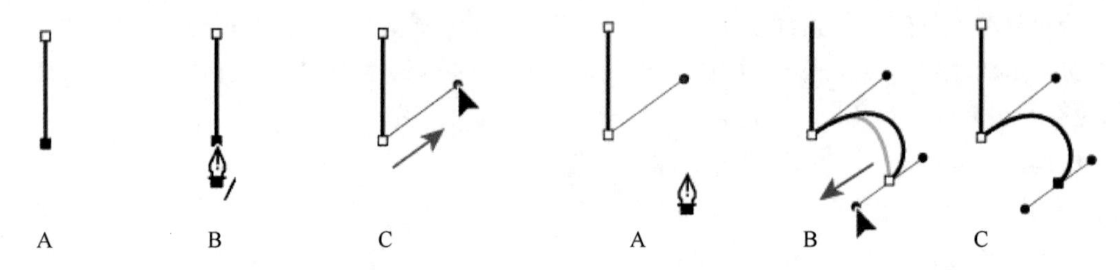

图 1.2.11 路径绘制过程示意　　图 1.2.12 路径绘制过程示意

路经绘制过程中可使用工具箱中的转换点工具，在当前带有方向线的锚点位置单击，该锚点属性可以从切线锚点换为直线锚点，其临近线段由曲线段变为直线段；反之，使用转换点工具在直线锚点上单击并拖动鼠标，直线锚点则转化为切线锚点，该锚点的临近直线段变为曲线段。

在当前工具为钢笔工具或转换点工具状态下，可同时按 Alt 键随时对锚点属性和方向点位置进行转换或变化；按 Ctrl 键时，当前工具则变为选择工具状态，可对特定锚点及其方向点进行选择并单击移动其相应位置；按快捷键 Ctrl + Alt，可对锚点的单一方向点进行位置移动，此时切线锚点可转化为折角锚点。上述路径锚点的属性变化在相关操作中被广泛使用(如图 1.2.13 所示)。

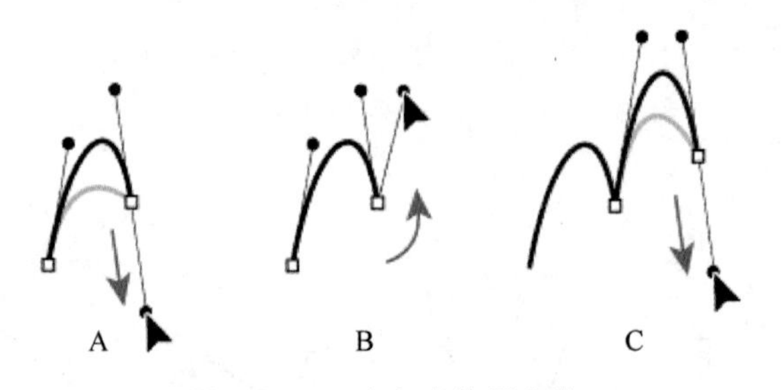

图 1.2.13 方向点位置变化

1.2.2 路径描边绘制技法

路径描边绘制是 Photoshop 路径应用技术中实战性较高的一个环节，是数字绘画线条绘制技法的一个有益补充。在实际的路径绘制中，锚点的位置及其相应方向点的调节起到了直观重要的作用，绘制者可根据实际需求对路径造型进行精准调节，这就使得路径描边绘制的线条同样具备了相应的造型特点，对相对工整的线条或对曲率造型要求较高的线条绘制具有一定的优势，在图案设计、媒体界面设计等领域有较为广泛的应用。由于路径描边线条基于相对复杂的路径绘制，所以相较于常规的手工线条绘制，其整体绘制效率略低，可作为常规绘制的有益补充(如图 1.2.14 所示)。

图 1.2.14 Photoshop 路径描边在插图绘制中的画面表现

1. 路径描边基础操作

使用钢笔工具进行相应的路径绘制，确定钢笔工具为当前选择状态，按数位笔功能键或是鼠标右键，随即弹出“描边路径”对话框，在下拉菜单中选择“描边路径”，选中“模拟压力”，单击“确定”按钮。此时画笔沿着当前路径绘制了一条富有压力变化的线条（如图 1.2.15 所示）。

图 1.2.15 “描边路径”对话框

描边完成后，在当前工具为钢笔工具的状态下，按 Esc 键可退出路径锚点的编辑状态，按 Esc 键第二次可暂时隐藏路径的显示状态，从而完成了一个简单的路径描边操作，所描绘的线条看上去很有“劲道”（如图 1.2.16 所示）。

图 1.2.16 富于变化的线条

画笔工具不同的笔刷类型会产生效果各异的描边，这种特殊的线条感觉如果得以恰到好处的运用势必会起到事半功倍的效果（如图 1.2.17 所示）。

通常情况下，Photoshop 中的“硬边圆压力大小”笔刷可作为常规线条路径描边的默认笔刷。根据画面需求，按快捷键“[”或“]”对于画笔直径进行迅速调节以确定画笔直径的大小。这将与后续路径描边线条中最“粗”的部分形成对应关系，在线条的两个端点，笔刷直径会自动归零，形

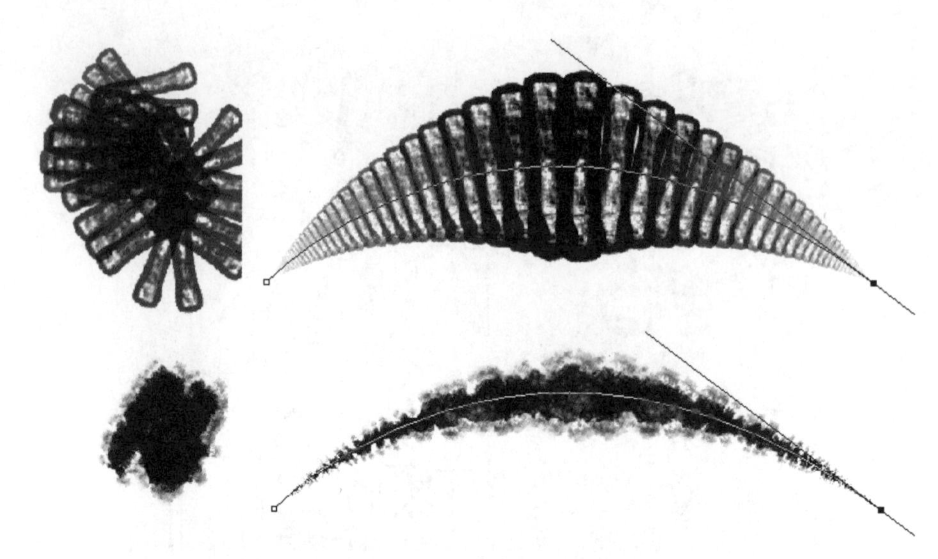

图 1.2.17　不同笔刷的描边效果

成“入峰”和“出锋”效果。在实际操作中，笔刷直径设置过大会形成顿挫的线条效果，所以做到适中即可（如图 1.2.18 所示）。

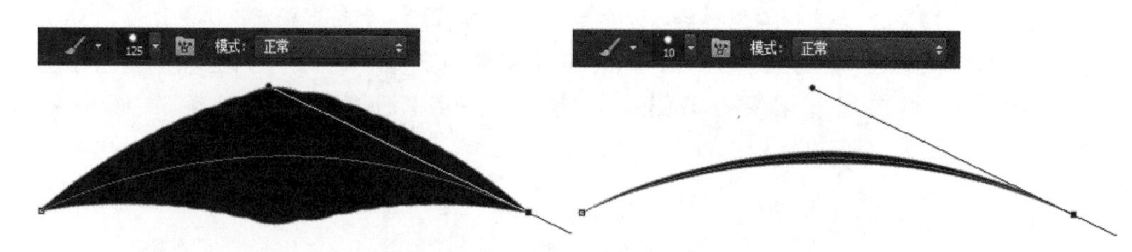

图 1.2.18　笔刷的初始直径设置对路径描边线条效果的影响

图 1.2.19 中，角色的头发细节绘制使用了路径描边的方式，应用的笔触类型为 Photoshop 默认的“硬边圆压力大小”笔刷，使整体画面的意向更加精细，比徒手绘制的线条效果更胜一筹。

图 1.2.19　路径描边在头发绘制中的应用

1）快捷描边操作

在执行路径描边操作之前需调整相应的前景色并确定当前路径描边线条的所在图层。在当前路径被选择的状态下，可按快捷键B(激活画笔工具选择状态)，随即按Enter键可快速执行路径描边命令。

2）多路径同时描边操作

在实际绘制中，路径繁多，描边操作需一次反复，难免影响效率。绘制者可采用多条路径同时描绘的方式，这就需要在多路径绘制和多路径选择两个方面有所注意。

(1) 多路径绘制：在使用钢笔工具完成一次路径绘制之后，可按Ctrl键，当前工具变为直接选择工具。单击画面中路径以外的空白位置，可取消当前路径的选择状态，释放Ctrl键，可继续进行新路径的绘制，以此类推。

(2) 多路径选择：当绘制完成若干条路径之后，可按快捷键A激活直接选择工具，在画面中一次性框选或按Shift键逐一加选所需路径，并一次性进行“描边”操作。需要注意的是，在多条路径同时进行描边操作后，所有线条的最宽宽度是一致的，所以在绘制路径时，要尽可能同一批次绘制描边效果相同的路径，做到心中有数。

2. 路径描边实际应用

路径描边技法通常配合高斯模糊滤镜效果，对画面细节进行线条元素的“点”“提”处理，从而起到画龙点睛的作用。从某种角度而言，“线”也是面，是面积非常纤细精致的面。在这个写实绘画案例中，新建图层上使用了路径描边的绘制方式，并对绘制线条适度进行了高斯模糊的处理，适当降低当前图层的不透明度，让线条效果既融于画面又达到精练画面的效果，这种处理方式在画面深入的过程中较为常用(如图1.2.20所示)。

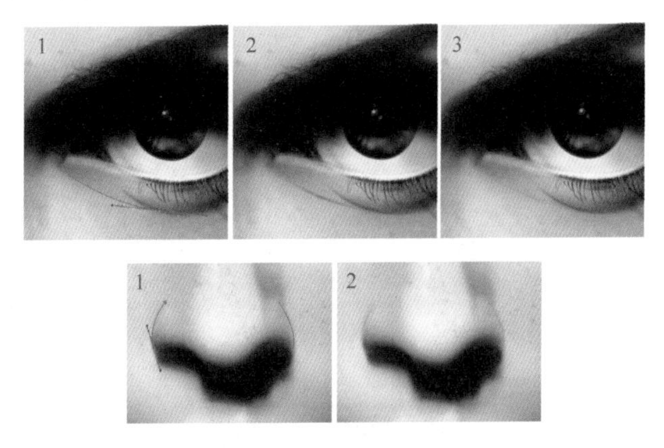

图1.2.20 线性元素的画面绘制

在一些数字绘画创作中，绘画者会利用路径描边功能的特性，结合丰富的笔刷选择类型，进行特定的相关绘制。比如采用团簇式的头发纹理笔刷类型进行路径描边绘制，绘制过程中要注重图层的叠加关系，实时调整图层不透明度，从而形成丰富细腻的画面表现。类似的技法应用具有广泛性，可结合画面内容灵活运用、举一反三(如图1.2.21所示)。

对于卡通造型的风格数字绘画作品，一些绘制者依旧将路径描边作为画面线条的整体描摹方式，伴随笔触压感的特殊变化形成了独特的画面表现风格。路径描边在实际绘制中可依旧遵循之前章节讲授的“短线原则”，在路径绘制之初要根据描绘物体的形体结构，对线条进行“拆分”，规划好线段和线段之间的造型关系，避免因线条过长而造成拖沓无力的线条感觉。这种线描方式适合相对简单的内容画面，否则会影响整体的绘制效率(如图1.2.22所示)。

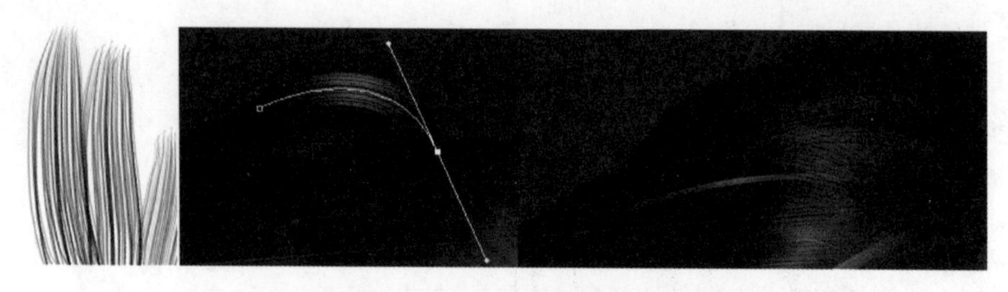

图 1.2.21 路径描边在团簇式头发绘制中的应用及效果

图 1.2.22 路径描边在卡通风格绘制中的应用及效果

路径描边对于特定风格的建筑插图具有一定的优势，用它来绘制曲率变化的规律线条显得更加得心应手(如图 1.2.23 所示)。

图 1.2.23 路径描边在建筑插图绘制中的应用及效果

本节小结

本节介绍了 Photoshop 线条绘制特点，分析了 Photoshop 与 IllustStudio 在线面结合画面表现中线条风格及应用的关系。重点教授了路径绘制及路径描边技法的基本操作，对路径描边在数字绘画中的实际应用进行了延展式的分享。通过本节的学习，绘制者可充分结合个人的绘画习惯，进行有针对性的专项训练。对于路径描边技法操作，要在丰富的笔刷类型中多多尝试和体会。

本节作业

结合卡通角色设定或漫画肖像创作，使用 Photoshop 路径描边的相关操作对草图进行线条提炼。在线条勾勒的过程中，充分考虑描绘物体的结构关系，灵活运用线条绘制的短线原则，对于线条的粗细变化和客观对象的结构关系进行恰到好处的画面表现。

1.3 丰富多样的线条绘制

随着数字绘画经历的不断丰富，绘画者会逐步接触到各种各样的绘制软件。多数绘制软件与 Photoshop 基本操作概念非常相似，只是一些常规的操作习惯或默认的快捷键设置有些差异，具有一定绘画经验的绘制者可以在短时间内很快适应。对于数字绘画应该始终抱有较强的好奇心和探索精神，其中一个方面就是对于各种相关绘制软件绘制特性的体会和运用，越是经验丰富的绘制者往往对绘制软件之间差异性和特点越敏感，并在实际应用中充分做到相互补充、各尽其长。本节将以线条绘制为主线，重点介绍几种较为实用的绘制软件和绘制方法，不断拓展数字绘画的广度与深度。

1.3.1 丰富的线条绘制软件

1. ComicStudio

软件 ComicStudio 与 IllustStudio 同样出自 Celsys 公司。就绘制操作步骤而言，两个软件不尽相同，之前讲授的线条绘制技法也可以在 ComicStudio 中进行灵活应用（如图 1.3.1 所示）。

图 1.3.1 ComicStudio

就线条绘制方面，IllustStudio的整体操作感受更加柔和，ComicStudio的线条感觉有几分“拙味”，绘制起来比较硬朗，这种微妙的差别让整体线稿的绘制平添几分韵味。

在使用ComicStudio进行续线法勾勒线稿的时候，尤其是绘制偏儿童插画风格的作品，恰恰用到了线条的那份“拙味”，形成了一种新颖的造型感觉（如图1.3.2所示）。

图1.3.2　在ComicStudio中使用续线法绘制的线稿

使用钢线法进行线条勾勒的时候，总会有一种补正值稍高的感觉，通过软件自带的线条防抖功能，线条绘制后会损失一定的细节表现，使线条感觉更有“劲道”，在进行特定风格的画面表现时会更加突出（如图1.3.3所示）。

图1.3.3　在ComicStudio中使用钢线法绘制的线稿

ComicStudio与IllustStudio的线条感觉有着微妙的差别，我们在平时的绘画过程中正是要捕捉到这份微妙的感觉，只有做到知己知彼，明确软件之间各自特点才可以更好地选择与画面需求合拍的绘制工具。

2. Clip Studio Paint Pro

Clip Studio Paint Pro 是一款非常流行的漫画绘制软件，一般简称为 CSP。为漫画布局、文字说明等提供高效的一体化解决方案。整体的绘制操作环境与 IllustStudio 非常相似，具有一定经验的绘制者很容易适应并快速展开高效率的绘制。

该软件同样具有抑制线条紊乱抖动的修正功能，并可为线条施加起笔和收笔的效果设置。软件间微妙的解算方式的不同，促使绘制者产生不同的绘制手感和微妙的线条感觉，绘制者可以多多尝试，灵活应用（如图 1.3.4 所示）。

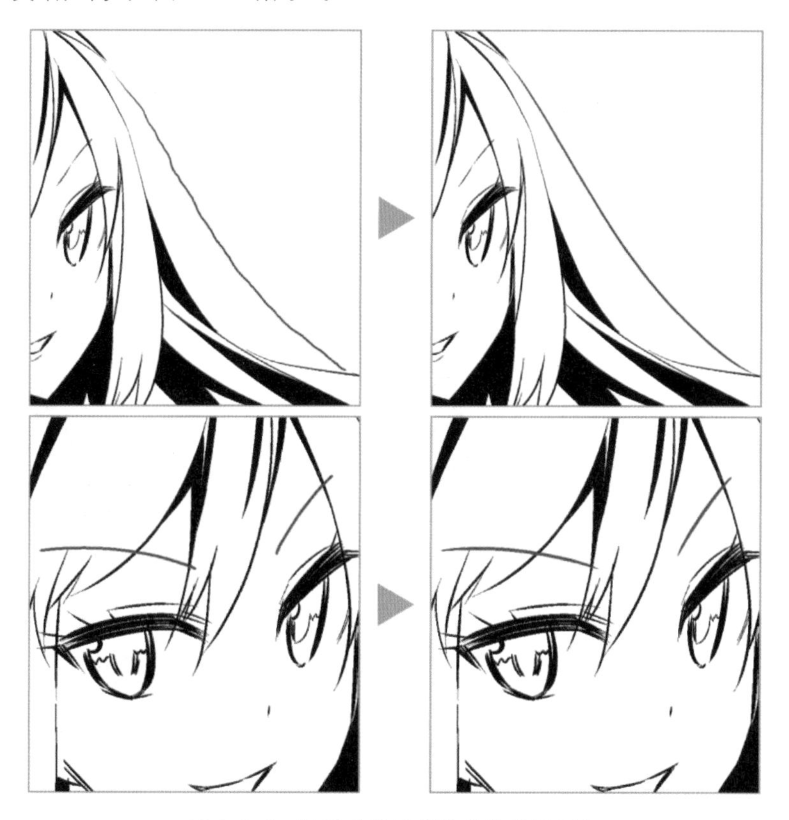

图 1.3.4　防抖功能及起笔收笔效果示意

Clip Studio Paint Pro 绘制线条同样是向量线条，但在绘制后可灵活进行线条粗细变化调整，线条品质不会受到影响。同时软件会对交叉线条的溢出部分进行识别，方便对溢出线条的部分进行消除操作。这些都是 Clip Studio Paint Pro 在线条绘制编辑方面的显著特性，方便绘制者应用，充分提高了绘制效率。基于这个特殊功能，绘制手法也会得到相应的优化（如图 1.3.5 所示）。

3. Easy Paint Tool SAI

Easy Paint Tool SAI（简称 SAI）是由 SYSTEAMAX 公司于 2008 年开发的。该软件体积轻便小巧，可免安装，整体架构具有较高的人性化，整体操作相对简单，与 Photoshop 具有一定的兼容性。SAI 的手抖修正功能让很多绘制者感受到了较为亲切的绘画体验，整体线条绘制流畅细腻。CG 爱好者可以在 SAI 中进行诸如草图、线稿、上色的完整绘制，是一个轻松创作的平台（如图 1.3.6～图 1.3.8 所示）。

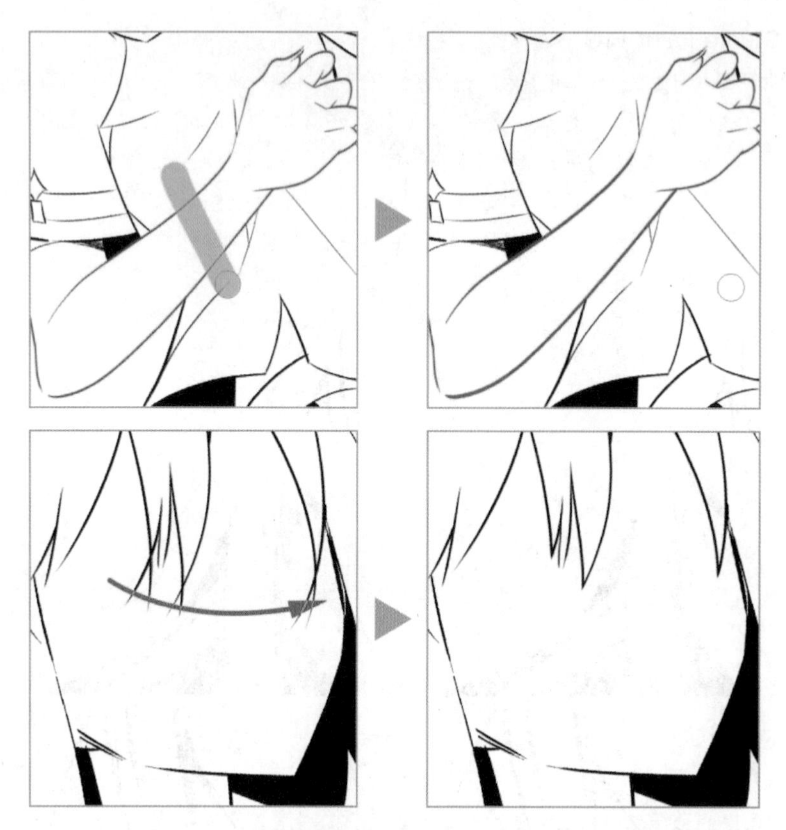

图 1.3.5　线条粗细编辑和溢出识别编辑效果示意

图 1.3.6　使用 SAI 绘制的线稿及 PS 的上色稿一

图 1.3.7　使用 SAI 绘制的线稿及 PS 的上色稿二

图 1.3.8　使用 SAI 绘制的线稿及 PS 的上色稿三

4. Illustrator

Illustrator 是 Adobe 公司出品的矢量图像绘制编辑软件，尤其基于 Adobe 公司专利的 PostScript 技术的运用，这种矢量化的画面表现具有独特的艺术气质，其整体的绘制操作习惯与大多数的向量绘制软件有较大区别，操作习惯需要一定的适应过程。其最大的优势就是矢量化，放大图像后不会失真；制作文件占用内存空间较小，每个独立的分离图像可以自由地重新组合。

IllustStudio 系列风格的绘制软件出现之前，部分绘制者为了提升线条绘制的品质，会尝试在 Illustrator 中进行线条绘制，模拟钢线的线条风格，然后结合 Photoshop 进行后续的上色操作。Illustrator 的线条绘制多基于钢笔工具设定锚点和方向线来实现，部分操作与 Photoshop 的路径绘制方式非常相似。最初的操作习惯不是非常娴熟，但形成了一些有意思的造型风格（如图 1.3.9 所示）。

图 1.3.9　Illustrator 线条感觉在插画中的应用

伴随数位笔应用的广泛普及，Illustrator 在线条绘制的效率方面有所提升，线条绘制也更加流畅。与此同时，第三方笔刷的不断研发也促使 Illustrator 线条表现的不断丰富，形成了独特的画面风格，可作为风格类插图绘制广泛尝试和应用（如图 1.3.10 所示）。

图 1.3.10　Illustrator 丰富的线条

5. 传统纸面绘制

近年来，硬件技术不断发展并与相关软件技术充分结合，促使数字绘画理念继续延展，逐渐走向多元，派生更多的绘制观念和画面表现。其中一个绘画潮流就是通过科技手段让绘制者在新媒介的数字绘制中切身体验真实绘画的绘制感受。比如数位屏的应用，逐步改变了数字绘画者原有手绘板绘制的操作习惯，数位屏如同纸面，画笔则直接在屏幕描摹，绘制过程更加贴近真实绘制；一些数字绘制软件继续在模拟真实画笔表现方面投入技术开发，对于真实绘制中某一特定类型绘画的各种笔触效果都进行了非常细致的设定。这一切都为绘制绘画更多的画面表现提供了可能。

数字绘画是包容性很高的数字艺术，并非以完全借助数字技术作为创作的限定，创作形式更多元、更广阔，帮助绘制者将真实绘画与数字绘画充分结合。

在数字绘画的众多风格表现中，有很多是将手工纸面的线条绘制与软件的后期上色相结合完成的作品。当前较为流行的各种绘制软件功能强劲、各显神通，对于手绘效果的各种笔触效果进行还原式的模拟，但这与真实手绘线的画面表现依旧存在着一定差别。虽然在一定阶段，绘制者真实画笔下的手绘线条还达不到软件中模式化的“防抖动”效果，但作为艺术表现形式的一种，真实的线条绝对是不可或缺的，在与数字绘画充分结合的创作过程中形成独特的艺术表现。

在一些儿童主题的插画绘制中，部分绘制者在线稿绘制环节依然保持着手工绘制的习惯。将手绘线稿通过专业扫描仪倒入计算机中进行后续数字化上色处理，形成一套自成体系的绘制流程，延展了数字绘画的绘制方式。这种手绘线稿的绘制表现相较于软件绘画也独具特色，丰富了插图绘制的风格(如图 1.3.11 所示)。

图 1.3.11 手绘线条与绘制成稿的对比关系

对于特定绘制流程的数字绘画作品，手绘线稿质量对整体画面造型表现起到了至关重要的作用。需要绘制者不断摸索领悟传统手绘线稿及数字绘画各自的特性，有的放矢地进行互补性的绘制，做到各尽其长。图 1.3.12 有意借助了扫描线稿画面中线条的“黑”以及纸张自有的“灰”，通过在后续数字绘制亮部高光的绘制，形成“白”，从而将画面黑白灰的明度层次关系高效紧密地表现出来。

有时手绘部分的线稿是阶段性的，需要软件的后续绘制进行完善。图 1.3.13(a)为原始线稿部分，图(b)则是数字绘制对原有线稿的继续完善。在这个阶段，通过相关的图层及画笔设置

图 1.3.12 手绘线稿的后期加工效果示意

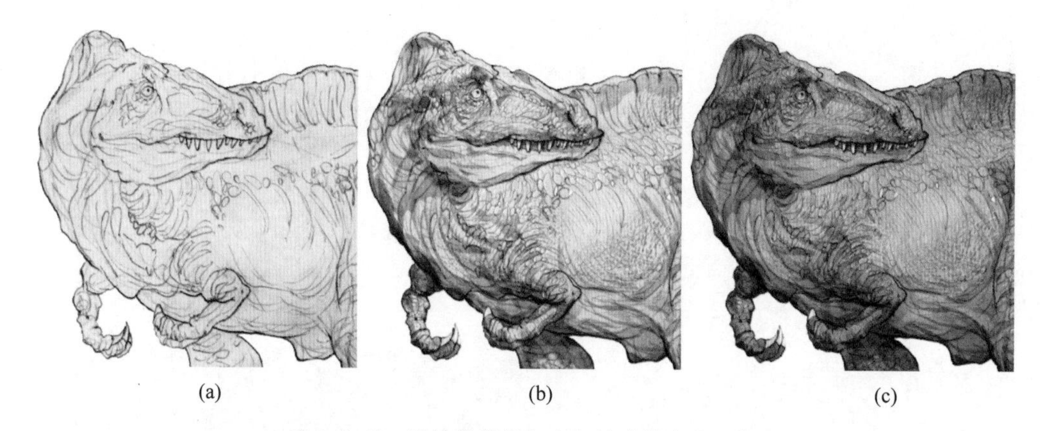

图 1.3.13 手绘线稿叠加上色技法的流程示意

绘制，大大提高了绘制效率和效果表现，为后续叠加的色彩绘制奠定一定的基础。同时，在画面绘制中，正是由于最初手绘线稿的参与，有效帮助整体绘制具有一定的手绘表现风格。

这种传统手绘与数字绘制相结合的案例风格各异、不胜枚举。造型能力强、功底扎实的绘画者在类似的流程绘制中能够体现出明显的优势，快速提升其对于数字绘画的自信心。绘制者在学习实践的过程中会遇到一定的瓶颈，同样需要在常规绘制中多多练笔，提升绘制能力（如图 1.3.14 所示）。

图 1.3.15 是一幅关于中国传统医学的户外壁画长卷的一个片段，其整体画面效果是在 Photoshop 中进行的后期上色，线稿环节则是通过手工绘制并扫描到计算机中的。线条流畅、富于变化，质量很高，一般人很难想象这是通过手工绘制得到的线条效果，充分体现了绘画者精湛的画功。这样精美的线条是由尼龙软头笔绘制的，很多绘画者也习惯用它练习硬笔书法。在此，仅仅为大家有所展示，了解工具即可。这种线条勾勒的方法，对绘画者的基本功要求很高。

结合不同的画面风格，我们也会适时地选择不同的手工绘制线条的工具和表现方式，其中最为常用的就是铅笔线稿。这也是大家最为亲切的一种绘制方式，绘制工具就是再熟悉不过的铅笔或自动笔。很多的绘制者在风格类插画或设计稿的创作中依旧保持着徒手绘制草图或线稿的习惯。随着科技的不断进步，硬件设备的发展日新月异，其中高速扫描仪的出现大大提升了铅笔绘制稿的扫描速度，将高质量的 A3 幅画稿扫描到计算机中，整个过程就像拍照一样轻松，这种流畅的硬件环境，有利于保持绘制者惯性的绘制状态。虽然数位板和数位屏的不断发

图 1.3.14 日常练笔

图 1.3.15 尼龙软头笔绘制效果示意

展，对于手绘线稿效果进行了高近似度的模拟，但与真实的绘画状态和绘画手感还是有一定的区别。作为风格类插图绘制的一个重要分支，手绘线稿和计算机上色结合创作绘制方式依旧保持着旺盛的生命力，线条间充满灵性和思考的痕迹，被广泛应用于设定和插图绘制的创作过程（如图 1.3.16 所示）。

部分数字绘画爱好者认为数字绘画的整个过程必须要基于相关绘制软件完成，只有这样才叫作真正的数字绘画，这样的理解具有一定的片面性。数字绘画的包容性是广泛的，结合式的绘制方式也在不断丰富数字绘画的绘制技法和应用概念的延展。应用效果与绘制效率的充分结合是数字绘画始终追求的目标。在一些特定风格的绘制表现中，手绘线稿的绘制效率会高于借助软件的线条绘制。图 1.3.17 是一个动画场景的绘制示意，采用了手绘线稿结合软件上色的方式，场景中的物体较为丰富，绘制者在对整体场景物体进行线条绘制的同时，还进行了局部投影绘制，为后续上色处理打下一定的基础。在本例中，场景线稿绘制时间要比使用类似 IllustStudio 软件的绘制迅速了很多，同时也有利于整体美术风格的表现。绘制者需要具备较为丰富的数字绘画表现技法的经验，在线稿绘制时做到有的放矢。

图 1.3.16　高速扫描仪与轻松的手绘线稿表现

图 1.3.17　手绘线稿在场景绘制中的应用

1.3.2　手绘线稿的数字化应用技法

本节以手绘线稿为线索，重点介绍两个较为实用的手绘线稿后期加工及应用的案例。案例1主要讲解扫描线稿的数字化提炼技法。该技术在二维动画公司或漫画公司的生成流程中具有一定的典型性，通过实用的技术手段，将手绘线稿与后续数字化上色流程充分结合，提升了传统手绘在产业化生产的意义和作用。案例2主要讲解手绘线稿的矢量化转换技术，在图案设计或风格类插图绘制领域具有较为实用的应用价值。通过两个案例的讲授，学习者要重点体会其操作特点，在实际的手稿绘制中力求做到有的放矢，为后续的数字化制作奠定画面基础。

1. 扫描线稿的提炼

对于扫描的手绘线稿，往往会在上色之初进行一定流程的清稿处理。即将清晰的画稿提炼出来并作为一个独立的线稿图层，方便后续绘制的操作。可参考如下步骤操作：执行“图像”→“调整”→“色阶”命令（快捷键为 Ctrl + L），将图像黑白色阶进行适度调节，确保画面背景色尽可能贴近白色，画面线稿细节尽可能保留（如图 1.3.18 所示）。

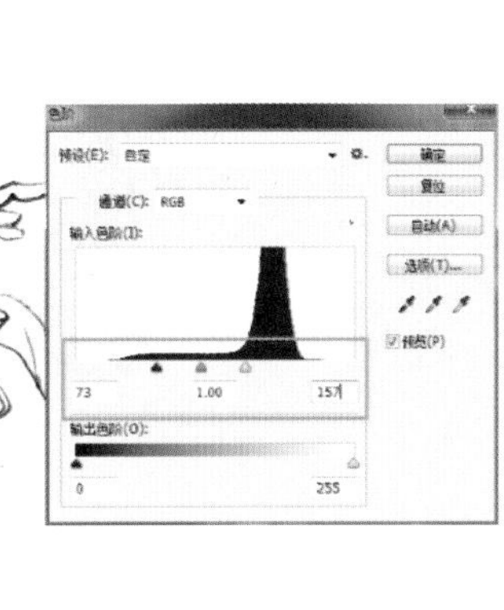

图 1.3.18　色阶命令操作示意

打开“通道”面板，单击“图层”面板下方的“将通道作为选区载入”功能按钮；执行“选择”→“反向”命令（快捷键为 Shift + Ctrl + I）反选选区，使选区范围与当前线稿部位对应（如图 1.3.19 所示）。

在“图层”面板中，核实当前图层为线稿层。执行“编辑”→“拷贝”命令（快捷键为 Ctrl + C），将线稿部分复制；执行“编辑”→“粘贴”命令（快捷键为 Ctrl + V）；如果需要原位复制，可执行“编辑”→“选择性粘贴”→“原位粘贴”命令（快捷键为 Shift + Ctrl + V），将线稿粘贴到自动创建的新图层中，此时可在线稿层之前创建新层，进行后续的上色绘制（如图 1.3.20 所示）。

在实际手绘线稿中，有的绘制者习惯于先使用红色铅笔进行草图绘制，再使用常规铅笔进行相对肯定的线稿绘制，这样的画面扫描到 Photoshop 中进行清稿时要结合特定通道的选择，对现有画面的红色草图线稿进行隐藏，最终提取确定的线稿选区（如图 1.3.21 所示）。

2. 扫描线稿的矢量化转换

对于一些手绘的扫描线稿可以进行二次加工，将线稿部分进行矢量化转换，为后续更好地结合上色流程、形成更加丰富的画面表现奠定基础。通常情况下，可使用软件 Illustrator 将真实绘制的线稿进行矢量化处理，扫描图像通过软件计算得以提炼，全面提升原有的线条质量，同时

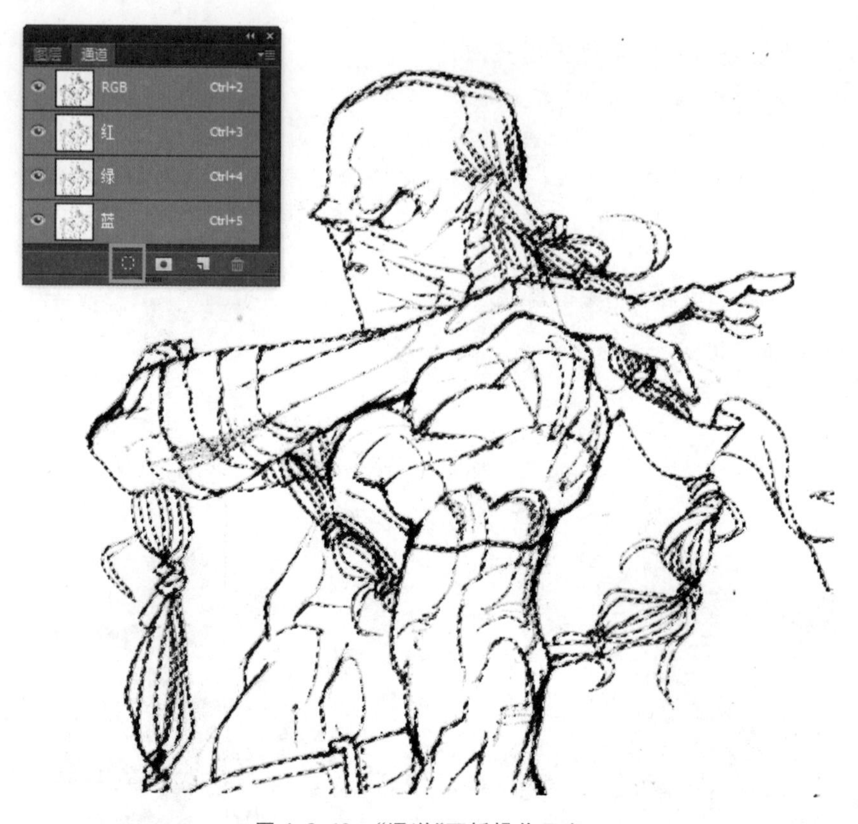

图 1.3.19 “通道”面板操作示意

图 1.3.20 当前线稿与上色层位置关系及画面示意

形成了独具魅力的线条风格，再与 Photoshop 结合进行后期处理，会产生比较新颖的线条效果和画面感觉。

这是一幅日常的练笔扫描稿，打开软件 Illustrator，执行“文件”→“新建”命令或按快捷键 Ctrl + N 新建画布，在弹出的“新建文档”对话框中直接单击“确定”按钮（如图 1.3.22 所示）。

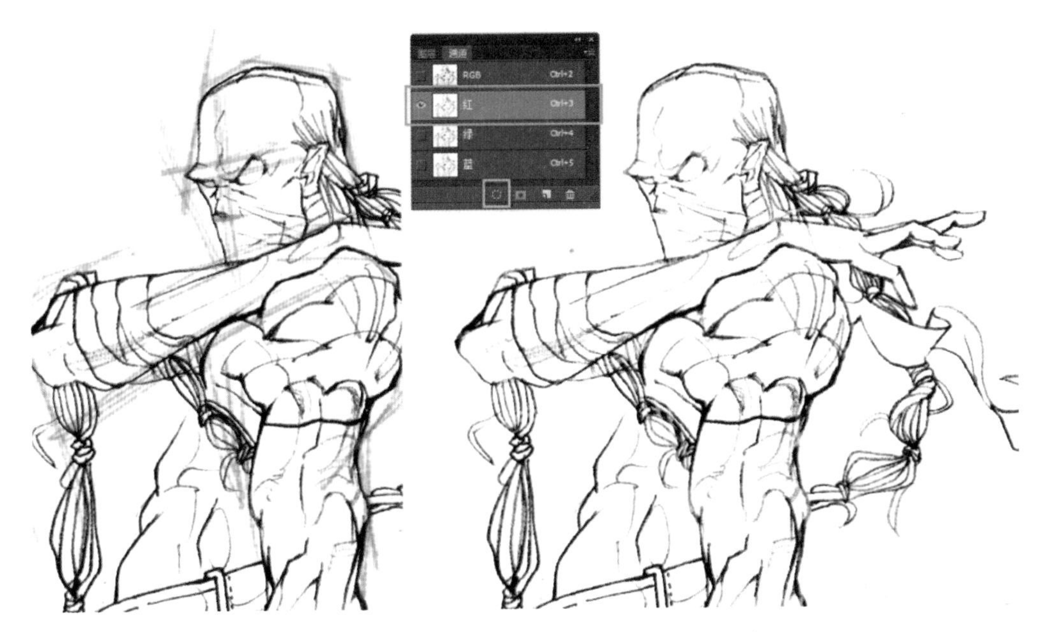

图 1.3.21 利用“通道”操作去除红色草图线稿

图 1.3.22 手绘扫描稿

将手绘稿粘贴至新建画布，确定该手绘稿图像为当前选择状态，在菜单栏下方的属性栏中会出现对应的功能操作。单击“图像描摹”按钮，软件以默认参数对扫描线稿进行黑白归纳（如图 1.3.23 所示）。

单击“属性”栏中的“图像描摹面板”按钮，可弹出对应的参数面板。单击“阈值”滑动滑杆，线稿画面会出现对应变化。“阈值”调节与 Photoshop 的色阶命令操作效果类似（如图 1.3.24 所示）。

目前的画面效果基本满意后，可单击状态栏中的“扩展”按钮，Illustrator 根据当前画面黑白关系进行系统扩展，形成路径描摹状态；在画面中右击，选择“取消编组”命令。此时，原有画面

图 1.3.23 图像描摹操作

图 1.3.24 不同阈值的画面效果对比示意

根据当前的黑白关系被打散(如图 1.3.25 所示)。

使用移动工具随意选择其中的一部分并进行移动,可以很好理解打散的概念。在当前图层之下建立一个新图层。使用矩形工具创建一个具有明显色彩倾向的矩形背景图像(色彩不可以是黑或白),该图层作为参考观察用途,可将该层进行锁定。使用移动工具依次选择

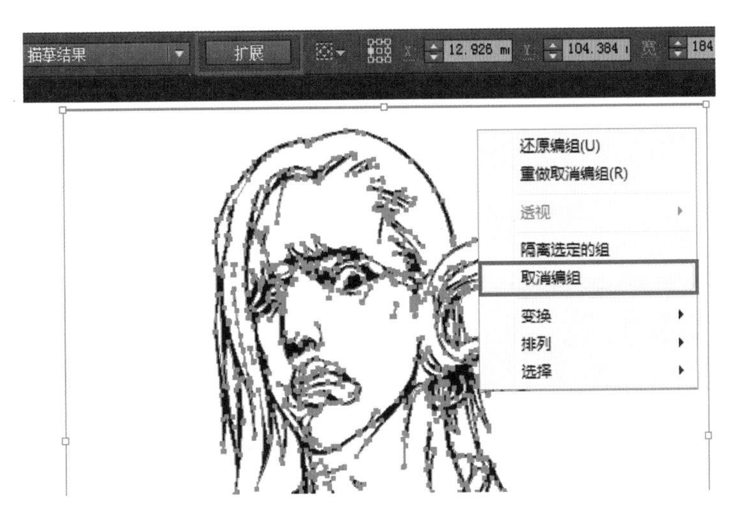

图 1.3.25　扩展操作示意

描摹图像中的白色部分并进行逐一删除，最后只剩下黑色线稿部分即可（如图 1.3.26、图 1.3.27 所示）。

图 1.3.26　打散后的图像示意

图 1.3.27　依次选择并删除白色部分

在 Illustrator 中框选所有的黑色线稿图像，按快捷键 Ctrl + C 进行复制，在 Photoshop 相应文件中按快捷键 Ctrl + V 进行粘贴。在粘贴过程中会出现“粘贴”提示面板，绘制者可根据实际用途进行类型选择。此时获得了一个质量较高的线稿文件，之前的手绘线稿华丽转身，可以此线条为基础进行相关上色操作（如图 1.3.28 所示）。

图 1.3.28　粘贴后的线稿效果

这种将铅笔线稿矢量化的处理是一种非常讨巧的方法，实际应用也是广泛的，尤其是画面风格倾向手绘感觉，但是对线条精度又有较高要求，有时需要配合后续矢量化的上色绘制，从而形成一些装饰性较强的画面元素，尤其是在图案、字体设计及印刷领域中应用较为广泛。在这种情况下，设计师可采用类似方法，充分结合 Illustrator 图像描摹功能的应用特性，将构思好的方案有的放矢地进行手工绘制，并将其扫描至计算机进行矢量化转换的后续操作。（如图 1.3.29、图 1.3.30 所示）。

图 1.3.29　字体设计及应用表现

图 1.3.30 图案设计及应用表现

本节小结

丰富多样的绘制软件，绘制者了解得多、使用得多，对软件相互之间表现特性才会有更加深刻的体会。手绘的线条风格具有独特的画面表现魅力，绘制者可以进行各种画笔的尝试，只有这样才会对不同画笔的行笔手感和线条特性有更深刻的理解，当面对相关风格的数字绘画时才可以做到触类旁通、得心应手。无论是软件绘制还是手工绘制，只要是最适合的就是最好的。

本节讨论了很多软件的线条绘制以及不同的绘制感受和画面表现，线条绘制能力的提高源于日积月累的练笔，风格也好画法也罢，画得多了自然就熟了，表现出的绘制感觉也一定会自然而生。希望通过本章的学习，结合个人的绘画习惯，并在不断的专项训练和尝试中多多体会、有所收获。

本节作业

- 将手绘线稿扫描至计算机，结合 Illustrator 软件的实时临摹功能进行线稿加工；
- 结合相关设定创作练习使用 ComicStudio 或 Easy Paint Tool SAI 的任意一款软件，进行专项线稿绘制练习；
- 真实手稿的线条绘制练习或速写练习。

注：要想在数字绘画领域取得长足的进步，真实手稿的绘制练习是必不可少的，需要日积月累、常抓不懈。

ANIMATION

第2章 快速平涂技法

“平涂上色”在二维动漫作品中应用较为广泛，在早期的动漫美术领域中，上色环节的工作量往往耗费巨大的人工成本。随着科学技术的发展，动画制作技术不断进步，原画师开始借助赛璐珞胶片取代常规纸张，角色与背景分别位于不同叠加的胶片上，一些暂没有动画效果的部分无须每一格都重复绘制，但动态角色的上色环节依旧遵循严格的纯手工逐帧绘制流程，生产效率依旧受到一定的局限(如图 2.0.1、图 2.0.2 所示)。

图 2.0.1 传统二维动画平涂上色效果

数字化绘制不仅深化了图层的应用概念，同时实现了非线性编辑和批处理操作，尤其在重复性较高的流程化操作中实现了自动执行的批处理功能。在线面结合的数字绘画风格绘制系列流程中，平涂上色环节起到了承上启下的作用，大大提升了绘制效率。色块平涂操作是工作量较大、特定步骤操作重复率较高的一个环节。在数字绘画领域，根据特定绘画风格适时地选择使用软件的自动执行功能，可提高工作效率，减少重复性的工作强度。同时，也可使绘画者将更多的精力集中在创意表现环节上，更好地体会绘画创作的快乐以达到张弛有度的工作状态。

快速平涂技法是数字绘画线面结合风格表现流程中的重要一环，充分利用了 Photoshop 命令批处理的自动执行功能，将工作序列进行了模块化管理，将色块平涂操作进行流水作业从而

图 2.0.2　赛璐珞胶片的"图层"概念

大大提高了工作效率。本章将对该技法及绘画实践中颜色调节等方面的经验技巧进行详解(如图 2.0.3 所示)。

图 2.0.3　软件批处理操作进行的快速平涂绘制

2.1　自动执行功能

Photoshop 的"动作"面板可将所进行的修改编辑操作记录下来并按照一定的动作序列进行批处理执行,使工作流程自动化操作。

1. 初识"动作"面板

执行"窗口"→"动作"命令(快捷键为 Alt＋F9)调取"动作"面板,其界面布局与"图层"面板相似,面板底部为动作常规编辑命令按钮。由于动作命令都是由一定序列的动作节点组成,呈现方式比较灵活。单击已创建的动作命令名左侧的箭头,可以进行收起和展开状态的切换。当动作呈现为展开状态时,可显示其所包含的每一个动作节点。动作节点的先后顺序自上而下依次罗列，每个节点也可切换展开和收起的呈现状态，使用者可随时观察动作节点的设置参数（如图2.1.1所示）。

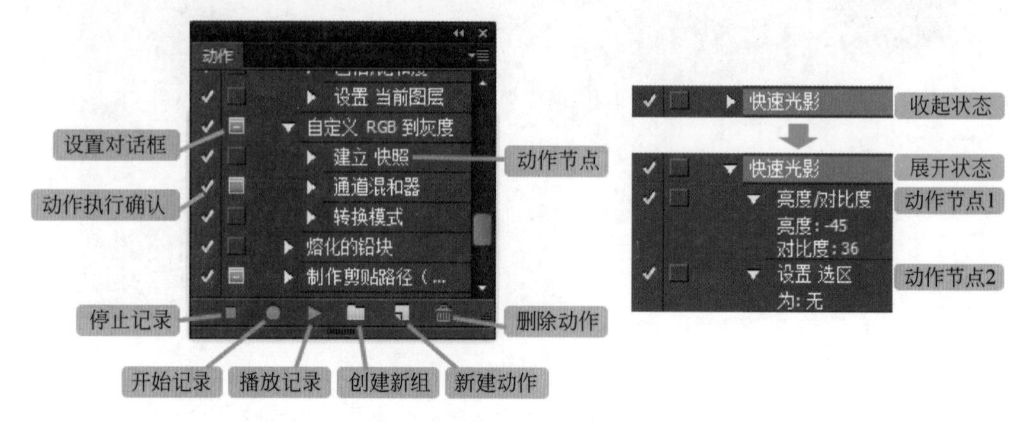

图 2.1.1 “动作”面板示意

单击“动作”面板右上角的功能按钮，在弹出的下拉菜单中单击选择“按钮模式”，“动作”面板以清单方式显示动作，方便使用者查看，单击任意动作按钮即可执行该动作的批处理操作。“按钮模式”状态下，只能执行动作命令，但不能对命令节点参数进行调整编辑（如图2.1.2所示）。

2. 新建动作

单击“动作”面板下方的“新建动作”按钮，可弹出“新建动作”对话框。结合实际绘制的应用情况，对“新建动作”对话框中的一些参数选项进行初步讲解，有助于初学者的理解（如图2.1.3所示）。

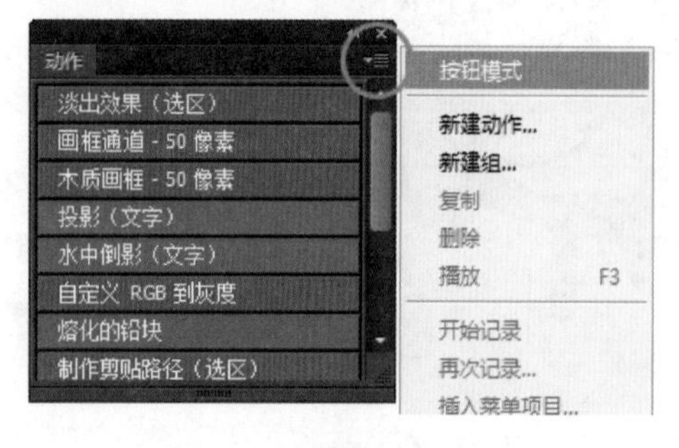

图 2.1.2 设置为“按钮模式”

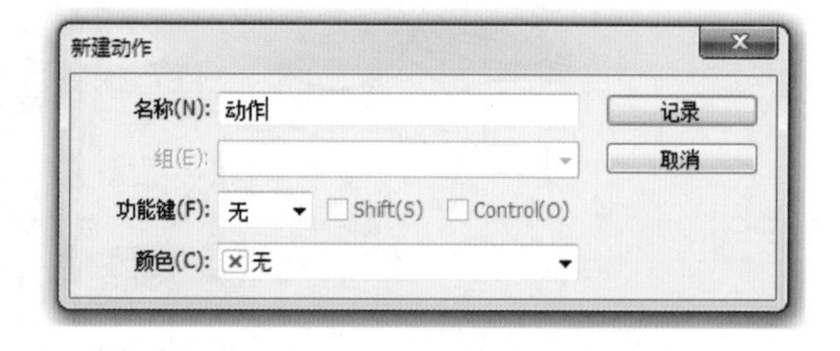

图 2.1.3 “新建动作”对话框

“名称”：在该项目中输入新建的动作名称。实际操作中“动作”面板会罗列丰富的动作命令，要养成良好的命名习惯，方便操作应用。在后续编辑操作中如需调整动作名称，可直接在“动作”面板中双击该动作条，重新输入动作名称。

“组”：在右侧的下拉列表中，可以选择一个已经创建的组来放置新建的动作。动作命令中“组”的概念与图层“组”的概念相似，方便使用者对于同类型动作命令的归纳与整理。在实际操作中，也可直接在命令面板中采用鼠标单击拖曳的方式，对相应动作进行组的从属关系整理。

“功能键”：功能键的作用是实际操作中频繁执行动作的快捷键，在下拉菜单中从F2～F12键可供选择，如果配合选中Shift选项，则该动作执行的快捷键为功能键和Shift键的组合；如果选中Control选项，则该动作执行的快捷键为功能键和Ctrl键的组合；还可同时选中两项进行快捷键设置。功能键设置后，“动作”面板上会在相应动作命令条上显示相应的快捷键。

“颜色”：在“颜色”右侧的下拉列表中，可以选择该动作在“动作”面板按钮模式下的颜色显示，以便和其他动作进行区分，设定的动作颜色只有在动作显示为“按钮模式”时才能显示出来。

当设置好动作的各个选项后，单击“记录”按钮，就可以开始记录所执行的操作了。

3. 创建一个简单的动作实例

在本例中创建一个非常简单的动作命令，有助于读者初步掌握动作创建的完整操作流程。

1）前期准备

在“新建画布”中新建图层，使用椭圆选框工具，同时按 Shift 键创建正圆选区，适当调整并填充前景色，去掉选框（快捷键为 Ctrl + D），将该图层“不透明度”调整为 60% 左右（如图 2.1.4 所示）。

2）动作创建

在“动作”面板中单击“新建动作”按钮，在弹出的“新建动作”对话框中输入动作名称，单击“记录”按钮并随即关闭“新建动作”对话框，此时“动作”面板中出现刚刚创建的动作，面板下方的“开始记录”按钮为激活记录状态，后续的每一步操作将被记录在动作序列中（如图 2.1.5 所示）。

图 2.1.4 当前效果示意

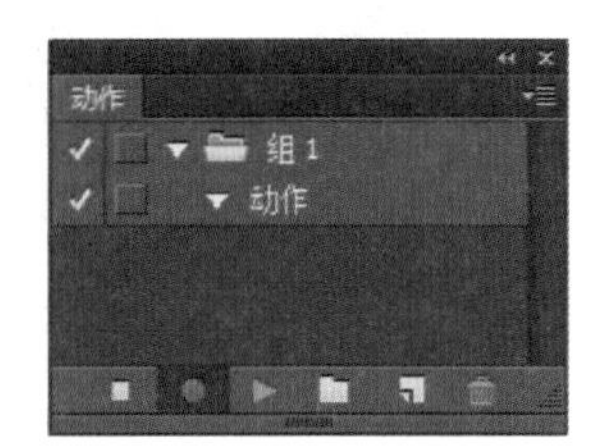

图 2.1.5 “动作”面板

将刚创建的橙色圆形层进行图层复制，并使用移动工具，同时按 Shift 键将新复制的图层进行水平位移。执行“图像”→“调整”→“色相/饱和度”命令，将“色相”滑杆向右侧调节数值为“15”，单击“确认”按钮结束调整操作（如图 2.1.6 所示）。

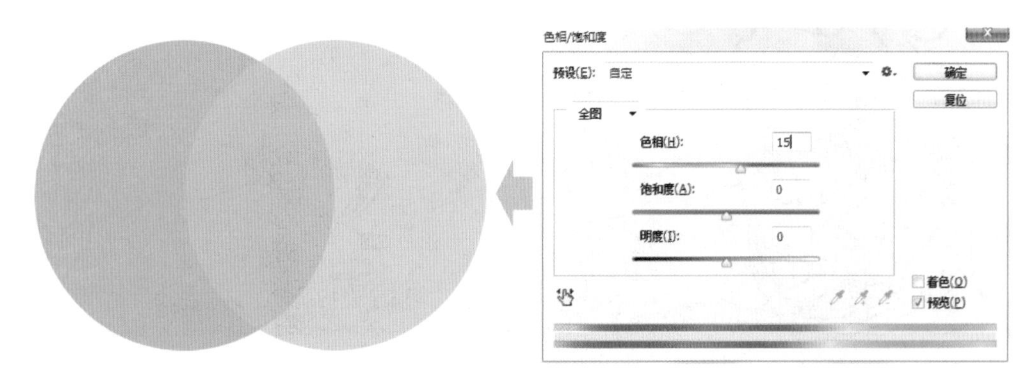

图 2.1.6 当前效果示意

在“动作”面板中单击“停止记录”按钮，完成一个简单的动作创建。在本例中，为了强化动作设置操作的整体流程，有意简化动作间的罗列关系。新建动作中只有三个动作节点，分别为“通过拷贝的图层”“移动当前图层”和“色相/饱和度”。在“动作”面板选择“新建动作”，单击“动作播放”按钮，当前图层会自动依次执行三个动作节点，多次执行“动作播放”操作，圆形色块形成了有规律的位移渐变效果(如图 2.1.7 所示)。

图 2.1.7 有规律的位移渐变效果

在“动作”面板中单击序列中动作节点左侧的箭头按钮，可展开该节点的具体参数设置，便于使用者对历史动作设置的观察参考。每个动作节点左侧有“切换项目开/关”按钮，关闭其中任意项目按钮，再次播放动作时，系统会自动跳过被关闭的动作节点，在批处理功能的实际操作中应灵活掌握、举一反三(如图 2.1.8 所示)。

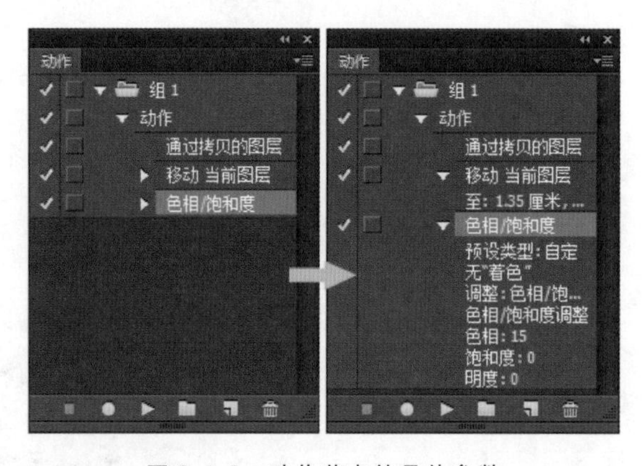

图 2.1.8 动作节点的具体参数

2.2 快速平涂技法操作实例

在 Photoshop 中，对于重复性较强的流程操作，绘制者会充分结合“自动执行”的批处理功能，在“动作”面板“量身定制”一套序列动作。本节将介绍二维动漫基础上色较为常用的操作手法，重点分析快速平涂技法流程以及批处理功能在绘制中的应用技巧(如图 2.2.1 所示)。

图 2.2.1 快速平涂技法效果示意

1. 快速平涂线稿图层标注

快速平涂技法在操作过程中往往会产生非常多的图层，为了使“线稿”层在“图层”面板中便于选择，实际操作中往往在快速平涂操作之初做相关的准备工作。在“图层”面板中，确定“线稿”层为当前图层，在当前图层上右击，在弹出的菜单中为该图层选择颜色显示，使它区别于常规图层显示。类似的图层标注方式对于图层结构相对繁杂的绘制项目起到了积极的归纳提示作用，将相同属性的图层标注为统一色彩提示，方便识别(如图 2.2.2 所示)。

图 2.2.2 具有颜色显示的图层

2. 快速平涂绘制操作

在“线稿”当前层中，使用魔棒工具，同时按 Shift 键加选准备上色的区域。魔棒工具的容差值可根据实际的线条质量进行调整，一般情况下采用默认值即可(如图 2.2.3 所示)。选区选择完毕后，需根据画面要求调整好即将使用的前景色。

图 2.2.3 上色区域选区绘制

3. 使用“自动执行功能”制作快速平涂序列动作

执行“窗口”→“动作”命令(快捷键为 Alt + F9)调用“动作”面板，单击“新建动作”按钮，在弹出的“新建动作”对话框的“名称”栏输入“快速平涂”，单击“记录”按钮。此时“动作”面板增加快速平涂动作并保持为动作记录状态，在接下来的每一步操作将按照操作顺序记录下来(如图 2.2.4 所示)。

执行“选择”→“修改”→“扩展”命令，在弹出的“扩展选区”对话框中将“扩展量”设置为 1 像素。通过扩展操作，使现有绘制选区范围“压”在线稿之上(如图 2.2.5、图 2.2.6 所示)。选区扩展不宜过大，否则选区范围容易越过线稿宽度拓展至其他上色区域。

按快捷键 Alt + Delete 将事先调整好的前景色填充至相应区域，按快捷键 Ctrl + D 去掉选区；在图层列表中，将刚刚完成上色的图层通过鼠标左键拖曳至“线稿”层之下(如图 2.2.7 所示)。

图 2.2.4 创建快速平涂动作

图 2.2.5 “扩展选区”对话框

图 2.2.6 选区扩展效果示意

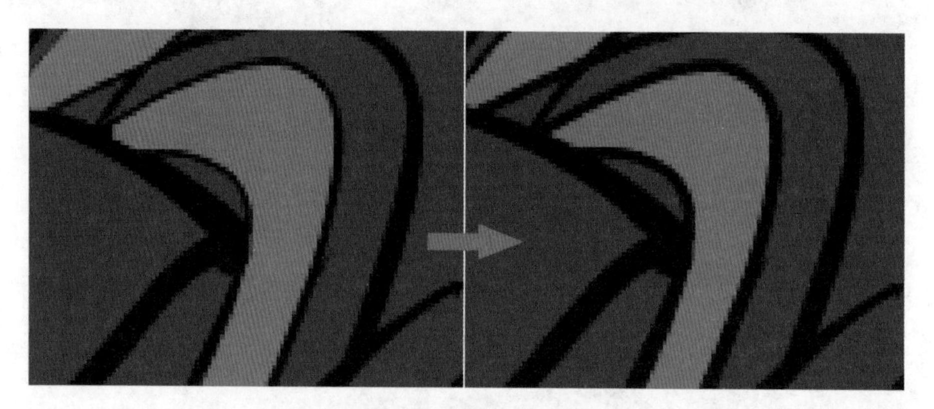

图 2.2.7 将上色层拖曳至线稿层之下

将已经被选区扩展的颜色块拖曳到“线稿”层的下方，使线稿压着色块边缘，这种操作方法可使线条与颜色块之间没有空隙感，确保颜色层与“线稿”层的完美结合，形成非常严谨的画面效果。

在“动作”面板单击“停止记录”按钮。至此，一个典型的快速上色动作序列制作完毕(如图 2.2.8 所示)。

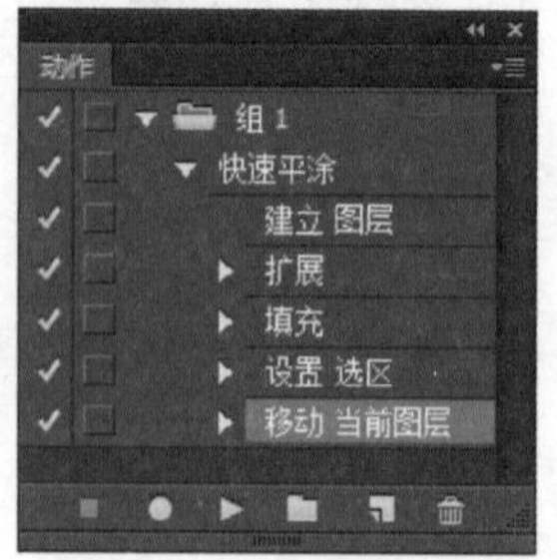

图 2.2.8 快速上色动作序列示意

当“快速上色”动作序列创建完成后，后续的上色操作可正式“提速”。可使用魔棒工具 继续进行新色块的区域选择，在“动作”面板中指定“快速平涂”为当前指定动作，单击“播放动作”按钮，可快速执行上色动作序列，以此类推。在本例中，再次填充了之前调整过的前景色。执行“图像”→“调整”→“色相/饱和度”命令，对刚刚的上色进行色彩调节，形成邻近色的画面效果，这种由上色动作批处理与彩色调整相结合的操作是快速平涂技法中较为常用的方式(如图 2.2.9 所示)。

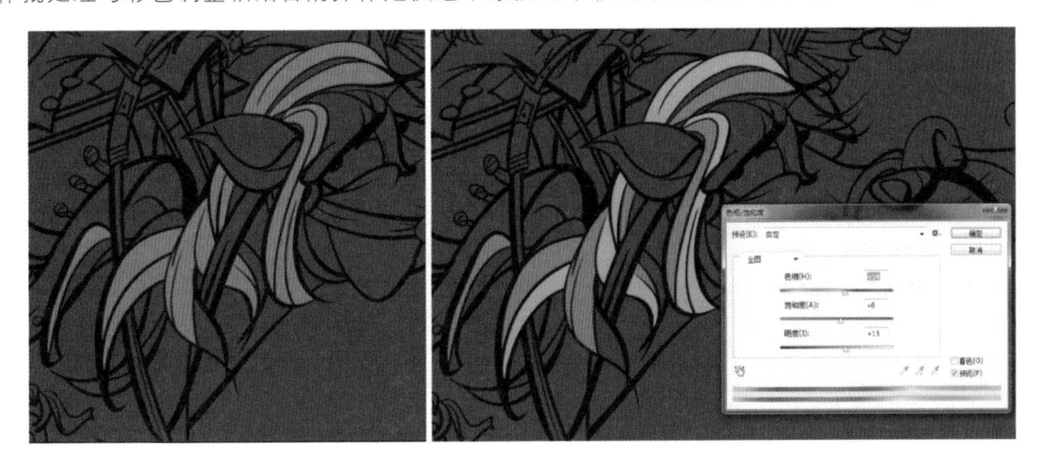

图 2.2.9 批处理上色与色彩调整

在实际操作中,由于上色环节频繁使用到“动作播放”按钮,可执行“编辑”→“键盘快捷键”命令(快捷键为 Alt + Shift + Ctrl + K),打开“键盘快捷键”选项卡,在“快捷键用于”下拉菜单中选择“面板菜单”,在“面板菜单命令”中单击展开“动作”面板,单击“播放”命令条,在空白位置输入自己方便使用的快捷键名称。有时快捷键输入会与其他命令快捷键相冲突,在“菜单”面板下方会为使用者弹出相应提示(如图 2.2.10 所示)。快速平涂的后续操作将继续按照选区绘制—前景色调整—快速平涂动作执行—色彩调整这四个基本步骤展开,进一步提高上色操作的效率。

图 2.2.10 “键盘快捷键和菜单”对话框

综上所述,快速平涂法正是基于“动作”面板的特性,为画面中有规律性和重复性的工作制定可行的动作设置,以达到事半功倍的效果。类似快速平涂的动作功能技法可以活学活用,以适用于有规律的图面绘制操作。

本节小结

本节重点讲授了 Photoshop“自动执行功能”在快速平涂绘制中的技法应用,对“动作”面板的常规操进行了简要介绍，希望学习者结合个人的绘画习惯，并在不断的专项训练和尝试中多多体会，有所收获。

本节作业

- 结合之前章节的线稿绘制，通过“自动执行功能”展开快速平涂练习。
- 使用“自动执行功能”，创造性的制作系列的特色工作组件，进行有意义的创造性操作。

2.3 快速平涂应用技巧解析

线面结合风格的数字绘画作品颜色非常丰富。在快速平涂环节，合理组织上色步骤有助于对画面色彩关系的整体把握，做到层层推进、有条不紊。利用 Photoshop 的自动执行功能为画面中线条之间的闭合区域进行高效的上色操作，快速营建整体的色彩关系，为后续色彩方面的继续完善打下基础。Photoshop 自动执行功能的操作过程并不复杂，但在实际的应用中往往会遇到画面缺乏变化，画面色彩组织杂乱等问题，必须通过一些色彩应用的技巧为画面的视觉效果确定色彩基调，形成和谐的色彩关系（如图 2.3.1 所示）。

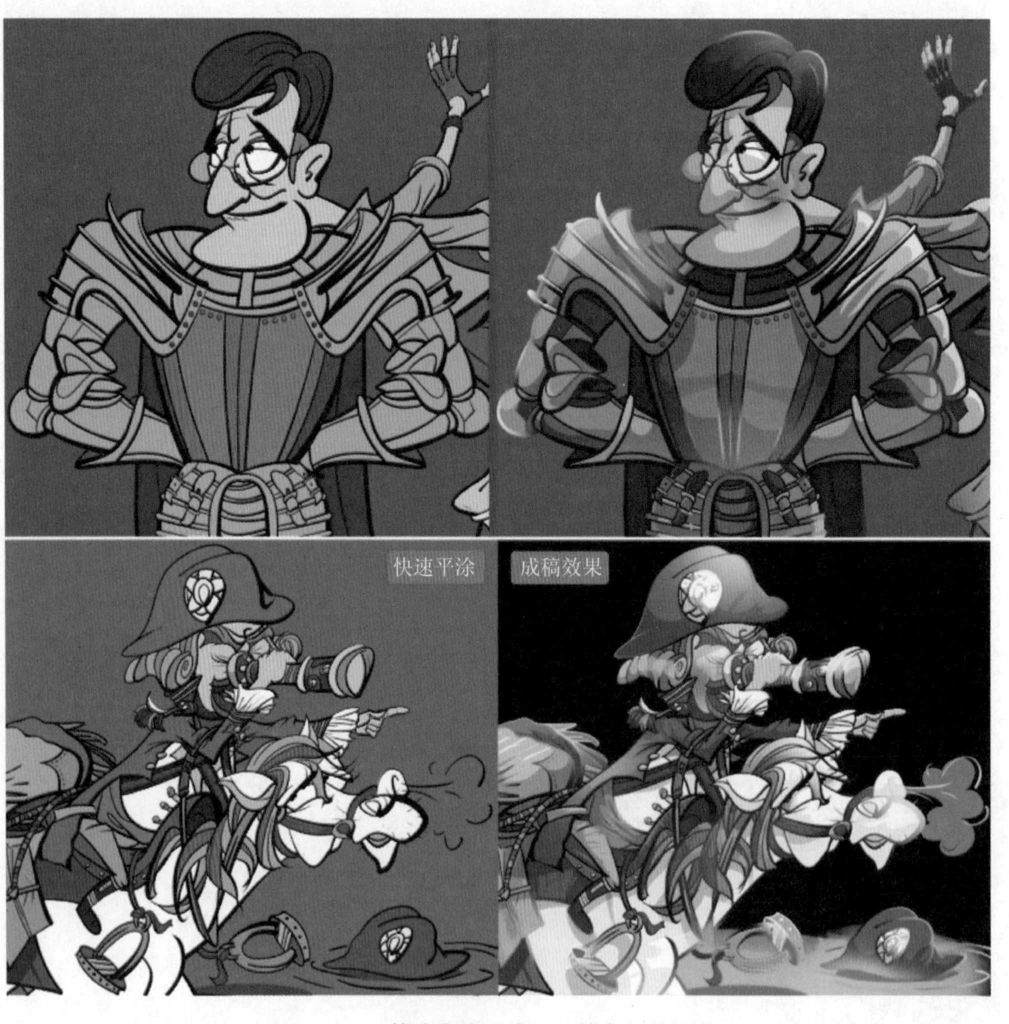

图 2.3.1　快速平涂形成画面基本色彩关系

1. 快速平涂的前期准备

在“图层”面板中，单击“线稿”层下方的“纸张”层，执行“图像”→“调整”→“亮度/对比度”命令，将“纸张”层调节为灰色调。在灰色调的基础上进行后续上色有助于对颜色的观察，同时也可以缓解绘画者眼部的疲劳（如图 2.3.2、图 2.3.3 所示）。

图 2.3.2 “图层”序列示意

图 2.3.3 灰色基底效果有助于对后续上色的观察

在“图层”面板中，单击“线稿”层作为当前图层，选择魔术棒工具（快捷键为 W），在画面主体线稿以外区域选中相应选区（如图 2.3.4 所示）。

执行“图像”→“调整”→“反向”命令（快捷键为 Ctrl + I）反转选区；执行“选择”→“修改”→“收缩”命令，将选区边缘收缩 2 个像素（如图 2.3.5 所示）。

在“线稿”层之下新建图层，可命名为“整体剪影层”，调节前景色并填充至该层相应选区。主形背景色的填充形成了初步的画面色调印象，突出了整体造型，方便判断后续上色的对比关系，提高画面细节上色的效率。至此，快速平涂上色前期准备工作完成（如图 2.3.6 所示）。

2. 快速平涂的步骤

面对线稿，初学者在上色环节往往会有不知所措的感觉。对于常规的上色步骤和规律，有一定的经验可循，可以先从常规的概念色和面积较大的颜色开始，后续填充的小面积色彩可根据即成的色彩关系不断深入完善。这样的上色步骤会令初学者的绘制状态更加主动、有的放矢。

图 2.3.4 选择选区示意

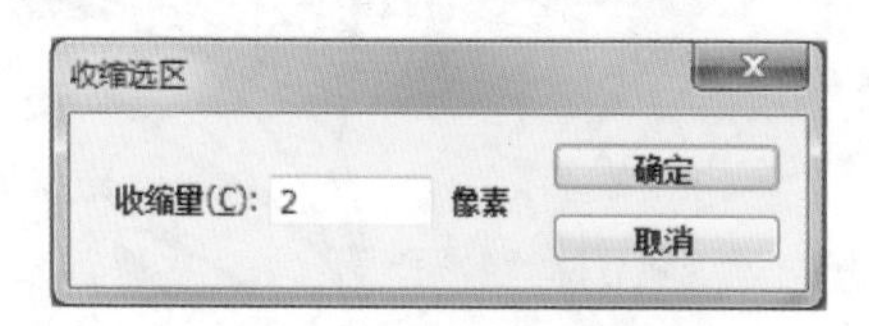

图 2.3.5 “收缩选区”对话框

图 2.3.6 快速平涂前期准备示意

1）概念色优先原则

快速平涂上色可先填充相对稳定的概念色。概念色就是人们对于某种物体印象中的颜色，且这种“印象”具备一定的普适性，是上色过程中把握性较高的颜色。例如人物皮肤的颜色就是印象中的“肉色”，当然这种印象中的概念色也可以根据画面表现的需求有所变化，如卡通角色“绿巨人”的肤色。所谓的概念色也是相对而言的，也要从画面表现出发，充分结合自己的主观能动性，避免墨守成规（如图 2.3.7 所示）。

图 2.3.7　概念色

这种把握性较高的概念色往往是快速平涂上色中最先平涂的颜色，有助于形成画面最初的色彩关系参照基础。例如图 2.3.8 中人物的水手装、木色的船体以及红白相接的救生圈，这些概念色成为了快速平涂的突破口，可奠定一定的色彩基础，后续上色也会以此相互参考，从而达到逐步和谐的关系；反之，如果快速平涂从不确定的位置开始，势必会影响后续的色彩关系。

图 2.3.8　概念色先行绘制

2）大面优先原则

“先整体，后局部”是绘画过程中经常用到的方法，对于快速平涂的上色环节也不例外，对于画面中面积较大的色块优先进行快速平涂，方便确定整体的色彩基调，这种上色步骤的所遵循的原则被称为“大面”原则。它与之前提到的“概念色”相辅相成、相得益彰，将快速平涂呈现“快速效果”。

在图 2.3.9 中，红色和白色对比关系是画面展现的一个核心，遵循大面优先原则，在快速平涂环节得以展现。

图 2.3.9　大面优先原则的实例应用

3. 灰度色彩的灵活运用

在进行快速平涂基础色的过程中，颜色纯度不宜过高，使色块各自为政，这样会在一定程度上降低画面色彩的联系性。适度保持最初快速平涂色彩的灰度尤其是面积较大色块的灰度，是一种较为稳妥的处理手法，使画面关系更加浑然一体。随着画面的不断深入及色彩关系的稳定，可适度调整局部色彩纯度变化(如图 2.3.10 所示)。

图 2.3.10　灰度色块的快速平涂更“入调”

4. 巧用“整体剪影层”

在之前“快速平涂前期准备”的讲授中，提到了整体剪影层可提高细节上色的效率。快速平涂上色技法的第一步是使用魔术棒工具选择上色选区，但在相对繁杂的选区选择时会比较麻烦，需按 Shift 键一点点地加选选区，即便如此仍会经常出现遗漏选区的现象。由于选区范围过于密集狭小，有时还会不小心将魔术棒工具的光标点在线稿上，从而降低了上色效率(如图 2.3.11 所示)。

图 2.3.11 有疏漏的选区绘制

充分利用 Photoshop 图层功能的特性，在“图层”面板中选择“整体剪影层”作为当前图层，使用套索工具框选相应区域（如图 2.3.12 所示）。

图 2.3.12 对有复杂细节区域的选区绘制

执行“编辑”→“拷贝”命令（快捷键为 Ctrl + C）进行图像复制；执行“编辑”→“选择性粘贴”→“原位粘贴”命令（快捷键为 Shift + Ctrl + V）将当前层中复制的图像进行原位置的粘贴。

锁定新粘贴图层的“透明像素”，调整前景色并填充到该层的有效图像之上（如图 2.3.13 所示）。

在快速平涂技法的整个过程中，“整体剪影层”始终处于图层序列的底部位置，像是拔河运动中位于绳子末端的那个憨厚而有力的“压轴”队员，遇到较为复杂的选区选择时，就可以随时借助“整体剪影层”，快速地进行相应区域的复制、粘贴并平涂上色，从而大大提升绘制效率（如图 2.3.14 所示）。

图 2.3.13　快速填充画面复杂细节的基础色

图 2.3.14　快速平涂的灵活运用

5. 色彩关系的运用

造型、色彩、透视、构图，这些都是画面表现中非常重要的视觉语言，色彩因素在线面结合绘画风格的快速平涂阶段表现得尤为突出。快捷的自动执行功能很好地提高了上色环节的效率，但它仅仅是一种数字化的操作方式，要发挥绘制者的主观能动性并服务于色彩关系的展现才是快速平涂技法的主旨所在。美丽是有规律可循的，画面色彩的和谐统一是颜色之间相互联系、相互衬托、共同作用的结果，像是音乐中富有韵律的律动，带给人美的感受。如何通过数字技术的应用更好地把握色彩关系中规律性的展现，让画面更加漂亮，是本节讲授的重点，也是快速平涂技法重要的知识点(如图 2.3.15 所示)。

英国科学家牛顿在 1666 年发现，把太阳光经过三棱镜折射，然后投射到白色屏幕上，会显出一条彩虹一样美丽的色光带谱，从红开始依次是红、橙、黄、绿、青、蓝、紫七色。牛顿色环为后来的表色体系的建立奠定了一定的理论基础，在此基础上又发展成 10 色相环、12 色相环、24 色相环、100 色相等。

图 2.3.15 有规律的色彩运用

以 12 色相的色环为例，A 区域的色块色相为红、黄、蓝三原色；原色两两之间互为混色，可以分别形成 B 区的绿、橙、紫三间色；A 区原色与色相环 180°正对面的色相互为补色，如红和绿、黄和紫、蓝和橙互为补色，在色环中只要是 180°正对面的两个颜色就是一对互为补色。在 A 区和 B 区之间，还有色彩更为微妙的 C 区（如图 2.3.16 所示）。

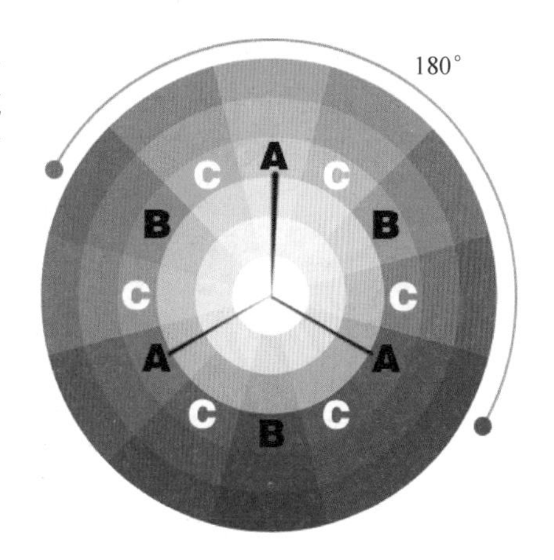

图 2.3.16 12 色相色环

在色相环中，各种各样的颜色都会或多或少地有所联系，颜色之间富有规律性的联系自然会产生美感（在此，暂不讨论现代艺术中对于“无序”“偶然”等表现）。邻近色是色彩关系中非常重要的一个概念，它在色相环中的具体体现就是颜色之间规律化的位置关系所展示的色彩变化。

在色相环中，凡在 90°范围之内的颜色就会形成邻近色的对比关系。这是“你中有我，我中有你”的色彩调和关系。例如朱红与橘黄，朱红以红为主，里面略有少量黄色；橘黄以黄为主，里面有少许红色，虽然它们在色相上有所差别，但在视觉上却比较接近。

在实际的数字绘画过程中，邻近色关系的灵活运用往往会丰富画面的表现力，使画面的色彩关系在对比变化的过程中又呈现相对和谐的关系。例如图 2.3.17 中马匹鬃毛的填色过程，就将色彩控制在橙红、橙黄色调的邻近色关系范围内，颜色变化非常微妙。如果仅使用单一颜色一以贯之，画面效果则单调很多。

Photoshop 中对于色彩数字化的调节可以快速模拟三维空间模式下色相、明度、纯度立体的色彩关系，更科学更高效，更有利于实时观察调节过程色彩对比与变化，充分延展了传统色相环的调节维度，使颜色的变化更加丰富细腻。在快速平涂上色过程中，“色相/饱和度”对话框是经常使用的工具（如图 2.3.18 所示）。

打开前景色拾色器对话窗口，选定基本颜色，分别在两个图层各创建一个使用该颜色进行填充的色块。

当确定了一个基本颜色后，可执行“图像”→“调整”→“色相/饱和度”命令（快捷键为 Ctrl + U），对其中一个色块进行色相调节。在色相环中只要是 180°正对面的两个颜色就是一对补色，因此

图 2.3.17 邻近色与单一颜色的对比示意

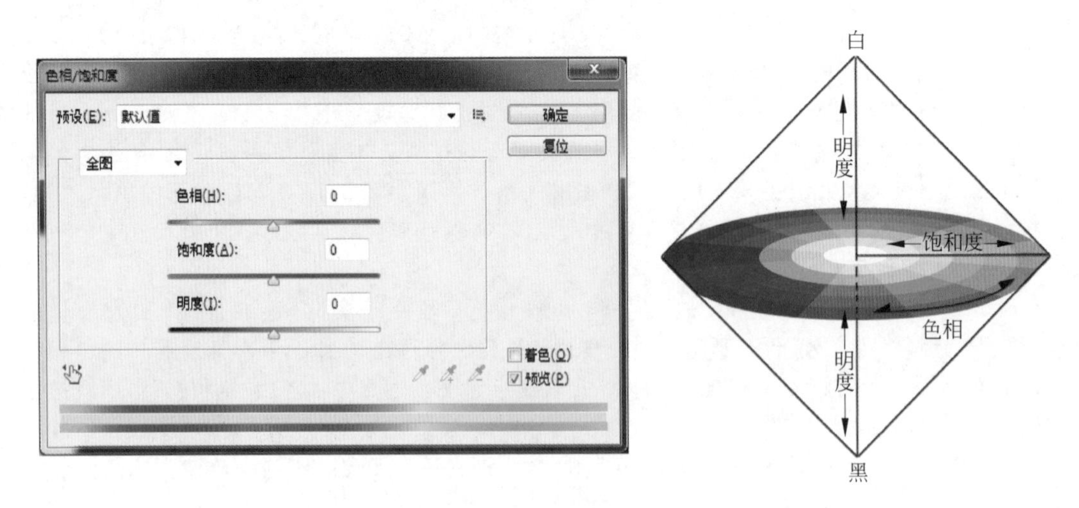

图 2.3.18 “色相/饱和度”对话框及基本原理示意

将“色相/饱和度”对话框中的“色相”调节滑杆往左或往右调节至尽头，即数值为“－180”或“＋180”，调节效果是一致的。“正”值或“负”值仅代表了色彩变化的方向，最终依旧会显示为180°正对的那个补色(如图2.3.19所示)。

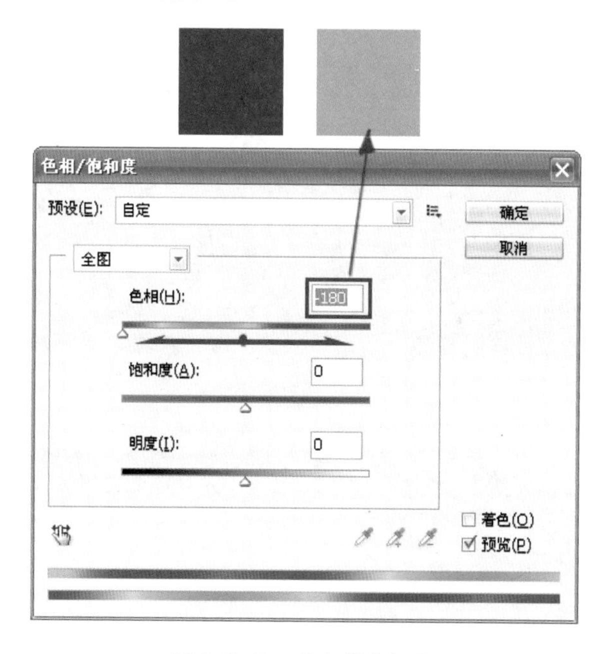

图2.3.19 补色调节示意

如果在“色相/饱和度”对话框中，“色相”调节滑杆左右调节在数值为正负30以内，就可以得到当前基本颜色的邻近色相。在此基础上可继续在“色相/饱和度”对话框中左右微调饱和度和明度调节滑杆，充分拓展色彩调节的维度，出现更加丰富细腻的色彩变化。

前面提到概念色和大面优先的上色原则，二者都是在快速平涂过程中最先平涂的一部分颜色，可为画面快速提供色彩关系的参考基础。在上色过程中要与相应色彩的邻近色调节紧密结合，力求做到概念色或大面积色彩基础色相整体明确且富于变化。

“线稿”图层为当前图层，使用魔术棒工具对画面中铠甲位置进行选区选择，打开前景拾色器，选择铠甲相应的概念色并单击，对盔甲中皮革的概念色进行快速平涂操作，同时需兼顾大面优先原则，选择相对区域较大的上色区域(如图2.3.20所示)。

“线稿”图层为当前图层，继续使用魔术棒工具选择铠甲另一个待填色区域，仍然用之前调节好的皮革前景色进行快速平涂操作。随后执行“图像”→“调整”→“色相/饱和度”命令(快捷键为Ctrl＋U)，在弹出的“色相/饱和度”对话框中对该色块进行邻近色的调节。注意，如果没有特殊的画面要求，在调节邻近色时，色相、饱和度及明度的参数变化仅仅是正负数值微微浮动，与之前上色效果小有差异即可，这样可以确保颜色之间的紧密联系，如果参数调节过大则适得其反(如图2.3.21所示)。

在快速平涂阶段充分考虑画面黑白灰的明度对比对画面整体效果的提升非常重要。在调节“色相/饱和度”对话框参数的过程，还要兼顾对象的形体结构和一定的光影关系。对于一些光影遮挡的暗部，在调节邻近色的同时，可将“明度”数值适当降低(如图2.3.22所示)。

快速平涂的邻近色调整，在突出整体色调的同时，丰富了画面，为后续阶段的画面调整完善提供了很大的可塑空间。通过反复的绘制实践，绘制者会对快速平涂后续步骤的效果具有一定

图 2.3.20　皮革概念色

图 2.3.21　邻近色调节示意

的经验性愿景，使得前期的平涂阶段上色更加有的放矢（如图 2.3.23 所示）。

快速平涂上色在完成了几组概念色或大面积上色之后，后续的上色会以此为参考颜色进行关联式临近“扩散”搭配。根据画面的不同，这种基点扩展式的参考颜色有可能是一个或是多个，像是在荒地中插了几面旗子，作为目标和继续开拓的起点。快速平涂的新颜色或多或少地

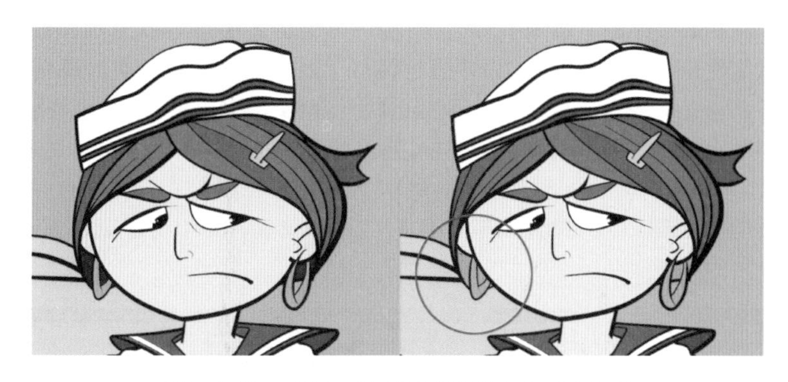

图 2.3.22 邻近色调节需兼顾整体的明暗关系

图 2.3.23 邻近色调节需兼顾整体的明暗关系

与参考颜色有所联系，形成互补、对比的关系，这样有助于画面整体色彩关系的内在关联，使画面色彩做到繁而不乱、张弛有度（如图 2.3.24 所示）。

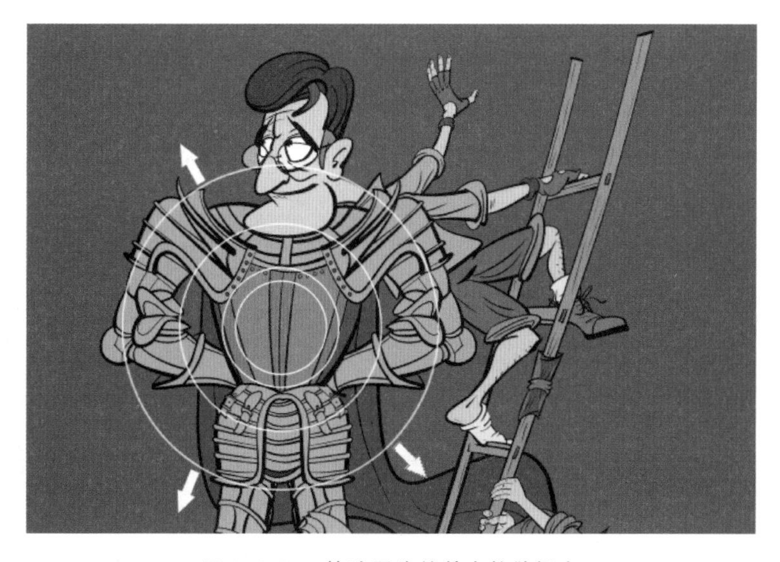

图 2.3.24 快速平涂的基点扩散概念

图 2.3.25 中皮革部分的上色已完成，邻近肩膀位置的盔甲还可以使用之前皮革的颜色先进行快速平涂，并使用“色相/饱和度”命令进行调节。这样操作有利于实时观察与相邻色块的对比关系，加强颜色之间的内在联系。这种颜色块与颜色块的“相邻”仅仅是位置上的，色彩关系可以有所突破，在“色相/饱和度”对话框中，色相参数的调节可以大胆尝试左右两侧正负 30 以外的效果，饱和度、明度的调节也可以做到充分为画面服务。画面中色块一个接一个，以此类推。绘制者在邻近色的颜色调节过程中可以以此为参考，充分融合自身审美和色彩经验。

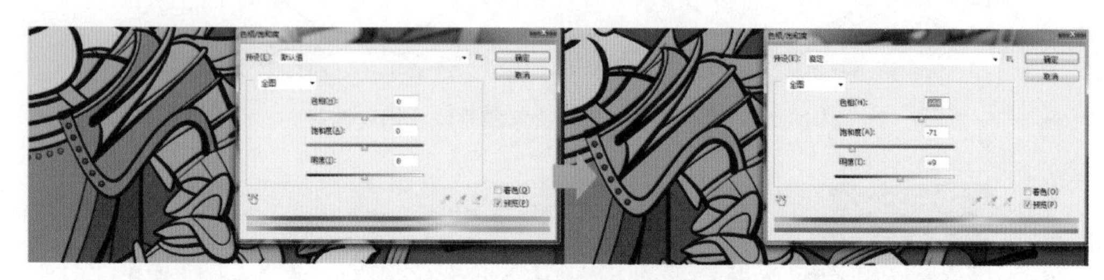

图 2.3.25　临近基点色块的色相调节

高级灰度的补色关系也是快速平涂上色过程经常用到的色彩关系。结合之前所述，色相环中只要是 180°正对面的两个颜色就是一对补色，比如红色和绿色、黄色和紫色。但相同纯度下的补色关系，带有明显的视觉冲击力，传达出活力、能量、兴奋等视觉感受。补色关系用不好往往会破坏画面的整体色彩关系。经常提到的一句话“万草丛中一点红”则使补色关系达到了一种和谐的效果，好的补色效果中，互补的两个颜色在面积上是有主从关系的。如果两个补色在纯度和明度上也有相互的对比，则这样的互补关系将在画面中更加和谐。

图 2.3.26 和图 2.3.27 人物肩膀位置的盔甲和小机器人头部的皇冠位置都运用了黄蓝色调的互补关系，画面效果非常柔和，与其他颜色浑然一体。“灰度”颜色即饱和度相对较低的颜色，这种颜色在画面中不是很夺目，易于融入画面中，即便形成了某种特定的补色关系，也会相对柔和。反之，饱和度高的颜色非常醒目，很容易在画面中脱颖而出，如果是饱和度较高的一对补色效果则更加突出。实际绘制中可以此作为调节参考。

图 2.3.26　高级灰度的补色关系实例运用

以图 2.3.28 色相环说明高级灰度的补色关系。色相环中 A 和 B 是一对饱和度相同的 180° 正补色(图 2.3.26 中对比鲜明的肩部盔甲配色就是此类型的正补色)。B1、B2 是 B 的邻近色，B1、B2 与 A 也分别是一对互补色，但并不是 180°的正补色，这种补色效果相对柔和一些，将 B1 和 B2 降低饱和度，形成 B1a 和 B2a，它们也可以分别与 A 形成互补的色彩关系。这种正补色的邻近色的灰度值就是平时经常提到的“高级灰”，可以形成高级灰度的补色关系。

图 2.3.27 缺乏联系性的色彩运用

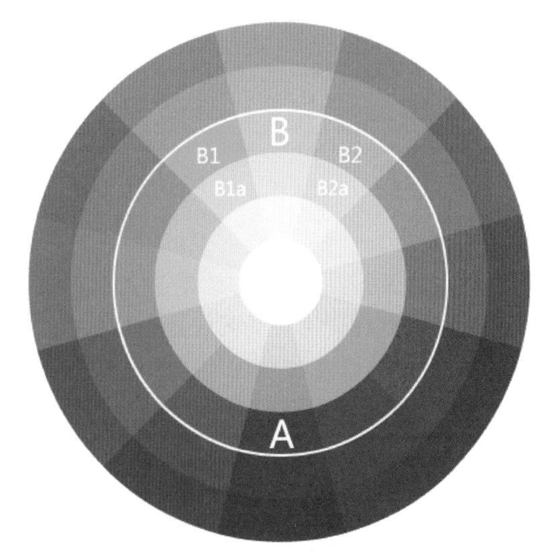

图 2.3.28 色环示意

下面讲解高级灰度补色关系的调节实例。

创建两个图层，每个图层各放置一个橙色色块(如图 2.3.29 所示)。

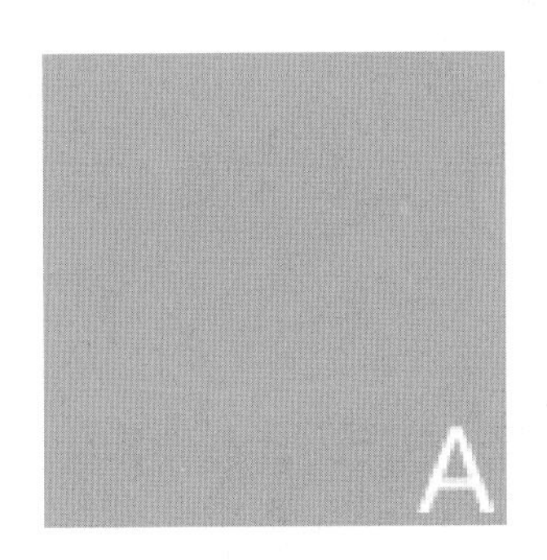

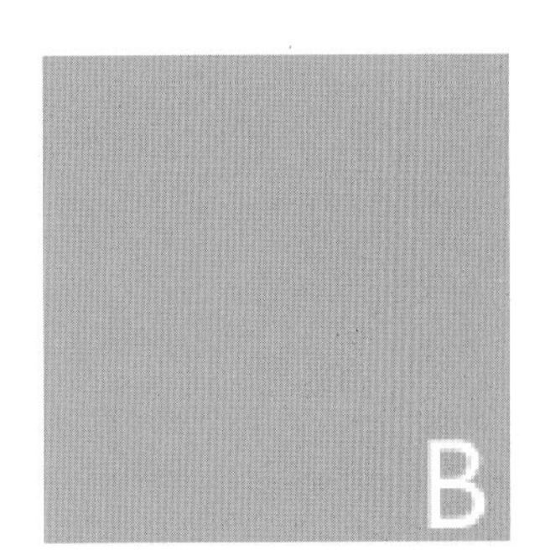

图 2.3.29 色块示意

选择其中任意当前色块图层，执行“图像”→“调整”→“色相/饱和度”命令或按快捷键 Ctrl + U，“色相”滑杆接近正补色相位置，参数为“106”，属于补色色域的邻近色；降低饱和度，明度适当提高，调节完毕。颜色 B 成为颜色 A 高级灰度的补色(如图 2.3.30 所示)。

在快速平涂上色过程中，画面可以呈现为一组邻近色与另一组邻近色的互补关系，或是一

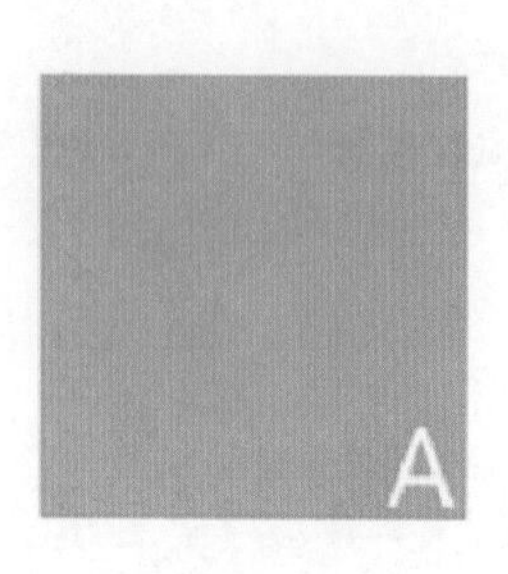

图 2.3.30 高级灰补色的调节

组邻近色与另一组邻接色的相近关系，这样的画面颜色就出现了有规律的层级，画面中像是流淌着律动的音符，这种色彩感受丰富而不凌乱，把控性很高，也是画面赏心悦目的一个重要原因。快速平涂在上色时既要注重颜色之间的色彩关系，同时也要留意画面颜色整体的黑白灰的明度对比关系，通常会在“图层”面板中图层序列的最上层创建一个“色相/饱和度”调整层，将饱和度数值调节为“－100”，观察画面的明度对比的节奏关系，以方便随时判别画面色彩的明度关系（如图 2.3.31 所示）。

图 2.3.31 画面明度的对比和层次

本节小结

本节对快速平涂在实际绘制中的应用技巧进行了较为全面的讲授，对平涂操作相关前期准备的意义和作用进行了细致的分析。重点分享了快速平涂过程中常用的概念色优先原则和大面优先原则，对于初学者掌握基本的上色步骤具有一定的启发作用。结合线面结合画面表现的色彩风格，对于颜色基本规律在实际中的运用展开了探讨，对初学者具有一定的指导意义和帮助作用。实际创作中可结合自己对作品的感受更加灵活运用。

本节作业

结合完成度较高的线稿文件，进行快速平涂练习，对于同一线稿至少提供两种平涂配色方案。在实际操作中，充分尝试概念色优先原则和大面优先原则的运用。

ANIMATION

第3章 圈影绘制技法

圈影绘制技法是数字绘画中较为常用的绘制表现技法。在线面结合风格系列绘制流程中，圈影技法是快速平涂技法的后续工作，是将平面图形立体化快速表现的一个重要技法（如图3.0.1所示）。

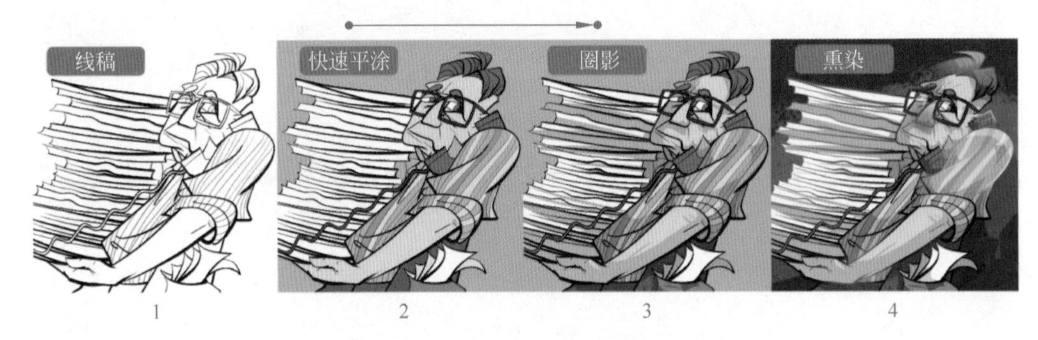

图3.0.1 由快速平涂到圈影绘制

在实际绘制中，圈影绘制往往可以起到立竿见影的效果，能很快将画面绘制进程推向细节、体量、光感的表现环节，很容易提升技法创作者的绘制热情。圈影技法本身的操作原理并不复杂，但需要绘制者进行大量有针对性的练习，力求做到圈影效果与绘制主体的体量及整体造型风格的充分结合。圈影技法不仅仅在线面结合绘制表现中做到环环相扣的衔接作用，它与面面结合的画面表现风格以及遮罩绘画相关技术的结合也非常紧密，在风格类插画绘制、游戏美术中都有广泛的应用（如图3.0.2所示）。本章将对圈影绘制基本原理、技法及其在实战绘制中的应用技巧展开重点分析。

图3.0.2 圈影绘制在遮罩绘制中的灵活运用

3.1 圈影绘制法概述

圈影就是使用套索工具将当前图层相关图形的暗部剪影以选区方式进行选择，并通过色彩调节命令调节变暗的过程，以快速表现画面的立体光感意向，是数字绘画中常用的表现技法，也是快速平涂绘画过程的后续流程操作。在设计表现、插图绘制、游戏美术等绘制领域都有较为广泛的应用，该技法通常与其他表现技法配合使用以达到更加完善的画面表现，在线面结合的整个绘画过程中起到了承上启下的作用(如图 3.1.1 所示)。

图 3.1.1 快速平涂与圈影效果对比示意

光影效果可强化物体立体的造型意向，与物体剪影轮廓相呼应，使结构关系与体量变化表现得更加鲜明。光影变化的黑白关系是相对而言的，以一幅石膏像素描作品为例。石膏像受光线照射，光影变化非常细腻，整体上可分为亮部和暗部，石膏像的额头部分处于亮部位置，依然存在相对的对比关系，色调与色调之间的维度并不大，这种对比是微妙的。

使用魔术棒工具，从石膏像的整体光影中分别提取亮部和暗部。将暗部、亮部分别填充相同的暗色，形成暗部剪影和亮部剪影，两个剪影相结合，正好形成了整体的轮廓剪影。相比之下，暗部和亮部剪影对于突出物体整体体量和结构整体关系起到了立竿见影的作用(如图 3.1.2、图 3.1.3 所示)。

暗部剪影是对原先画面暗部的高度概括，很多暗部中微妙的对比关系，被单色的方式化零为整。线面结合形式的数字绘画在暗部处理过程中，圈影区域则是在石膏像暗部剪影的基础之上进一步地概括提炼。明暗交界线兼顾结构和线条流畅的双重要求，与线稿的整体风格相呼应(如图 3.1.4 所示)。

这种结构式的光影对于快速物体的体量感和光感起到非常重要的作用。圈影技法正是通过对物体内部结构光影表现呈现出立体的画面感受。圈影，就是使用工具架中的套索工具将当前层的结构阴影区域“圈”选出来，通过对选定区域色彩的明度进行调节，形成一定对比的明暗关系，从而形成整体光影效果的暗部和亮部。二维动画中两色法正是基于暗部剪影成像原理进行画面表现的(如图 3.1.5 所示)。

图 3.1.2　暗部剪影的画面抽离

图 3.1.3　以暗部剪影为主要表现方式的雷锋像

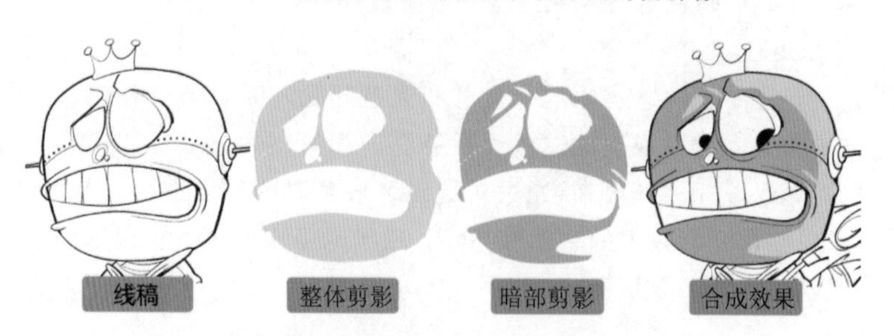

图 3.1.4　角色脸部单层剪影与圈影的叠加效果

图 3.1.5 二维动画中单色法和两色法画面表现对比

3.2 圈影绘制法案例分析

本节将以线面结合的画面表现为线索，重点介绍实际绘制中圈影技法的经验运用，详细分析套索工具的应用特性及其与圈影效果的有机结合。圈影步骤的分析与讨论对于初学者会有积极的启发作用。每一个小的案例演示都具有一定的代表性，要做到理解并举一反三。

3.2.1 选区绘制的基本技术运用

激活工具架中套索工具，使用数位笔在画布中进行选区绘制练习，如图 3.2.1 所示，从点 a 至点 b 绘制一条弧线，当数位笔笔尖离开数位板感应区后，a 和 b 两点间的选区会以直线方式自动闭合，这是套索工具在使用过程中的一个特点。这种选区绘制被称为两点式选区绘制。

在绘制选区时，a、b 两点自动闭合的选区连线有时会对当前层色块进行选区分割，这就需要选区绘制到点 b 后，数位笔先不离开数位板感应区，继续绘制一条过渡性质的选区路径至点 c，然后提起数位笔，使点 a 和点 c 间自动以直线方式闭合整个选区。点 a 到点 b 间的选区路径是圈影效果的明暗交界线，点 b 到点 c 间的选区路径走位只是起到过渡性的整合选区的作用，这种选区绘制被称为三点式选区绘制。选区绘制的起始点位置一般位于图层中有效像素以外，有助于提升选区的流畅效果，同时也便于绘制完成后选区的归拢闭合。图 3.2.2 中橙红色剪影部分处于当前图层有效像素之内，这部分边缘选区的实际效果直接影响圈影最终效果是否平滑流畅，此段选区被称为“效果选区”。蓝色剪影部分处于当前图层有效像素之外，这部分的边缘选区

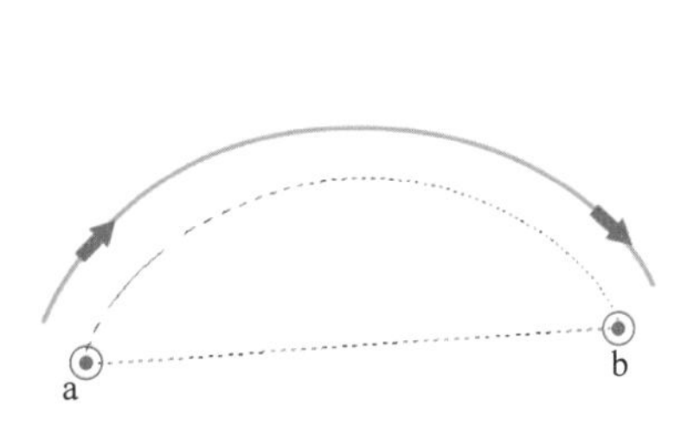

图 3.2.1 两点式选区绘制

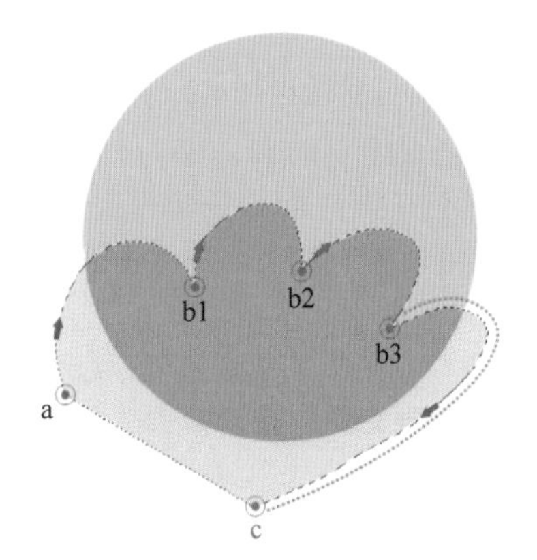

图 3.2.2 多点式选区绘制

仅起到了延长并闭合整体选区的作用，其选区边缘是否流畅不会影响整体的圈影效果，绘制时比较随意，此段选区被称为“外围选区”。

在复杂选区的绘制中，三点式选区绘制的 b 点往往会被细分为若干细节点，从而形成多点式的选区绘制。多点式选区绘制在圈影选区绘制中具有一定的代表性，点 b1、b2、b3 既是选区边缘曲率的转折点，也是选区绘制过程中的停顿点，通常将这种停顿点形象地称为“可以思考的点”，这种选区绘制中的“停顿”为后续绘制造型丰富的选区表现提供了有效保证。图 3.2.3 展示了人物头发和嘴部圈影选区绘制的局部效果，选区绘制时充分利用了线稿层位于平涂上色层之上的序列关系，有意将选区绘制停顿点安排在线稿位置，使其隐藏在线条之下。

图 3.2.3　选区绘制中的停顿点

人们绘制一条横线的时候，用笔习惯往往遵循入笔、行笔、收笔三个过程。行笔阶段线条较为流畅。选区的绘制与线条的绘制感觉有很多相似之处，虽然选区绘制时用力与否都不会改变闪动的选区选择状态，但行笔速率和力道的把控感势必为绘制出流畅饱满的选区造型提供有效保证，使圈影效果与流畅的线条风格相互呼应。这也是将选区绘制的起点尽可能放置在当前图层有效像素之外位置的一个原因，使选区初始阶段不稳定的绘制排除在画面之外，有利于选区整体的流畅效果。

不同数位板的感应级别、不同的计算机配置都会令选区绘制感受有所差异，绘画者要在不断熟悉硬件工作环境的同时，逐步磨合绘制感觉，不断丰富绘制经验(如图 3.2.4 所示)。

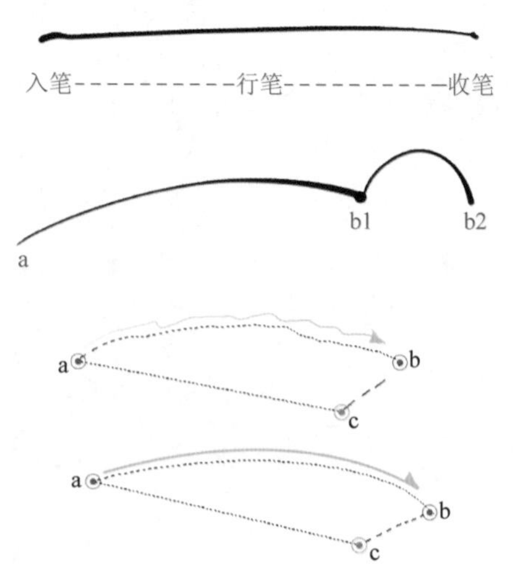

图 3.2.4　选区绘制时笔的速率和力道的把控

结合线条绘制的相关技法，选区绘制中也有类似“甩线对位”的绘制感觉。使用套索工具从选区入点落笔，快速向一侧“甩去”，通常情况很难绘制出完全笔直的线条，所以在选区“甩绘”的过程中也会形成一定的弧度，但数位笔随意提起时，选区绘制的入笔与出笔会自动直线闭合，从而快速形成了线性的选区“甩绘”效果，这种绘制技巧成为选区细节或纹理选区绘制的有效方式，在实际绘制中，这种甩绘选区多用于画面中点和短线的元素表现，绘制者可在此基础上通过按快捷键 Shift 加选类似的甩绘选区，形成更为丰富的选区绘制（如图 3.2.5 所示）。

图 3.2.5 选区甩绘

3.2.2 组合式选区绘制技法

在快速平涂绘制过程中产生了较多的上色图层，而圈影是对某一当前上色图层进行的相关操作，在绘制之初需对上色图层精准选定。使用移动工具勾选属性栏中“自动选择”，确定其后的下拉选项当前状态为“图层”，鼠标或数位笔单击有效像素可自动选择该图像所在图层（如图 3.2.6 所示）。

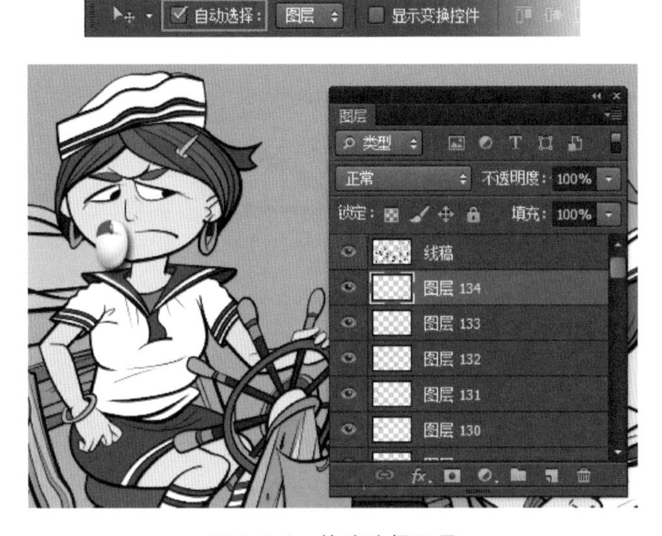

图 3.2.6 快速选择图层

在实际圈影过程中，很少出现“一笔走天下”的情况，即很少出现对复杂的选区一次性绘制完毕的情况，在现有的软硬件情况下，这样的操作也无益于提高圈影绘制的质量和效率。通常采用组合式的圈影选区绘制，将一个相对复杂的选区绘制化整为零、个个突破。使用套索工具绘制完一部分选区后，按 Shift 键陆续绘制后续选区，使之不断叠加，最后形成造型较为丰富的选区绘制效果，以一个卡通人物的脸部圈影为实例，分析组合式圈影选区绘制在实际中的应用。

选择工具架中的移动工具，勾选属性栏中“自动选择”，确定其后下拉选项的当前状态为“图层”，鼠标或数位笔单击人物脸部，选择脸部平涂层为当前图层（如图 3.2.7 所示）。

本例中先从耳朵的圈影选区开始绘制，使用套索工具，数位笔笔尖从点 a 落笔绘制至点 b，稍作停顿后沿脸颊边缘线条向上画并绕回至点 c；数位笔笔尖提起，点 c、a 自动闭合选区，完成局部的三点式选区绘制。在选区绘制过程中，沿着线条顺延绘制时要避免超出线条的宽度（如图 3.2.8 所示）。

按 Shift 键加选后续绘制选区，继续绘制脸部左侧投影。笔尖从现有选区区域内点 a 落笔，选区绘制在画出额头的有效区域后，过渡绕回至点 b，笔尖提起，选区自动闭合，完成两点式局部选区绘制。头发位置的选区部分为外围选区，行笔可较为轻松（如图 3.2.9 所示）。

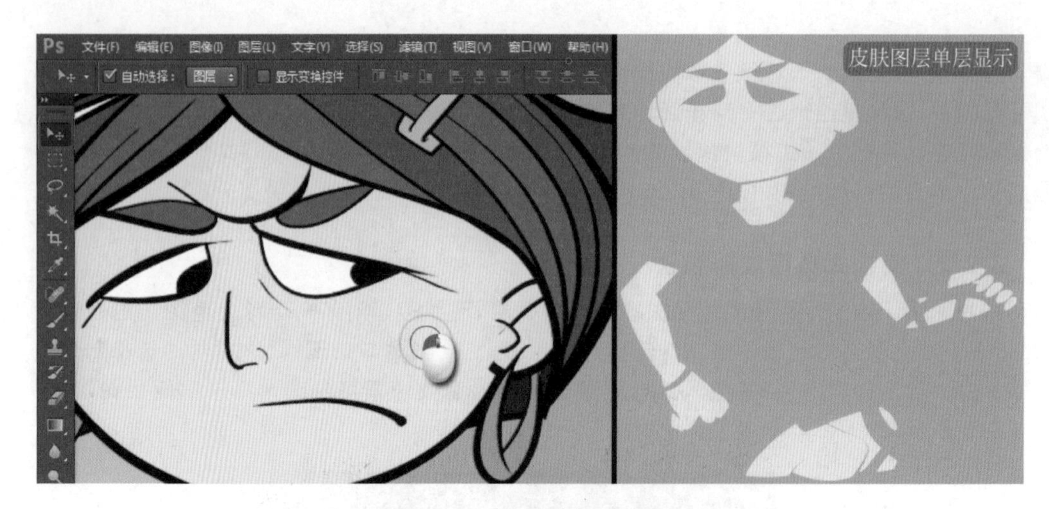

图 3.2.7　选取脸部上色层

图 3.2.8　局部三点式选区绘制

图 3.2.9　两点式局部选区绘制

继续叠加后续选区绘制，方法同上。选区造型应与角色整体风格一致，头发对脸部的投影选区要较为概括（如图 3.2.10 所示）。

绘制眼部投影选区，起点为 a，停顿点依次为 b1、b2、b3、b4、b5 直至点 c，这种停顿点较多的选区绘制，需要充分考虑眼部周围小结构体块穿插与光影变化关系，做到每一笔心中有数。选区绘制要借助线稿及其他覆盖图层，充分利用局部的外围选区迂回过渡。图 3.2.11 中，上层覆盖遮挡的眉毛和眼睛图层为选区闭合的行笔方向提供了一定方便。

图 3.2.10　较为概括的选区叠加

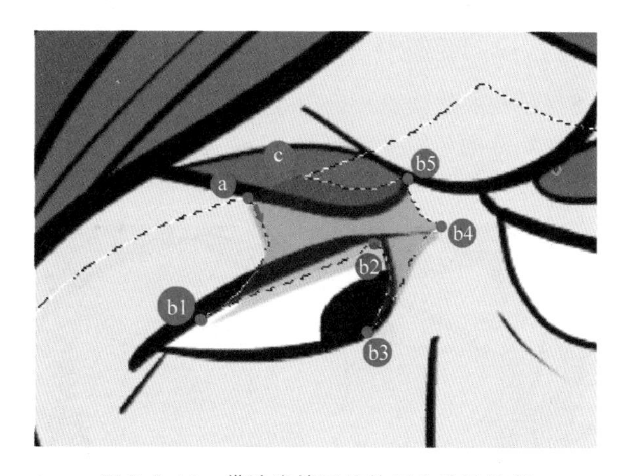

图 3.2.11　借助遮挡图层的闭合选区绘制

选区绘制的入点和出点位置是一个相对的概念。在组合式的选区绘制中，通过按 Shift 键叠加的方式，选区绘制的入点、出点有时就在之前绘制好的选区范围内开始或结束绘制。例如在角色右眼的选区绘制中，入点 a 直接在现有选区中落位，出点 b4 也被安排在之前的脸部投影选区的位置后提起数位笔，闭合选区（如图 3.2.12 所示）。

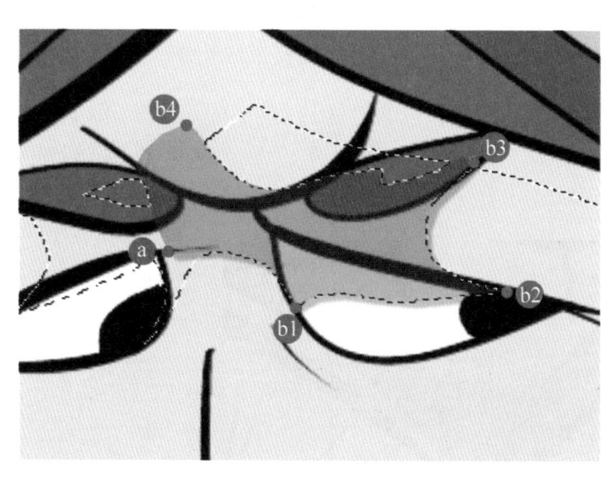

图 3.2.12　组合式选区绘制的内部入点和出点

可以用甩绘选区的方式为脸部选区加选细节，强化局部选区的线性表现，与线稿形成有效呼应(如图 3.2.13 所示)。

图 3.2.13　选区甩绘线性局部

对行笔路径较长的选区绘制应适当提升行笔速率以确保其流畅效果。绘制者在选取绘制时应事先预判在数位板区域实际的绘制操作范围，适时调整画面显示大小和位置，避免数位笔在选区绘制过程中超出数位板感应区的问题，造成选区自动闭合(如图 3.2.14 所示)。

图 3.2.14　选区绘制中的长线效果

对于局部区域的选区绘制应充分考虑选区造型的主次关系，例如角色领口及锁骨的投影选区，采用了线条绘制时主形填充的概念，分别进行两次选区绘制，形成了形体的穿插关系(如图 3.2.15 所示)。

图 3.2.15　选区绘制中的累积式叠加绘制

在脸部整体选区绘制完毕后，执行“图像”→“调整”→“亮度/对比度”命令，根据现有画面效果，调整“亮度”和“对比度”参数，单击“确定”按钮关闭对话框，按快捷键 Ctrl + D 去掉选区，完成人物脸部的圈影绘制，当前色块的画面表现焕然一新(如图 3.2.16 所示)。

图 3.2.16 圈影绘制效果

在圈影过程中，对于基本形体一致的邻接色色块可以采用“一套选区多层运用”的技巧，选区绘制完毕后，分别选择相关色块图层进行色调调整。例如图 3.2.17 中角色的头发采用了邻近色相接的快速平涂方式，其基本形体关系一致，可先按照头发造型的整体结构进行投影选区绘制，分别对不同色彩倾向的头发色块图层进行“亮度/对比度”调节，调节过程中可根据现有色彩的明度、纯度关系差别对待，从而在调节光影的过程中使画面色彩更加协调丰富。

3.2.3 圈影的类型与步骤

圈影基本操作原理较为简单，便于初学者理解，但在最初的实际绘制过程中会出现无从下手的感觉。在实际操作中可将圈影类型进行细分，将不同类型的圈影选区绘制按照一定的步骤展开，这些都具有一定的指导意义。

光与影是紧密结合的，在进行圈影操作之前首先要根据具体的表现内容明确虚拟场景的光源位置，或顶光或逆光，形成初步的光照意向，做到心中有数，避免出现逻辑性的错误。初步拟定光源后，可将圈影区域大致分为以下三种类型：投影式圈影、结构式圈影、纹理式圈影，可作为绘制者从宏观到微观选区绘制的步骤参考。先进行投影式或结构式的光影选区绘制，令物体形成整体的光影体量意向，并在此基础上有选择性地进行纹理式圈影选区的细节添加。

1. 投影式圈影

在明确了场景光源后，首先要在画面中寻找由明显的光线遮挡物造成的阴影区域。这种投

图 3.2.17　一套选区多层运用的圈影技巧

影多来自于周围物体的影响。如图 3.2.18 中,脸部的上色图层为当前图层,角色额头前方的头发遮挡了部分从头顶照射下来的光线,在脑门位置形成相应的投影效果。投影效果有大有小,在圈影过程中要把握先整体后局部的观察方式和绘制步骤,投影式圈影要保持圈影选区的概括流畅。

图 3.2.18　投影式圈影示意

2. 结构式圈影

结构式圈影主要体现物体内结构的光影变化,是圈影操作的重中之重。造型能力较强的绘制者往往对物体体量和结构的理解相对深刻,在结构式圈影操作过程中具有一定的优势。圈影选区绘制时应分析形体结构的来龙去脉,类似于结构素描的画面分析。初学者在结构式圈影之初可新建图层,使用常规画笔工具分析性地绘制一些内结构走向,为正式的圈影绘制提供一定的参考,通过对画面光源位置的确定,使选区绘制游走于准确的明暗交界线之上。在图 3.2.19 中,人物面部骨骼和肌肉的结构关系在皮肤表面形成突起的"丘"和凹下的"沟",在光源的照射下就会在"沟""丘"的结构部位形成结构式的阴影效果。

图 3.2.19　以形体内在结构为主导的圈影效果

结合特有画面表现风格，结构式圈影具有一定的概括性，绘制者在线稿绘制环节就应重视对物体结构形状的把握，为后期形体塑造的继续完善做好铺垫。结构式素描练习是提高绘制者造型能力的有效方式之一，需要初学者多加练习(如图 3.2.20 所示)。

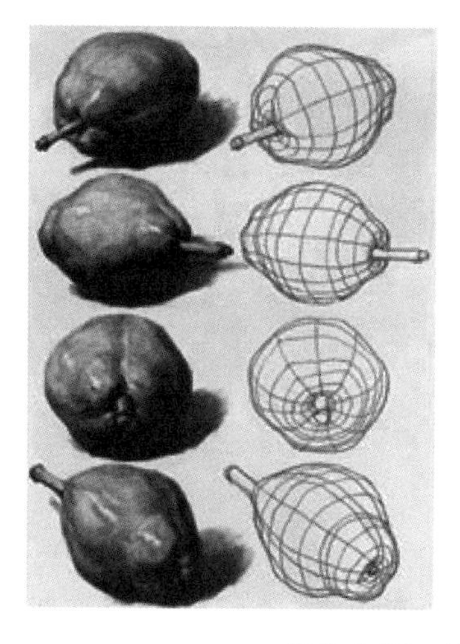  

图 3.2.20　结构式素描练习

3. 纹理式圈影

纹理依附在特定的物体结构之上，相对微观，可理解为大结构上的点或线，在素描绘制过程中，往往在明暗交界线和亮部之间会进行具有肌理感的细节绘制，在丰富画面的同时也形成了画面过渡效果(如图 3.2.21 所示)。

图 3.2.21　纹理式圈影一

在圈影选区绘制中，纹理式圈影一般作为选区累积叠加绘制的最后一个环节，起到了锦上添花的作用。在大的投影式或结构式圈影选区绘制完成的基础上，使用套索工具进行两点式或三点式的选区绘制，单位选区造型可根据特定纹理作为参考(如图 3.2.22 所示)。

上述三种圈影方式在选区绘制过程中，套索工具需配合快捷键的使用，做到选区“加选”或“减选”的灵活运用，三种选区充分累积叠加形成最终相对完整的综合选区形式，然后统一进行后续的色调调节步骤。

图 3.2.22 纹理式圈影

3.2.4 圈影经验的分享

随着绘制者绘画意识及绘画技能的不断提升和完善，对于形体塑造的手段会更加灵活，简单的技法可以有不同的表现，帮助绘画者充分表现画面意向，达到赏心悦目的效果。有经验的绘画者在线条绘制环节未必将物体的所有结构勾勒描绘，为后续的圈影绘制预留一定的创作空间，这样的操作也会大大节省线稿绘制的时间，提升整体绘制效率。圈影绘制同样是造型的过程，是对结构的二度创作，线稿和圈影实质是一种内外结构的有机结合，这种各尽所长的组合方式会形成清新明快的画面表现，在卡通风格的游戏美术中应用较为广泛。在图 3.2.23 中，右侧角色额头和嘴部周围的圈影处理已经内化为有颜色的线条，为小结构的丰富表现起到了至关重要的作用。

图 3.2.23 简单线稿与丰富圈影效果的结合

初学者在最初进行圈影操作时，既要考虑形体结构又要随时考虑套索工具的行笔走向，导致整体选区造型不够流畅。最初练习时可以多尝试儿童插画风格的作品创作，整体造型多追求萌萌的“拙味”，线稿及圈影绘制不要求特别严谨，可操作性较强，有一定的发挥空间，慢慢体会绘制规律并逐步树立自信心（如图 3.2.24 所示）。

图 3.2.24　儿童插画中的圈影效果

根据画面表现的需求，圈影操作时应明确一个主光源并进行有针对性的光影表现，整个画面要力求做到光源方向逻辑上的统一。对于一些辅助性的光源表现可通过接下来的熏染绘制环节的操作来完善。如图 3.2.25 所示，手臂除了受到主光源的光线影响，同时还受到斜下方蓝色环境光的影响，这种环境光的影响在圈影绘制环节可暂时忽略不计，明暗交界线以主光线影响为主，圈影的造型感觉要与线稿气质完美结合。

图 3.2.25　以主光源为主要影响的圈影效果

对于圈影操作的常规理解，实际的画面绘制不应局限于只圈画暗部光影，也可以圈画亮部，具体操作与圈影相似，在“亮度/对比度”调节时将“亮度”数值适当提高。对基础色直接“圈亮”的处理方式与版画刻板提亮的基本操作概念一致。实际绘制中，可以在圈影操作后继续进行

“圈亮”处理，使画面效果更加丰富。在图 3.2.26 中，角色头发的处理采用了二度圈影绘制，在原有基础色上第一次圈绘投影，第二次对头发的高光进行了“圈亮”处理。在此操作过程中需注意：投影和高光的选区应保持一定距离，充分利用平涂阶段的原有基础色形成画面的过渡色块，让画面色彩变化更有韵律。

图 3.2.26　二度圈影绘制效果示意

在二度圈影过程中，避免之前选区的重复叠加，造成后续色调调解后出现光影交错的画面效果。暗部圈影要高度概括力求一步到位，否则画面效果会较为纷乱，影响画面的整体效果，这是最初尝试圈影练习时最容易遇到的问题（如图 3.2.27 所示）。

图 3.2.27　比较乱的圈影效果

圈影绘制一定要注重画面光线的逻辑性，对于主光源或环境光要做客观的分析，避免出现常识性错误。圈影绘制未必要做到面面俱到，对于相对较小的面可以忽略，或采用以后课程讲授的熏染技法继续完善。由于套索工具操作的特殊性，对于连续性较强且造型变化丰富的选区绘制难度较高，要力求做到扬长避短。要努力做到一切从实际出发、从画面出发，一味追求圈影选区的精准绘制往往会忽略整体圈影造型的流畅帅气的感觉，要在实际绘制中找到一个较为理想的平衡点。对于选区绘制的基本方法的掌握，有助于灵活运用到相关造型的剪影绘制创建中。例如图3.2.28中角色头部的羽毛、瓶子的高光等。总之随着绘画技法的不断掌握,对于形体效果的表现是丰富多样的,在实际绘制中要做到活学活用。

图3.2.28 圈影效果的综合运用

本节小结

本章对线面结合系列绘制中圈影技法的基本概念和操作进行了系统讲授,介绍了选区绘制的基本技术运用,并结合实际案例重点分析了组合式选区绘制技法。以投影式、结构式、纹理式三种圈影类型作为突破口,引领初学者尝试把控性较强的绘制步骤。最后在圈影经验的分享中介绍了一些较为实用的操作技巧和需要注意的环节。

本节作业

- 对一个已经完成快速平涂绘制环节的制作文件进行圈影绘制。为强化圈影技法的专项训练效果,需分别拟定三个方向的主光源,进行不同光源角度的圈影练习。
- 在一个简单造型的快速平涂文件中,进行三种以上内结构造型和纹理表现的圈影绘制。

ANIMATION

第4章 熏染绘制技法

熏染绘制技法是数字绘画的基础技法之一。“熏”本意中有气味或烟气接触物品之意；“染”则是将东西放在颜料里使之着色。熏染技法可以理解为“喷绘”，往往给人一种雾蒙蒙的绘制印象，这也正是熏染技法的绘制状态和感觉。绘制工具将颜色以“气雾”状态喷至画面，形成非常细腻的渐变效果，这也正是熏染绘制所追寻的画面表现。

早在18世纪90年代，欧洲艺术家就发明了以气压传送为基本原理的简易喷绘工具，并形象地称之为“空气画笔”。人们开始借助气压将调好的颜色以雾状形式均匀喷到画面之上，形成自然工整的覆盖和渐变效果，快速获得传统绘画通过长时间反复晕色才得到的画面表现。艺术家在反复实践中不断摸索经验，逐步找到了适合喷涂绘制特有的绘画步骤及相应的辅助方法。喷绘的相关设备随着科技的进步而不断发展，可用于艺术设计等相关领域的喷枪装置也不断细分，工具的进步也推动了艺术家和设计师的创作意识和绘制操作不断进步(如图4.0.1所示)。

图4.0.1 早期的空气画笔装置

在计算机时代到来之前，设计师多使用手绘的方式进行工业设计和室内设计方案的绘制，熏染喷绘就是当时非常流行的绘制技术。为了使设计方案的画面表现更加出色，设计师逐步细化了喷绘操作的流程(如图4.0.2所示)。由于气泵喷枪在开启时可保持均匀的喷绘状态，所以在特殊造型边缘的喷绘过程中需要相应的遮挡物进行辅助，这些形态各异的喷绘遮挡物被统称为熏染模板。设计师充分利用喷绘模板，借助喷枪绘制时与画面间的距离、角度、行笔速率等综合因素，反复叠加喷绘以形成最终的画面效果。

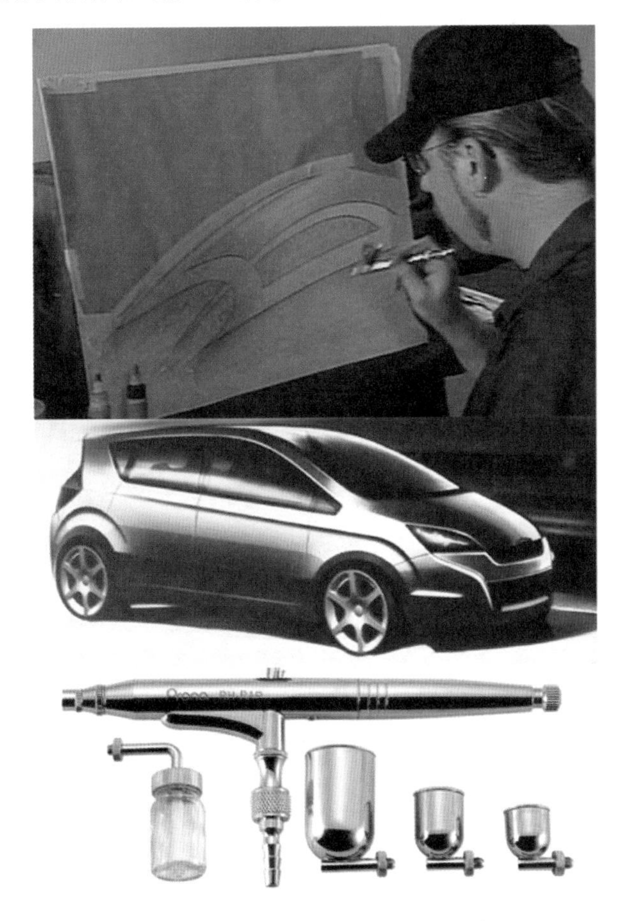

图 4.0.2 工业效果图绘制中的喷涂操作

喷绘技术非常注重喷枪气压、喷枪与画面距离、模板与画面距离及喷绘抖幅度和动速率等综合因素，这在化妆艺术领域表现得尤为突出。这种借助模板的喷绘技术在涂鸦艺术中也被广泛应用，模板涂鸦也成为涂鸦艺术众多流派中具有代表性的一种，艺术家事先精心制作喷绘模板，进行各种带有版画味道的涂鸦表现。模板涂鸦伴随时代的发展也在不断变化，有的艺术家借鉴了套版印刷的基本原理，对模板应用的构思更加细化。对于绘制物体的亮面、反光等分别制作喷绘模板，进行叠加式涂鸦绘制，使画面效果更加精细。在实际创作中，喷绘模板技术被活用到各个领域，有时一些模板采集时也会巧妙借助现成特性的物品，比如植物的叶子等。在实际操作中，艺术家可以完全展开自己丰富的想象力。与此同时，模板喷绘也常被应用于日常的生活中，比如给汽车的特定区域进行喷漆时，往往事先用报纸或是相应的遮盖物挡住无须喷涂的部分，将确定喷涂的部位泾渭分明地露在外面。从某种角度而言，此时作为遮挡物的报纸就是喷绘时使用的“模板”，在实际喷涂过程中起到了很好的限制作用。模板与喷涂核心区域的边缘交界处往往需要精心构筑、一丝不苟(如图 4.0.3 所示)。

数字绘画领域通过技术手段对模板喷绘技术进行了充分借鉴和模拟，对于绘制物体光感、质感的表现，对提升画面的软件中的图层、蒙版、选区、笔刷等工具的综合运用，为创作者提供了

图 4.0.3　化妆及涂鸦艺术中模板喷绘的应用

较为自由的创作空间，且更加灵活多样。同时借助数字软件非线性的操作特性，逐渐衍生出符合数字绘画特殊规律的模板绘制方式，我们将这一类型的绘制统称为熏染绘制，熏染绘制与数字绘画相关技法灵活配合，逐渐成为数字绘画领域较为主要的一种绘制技法。

物体表面受到光照后，除吸收一定的光外，也能反射到周围的物体上，尤其是光滑的材质具有强烈的反射作用，且在暗部反映较明显。环境色的存在和变化丰富了画面色彩，大大增强了画面相互之间的色彩呼应和联系，是对物体自身固有色的有益补充。同时，环境光的应用具有一定的色彩情感表达，对画面主旨情绪的表现往往起到了画龙点睛的作用。就画面效果而言，环境光的色彩你中有我、我中有你，表现微妙细腻。在数字绘画技法中，熏染绘制是表现环境色氛围处理的主流技法，巧妙灵活的应用时画面绘制和表现往往起到事半功倍的作用。熏染绘制技法在游戏美术、插图等领域都有非常广泛的应用(如图 4.0.4、图 4.0.5 所示)。

图 4.0.4　丰富环境光的相互影响

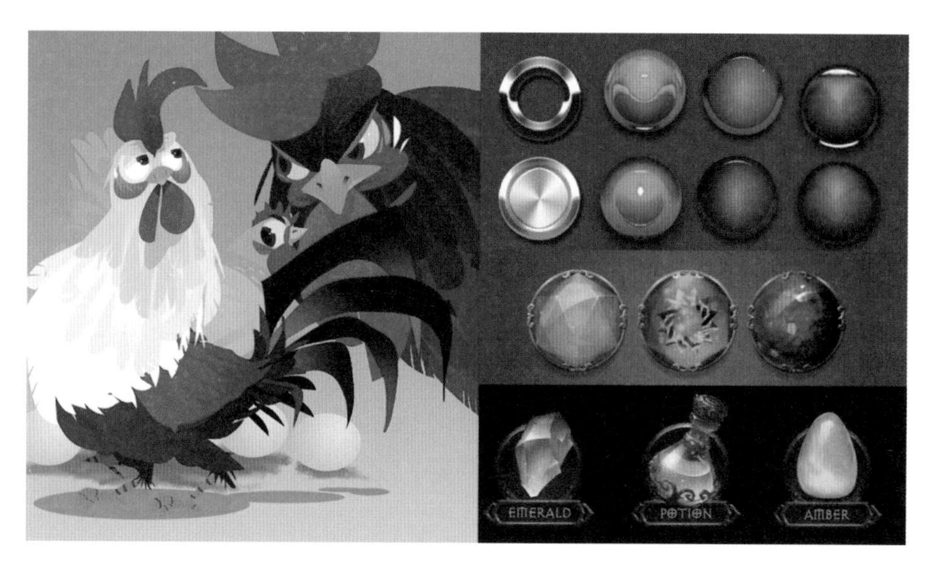

图 4.0.5 熏染绘制技术在数字绘画中的运用

4.1 熏染法基本操作流程

喷绘技术非常注重喷枪气压、喷枪与画面距离、模板与画面距离及喷绘抖幅度和动速率等综合因素。在数字绘画中，熏染绘制并非是将绘制区域进行明确限定后进行完全均匀的喷涂，要灵活控制画笔大小，巧妙利用数字绘画中画笔和限定区域的位置关系并形成柔和的色彩过渡效果，类似传统模板喷涂的高级表现。领会熏染绘制的特性，巧妙运用并与相关技法充分配合，对于提高绘制效率，提升画面品质起到非常重要的作用。

图 4.1.1 中，已经对圆形剪影区域进行了限定操作，使用画笔工具并选择柔边效果的默认笔刷（“柔边圆压力大小”笔刷），通过一定行笔轨迹一笔绘制完成。熏染绘制并没有占据整个圆形，有意在画面留有笔触羽化柔边的过渡，从而更好地形成球体的体量效果。

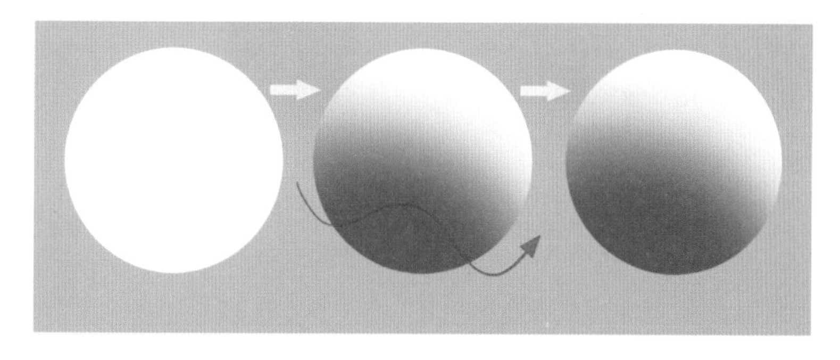

图 4.1.1 高效的熏染绘制

熏染绘制时画笔直径的设置是一个相对数值，要充分结合所调节数值大小与相对应画面是否形成喷涂的画面意向。例如使用画笔工具选择 Photoshop 默认的“柔边圆压力大小”笔刷，调整该笔触大小至 30 像素，绘制出的画面效果则具有明显的线性意向，这种画面表现则不足以归为熏染效果。将该笔触直径大小调整至 1000 像素，绘制效果具有明显的羽化边缘，尤其在 a 点至 b 点的同心圆范围内尤为明显，从而形成了典型的熏染效果（如图 4.1.2 所示）。

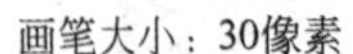

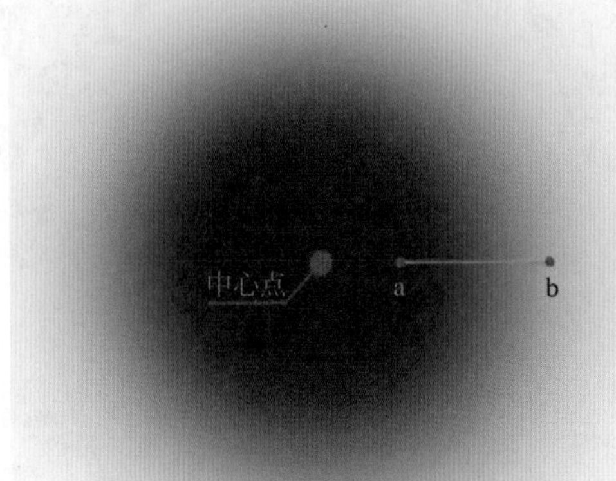

画笔大小：1000像素

图 4.1.2　熏染效果示意

熏染绘制操作的最大特点就是在特定的范围内进行绘制，并在该限定区域内形成一定的自然渐变效果。在图 4.1.3 中，使用矩形选框工具绘制正方形选区，并以此作为熏染绘制的特定区域，图中特意标注了柔边画笔的落笔位置和大小范围。在示范 a 中，落笔位置在选区范围以外，画笔大小及绘制范围与现有选区保持一定的位置关系。绘制后，在选区范围内形成了自然渐变的熏染效果；在示范 b 中，画笔落笔位置在选区范围的中心点，画笔大小及绘制区域涵盖了整个选区范围，最后的绘制效果与填充前景色不无两样，没有在选区内形成有效的渐变效果，这也是多数初学者容易忽视的一个问题。在实际绘制过程中，应结合自身的绘制愿景，要将画笔的落笔位置、行笔范围、笔触大小与熏染特定区域大小及其位置关系进行充分结合、综合考虑。

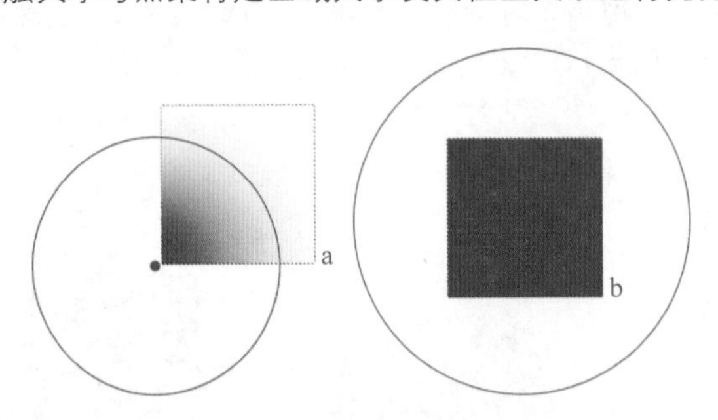

图 4.1.3　熏染位置及效果对照分析

使用选区绘制工具或套索工具来绘制选区，拟定相应区域后再进行后续熏染绘制。在 Photoshop 中，熏染模板的制作是灵活多样的。由于熏染绘制是数字绘画的一个中间环节，需要做到较为流畅的步骤衔接，绘制者在熏染之初，画面绘制已经初具规模，熏染是在现有特性图层绘制的基础上完成的。将某一当前图层的绘制图形变成熏染模板，可采用锁定图层透明像素的方式。

如图 4.1.4 所示，当前图层的所在图形是"LOTUS"字母图形。在"图层"面板中，关闭背景层的"指定图层可见性"勾选框，当前字母图形层可显示出字母剪影之外的透明像素。

注意：Photoshop 以灰白相接的马赛克形式示意透明像素，马赛克以外的图像显示均属于有效像素部分。

图 4.1.4 带有透明像素显示的当前层

使用画笔工具并选择柔边笔刷，适当调整前景色为红色，适当调整画笔大小，为了使环境色效果更加自然，将落笔位置放在字母剪影形下侧边缘，同时按 Shift 键进行水平熏染绘制，绘制时数位笔压感适中，行笔速度均匀。图层中有效像素和透明像素部分均被进行红色喷涂（如图 4.1.5 所示）。

图 4.1.5 有效像素和透明像素同时被喷涂显示的效果

在“图层”面板中单击字母当前层的“锁定透明像素”图标，限定熏染绘制的相应区域，图层缩略图的右侧出现一个小锁的图标。按快捷键 Ctrl + Z 返回上一步，重新进行熏染绘制，此时只有字母剪影形有效像素范围内相应位置进行了熏染喷涂，达到了预期的效果，这是较为典型地利用锁定透明像素工具进行模板限定的熏染绘制（如图 4.1.6 所示）。

图 4.1.6 锁定透明像素的熏染效果

如果当前图层图像具有一定的透明度渐变，当锁定该层的透明像素，使用画笔工具并选择任意笔刷进行绘制，原图像中透明度逐步递减的像素画面也被新笔触覆盖绘制，最终的画面效果与原图像的透明度渐变一致，说明“锁定透明像素”命令仅限于 100% 的绝对透明像素，为更丰富的画面表现提供了可能（如图 4.1.7 所示）。

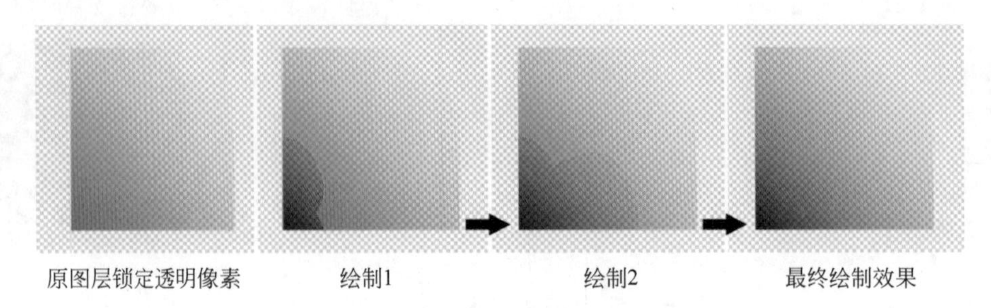

图 4.1.7 “锁定透明像素”范围示意

“锁定透明像素”命令在一定程度上限定了当前层熏染绘制的所在区域，将该层图形图像的有效像素图像变成了熏染模板。与现实喷涂不同的是，这种“锁定透明像素”的熏染是直接在模板上绘制完成。

线面结合的数字绘画系列绘制中，由于快速平涂阶段产生了众多上色图层，后续的圈影及熏染绘制基本延承了之前的图层序列关系，对于常规流程化的一般操作，可将需要熏染操作的圈影当前层锁定透明像素并进行相关绘制。

熏染绘制是对圈影画面的继续完善和提升。通过雾化的熏染喷涂弱化了之前圈影中色块间相对较“硬”的明度对比，同时根据现有画面所体现的结构关系灵活掌握落笔位置、画笔大小、行笔绘制速度及数位笔压感等综合因素，力求让画笔羽化部分的笔触影响画面，从而在体现渲染效果的同时，保留一定的圈影效果，使之前效果若隐若现。渲染效果过强过重势必会喧宾夺主、弄巧成拙（如图 4.1.8、图 4.1.9 所示）。

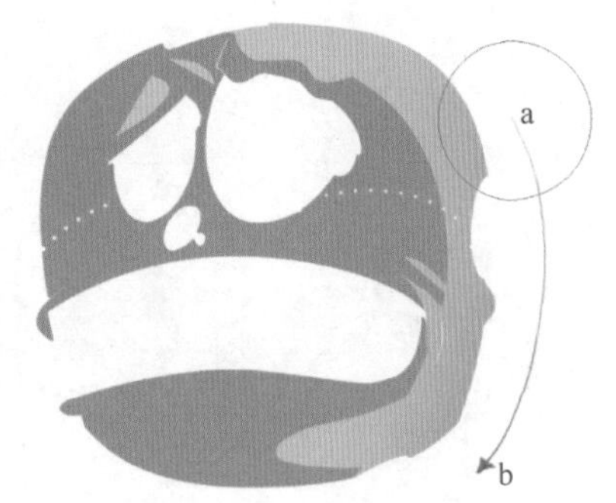

图 4.1.8 熏染绘制示意

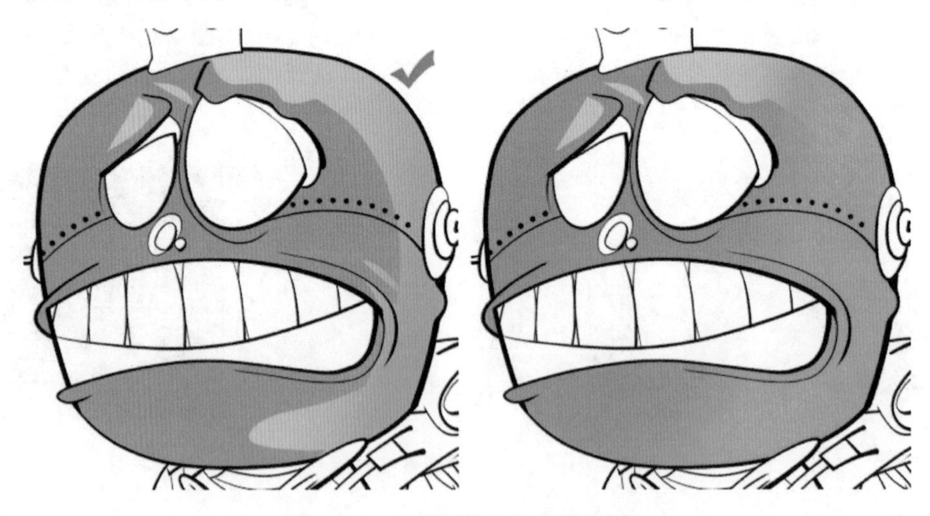

图 4.1.9 保留圈影效果的熏染示意

在熏染过程中，“正常”模式是熏染环节中经常使用的画笔模式，有时根据画面表现需要可适时变化画笔模式，可尝试使用“颜色减淡”的画笔模式。在使用相同前景色进行熏染绘制的前提下，“颜色减淡”模式比正常模式更加透亮（如图 4.1.10 所示）。

Ps　文件(F)　编辑(E)　图像(I)　图层(L)　文字(Y)　选择(S)　滤镜(T)　视图(V)
模式：颜色减淡　不透明度：100%

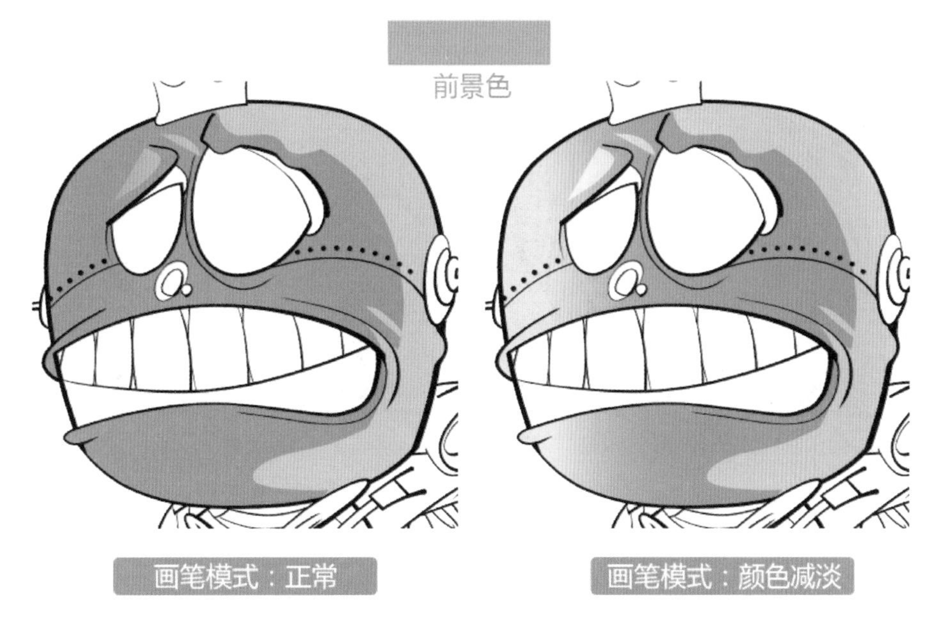

图 4.1.10　不同画笔模式的熏染效果

对于相同图层的熏染绘制，不同画笔模式可按一定的先后顺序叠加绘制。例如在图 4.1.11 中，先采用“正常”画笔模式进行基础熏染，然后切换“颜色减淡”模式，适时调整画笔大小，在图形边缘位置进行二度熏染，使最终的熏染效果更加鲜亮、更有层次感。

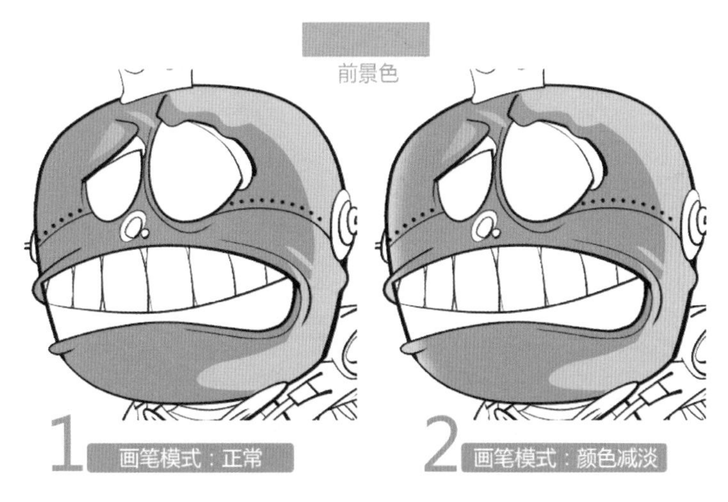

图 4.1.11　不同画笔模式先后叠加的熏染效果

在熏染过程中，画笔工具的“正片叠底”模式可以有效保护画面原有的圈影效果，在进行人物脸部腮红效果的熏染时较为常用。腮红基础熏染完成后，可将画笔工具模式切换为“颜色减淡”，调整画笔大小，为脸颊点上高光。这种高光的绘制为画面增加了“点”的因素，效果晶亮，为画面增色不少（如图 4.1.12 所示）。

图 4.1.12　脸部熏染的画面效果

不同画笔模式的熏染效果要进行列表式的对比尝试,这是深入体会其特性表现较为实用的方法,在实际熏染绘制中要做到活学活用。例如在人脸部的熏染绘制中,画笔的“溶解”模式更接近于表现粗糙的皮肤效果;“线性加深”模式在保留原有圈影效果的同时,将原有色彩适当提纯加深,有助于角色内心情绪化的表现(如图 4.1.13 所示)。

图 4.1.13　不同画笔模式的灵活运用

在线面结合系列流程中，快速平涂阶段往往会根据每一次上色动作创建新的图层。整个流程下来，整个图层列表中会存在众多的上色图层，在熏染阶段可适当合并同类图层后锁定透明像素，进行统一的熏染绘制。也可根据实际绘制需求，锁定某一单层的透明像素进行熏染绘制。在图 4.1.14 中，熏染一束像是被挑染过头发。熏染绘制通常被作为圈影技法的有力补充，未必在圈影环节都要做到面面俱到。图中角色的头发未在圈影环节做任何处理，直接在快速平涂的色块上进行熏染绘制，在体现头发整体形体趋势的同时又突出了光感，一箭双雕。熏染绘制本身也兼顾了形体塑造的作用，绘制要充分结合画面形体关系，在各上色环节做到有的放矢。

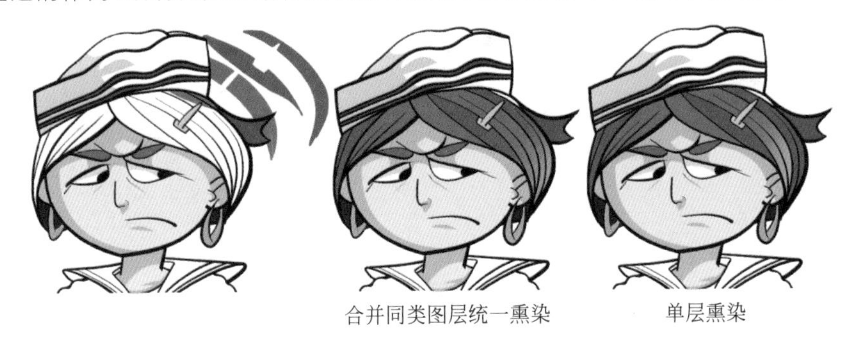

图 4.1.14　面熏染与快速平涂效果的结合

4.2　金属环熏染绘制案例

本节讲授一个简单的金属环熏染绘制的案例，绘制步骤非常紧凑，技术特点突出。借助图层透明像素的锁定功能，渐变工具延展了熏染绘制的实际应用，拓展了绘制者对于"熏染模板"应用的广度和深度。本节金属环熏染绘制案例具有一定的代表性，一些技法非常适用于游戏 UI 界面的图标绘制，绘制者可运用其中的绘制思路和表现手段，在实际项目中做到活学活用。

在"图层"面板中锁定"图层 1"的透明像素，选择渐变工具（快捷键为 G），在其属性面板中单击"编辑渐变"按钮。在渐变编辑器中，调整渐变颜色并单击"确定"按钮。在圆环图形的相应位置，同时按快捷键 Shift 从上往下沿竖直方向绘制渐变效果（如图 4.2.1 所示）。

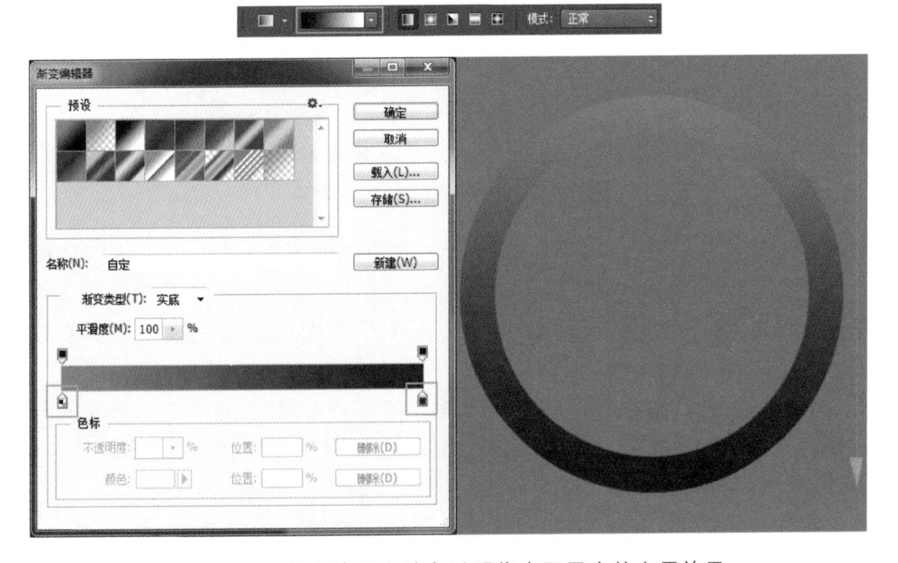

图 4.2.1　渐变效果在锁定透明像素图层中的应用效果

复制圆环图层，继续使用渐变工具，在锁定透明像素状态下从下往上沿竖直方向绘制渐变效果。按快捷键 Ctrl + T 同比例缩小顶部图层的圆环图形，移动至相应位置(如图 4.2.2 所示)。

使用画笔工具，选择默认的“柔边圆压力大小”笔刷，调整相应的前景色，按照整体形体光影关系分别在两个“圆环”图层进行锁定透明像素状态下的熏染绘制，增强圆环物体的体量感和光感(如图 4.2.3 所示)。

图 4.2.2 通过图层叠加塑造形体关系

图 4.2.3 圆环熏染当前效果示意

新建图层，使用椭圆选框工具，按快捷键 Shift 绘制正圆形选区，选区大小圆环结构折角位置相对应。将前景色调整为白色，执行“编辑”→“描边”菜单工具，进行高光描边绘制。执行“滤镜”→“模糊”→“光圈模糊”命令，对现有白色高光进行模糊处理，使现有高光效果产生动感的虚实变化(如图 4.2.4 所示)。

图 4.2.4 “光圈模糊”滤镜效果

“光圈模糊”滤镜的调节操控点较多，可调节丰富的模糊效果，单击中心热点可移动模糊效果的整体位置；顺时针单击中心热点圆周的滑动圆环，可调节滤镜整体模糊效果的强弱；每个 A 点与相对应 B 点之间的 C 距离区域为正式的光圈模糊效果区域，模糊效果从点 A 到点 B 区域逐步递减(如图 4.2.5 所示)。

使用椭圆工具，按快捷键 Shift 创建正圆形状路径，“图层”面板会自动新建图层。使用横排文字工具，将数位笔光标移动至圆形路径之上时，光标图像则变化为“沿路径输入文字”状态，单击后即可录入相应文字。单击 Enter 键结束文字录入(如图 4.2.6 所示)。

确定当前层为文字图层，执行“图层”→“图层样式”→“斜面和浮雕”命令，选择“向下”方向，适当调整“大小”滑杆参数，为文字增添凹入圆环表面的效果(如图 4.2.7 所示)。

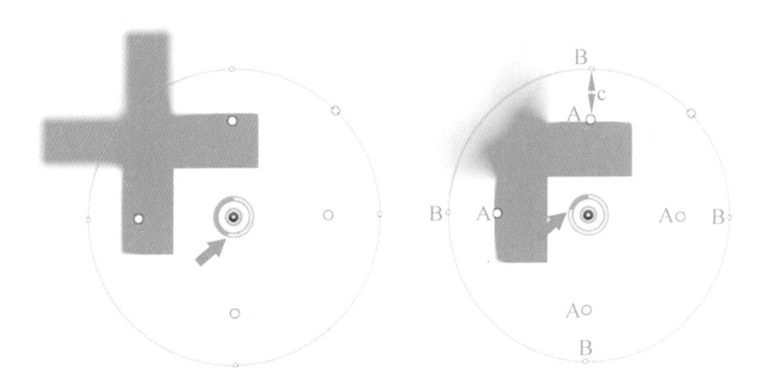

图 4.2.5　“光圈模糊”滤镜操作示意

图 4.2.6　沿形状路径进行文字输入

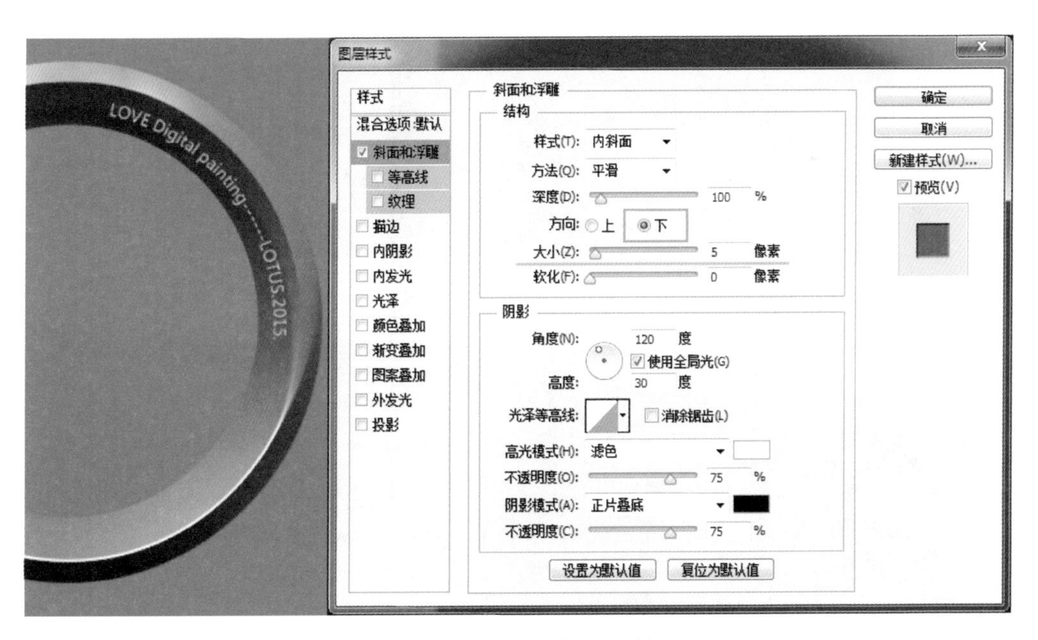

图 4.2.7　“图层样式”应用效果

执行“图层”→“新建调整图层”→“曲线”命令，单击该调整图层缩略图标。在弹出的属性面板中，调整相应通道的曲线变化（如图 4.2.8 所示）。

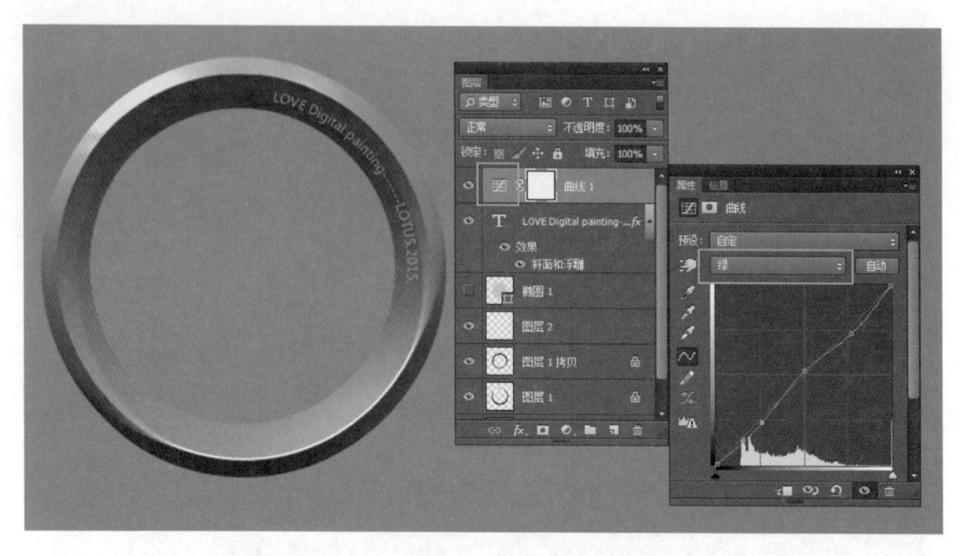

图 4.2.8 曲线调整图层的画面调节

将之前创建的大小两个圆环图层进行复制，并将新复制的两个图层合并，在“图层”面板中拖曳至“背景”层之上。执行“图层”→“图层样式”→“投影”命令或单击“图层”面板下方的“添加图层样式”图标，在“投影”调节中调整相关参数，以实际效果为准(如图 4.2.9、图 4.2.10 所示)。

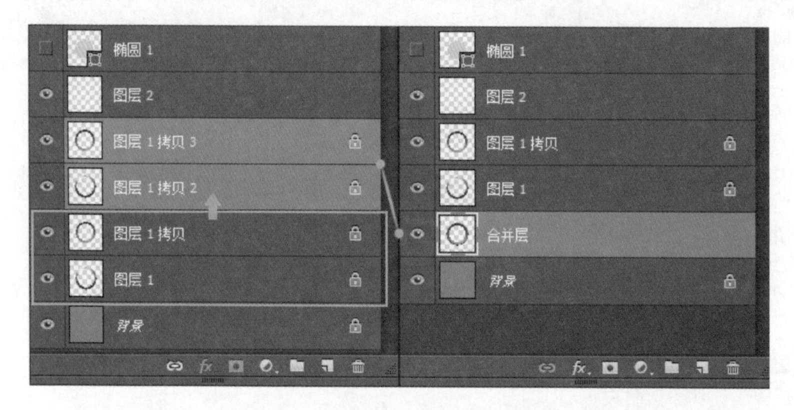

图 4.2.9 图层操作示意

图 4.2.10 为圆环整体添加投影效果

合并全部图层，执行“滤镜”→“锐化”→“智能锐化”命令，观察预览框实际效果，调整相关参数，对画面进行锐化处理，绘制完毕(如图4.2.11所示)。

本节小结

本节的金属环熏染绘制案例，技术应用非常灵活，具有一定的延展性。重点演示了限制式模板熏染绘制的常规操作，突出了熏染模板设置与其后的熏染绘制的对应关系，具有一定的代表性。“光圈模糊”滤镜的延展了熏染绘制的应用，令熏染效果更加丰富多样。

本节作业

根据本节案例的基本绘制技法讲授，创作绘制一个金属环。

图4.2.11　金属圆环熏染绘制最终效果

4.3　熏染技法的应用延展

在实际的画面绘制表现中，熏染技法的应用是非常广泛的。画面熏染无处不在，有经验的绘制者会灵活借助现有画面图层进行熏染效果表现，高效塑造物体的形体造型和光线氛围，同时借助丰富多样的选区绘制，表现更加复杂的熏染效果。要充分借助图层的叠加关系，熏染出光线层层萦绕的画面效果。对于熏染笔刷的渲染应更加灵活多样，熏染效果不仅仅局限于喷雾状的绘制，还可以表现纹理感较强的熏染绘制。与此同时，熏染绘制可与之前讲授的圈影绘制交替使用，充分提升绘制效率。本节将对熏染技法在实际绘制中的应用延展进行讲授，继续拓展绘制者的创作思路，丰富表现手段。

1. 线稿熏染绘制

在线面结合系列流程绘制中，对于线条的熏染绘制是非常重要的。为了更加完美地提升画面表现，熏染绘制可细分为面熏染和线熏染两个部分。灵活的画面表现可以让线条更加“入调”，更加贴合形体表现，有效提升画面品质。线条被赋予了丰富的表现内涵，它可能是边缘位置的一个环境光，强化了画面的内在联系性。

以线面结合的圆柱体画面表现为例，相同单位宽的竖面以不透明度逐级递减的方式从圆柱体两侧以此向中间排列，形成了人们通常的形体意向。将中间部分的竖面去掉只剩两侧最边缘的渐变面，所呈现的画面效果更接近于“线条”的印象。在线面结合的绘制中，线稿多使用纯黑的颜色，并将黑色的线稿保持到画面上色结束的成稿效果。从视觉印象的角度分析，位于物体造型边缘的黑色的线稿并没有很好地和周围色彩充分融合，强化某种对比关系，反而会给人以依旧平直的画面印象，无益于空间和造型的塑造(如图4.3.1所示)。

图4.3.1　圆柱体边缘的线

在实际项目的绘制中，对于造型的绘制，线条的表现远比圆柱体边缘线的呈现要丰富得多。熏染操作不只作用于常规概念的面的绘制，同样可以进行线的熏染。让画面中精致的线条更加贴合物体结构，更富于色彩的变换，更好地为画面表现服务。线熏染和面熏染在绘制步骤上并没有明确的先后顺序，可根据画面实际效果和需求灵活掌握(如图 4.3.2 所示)。

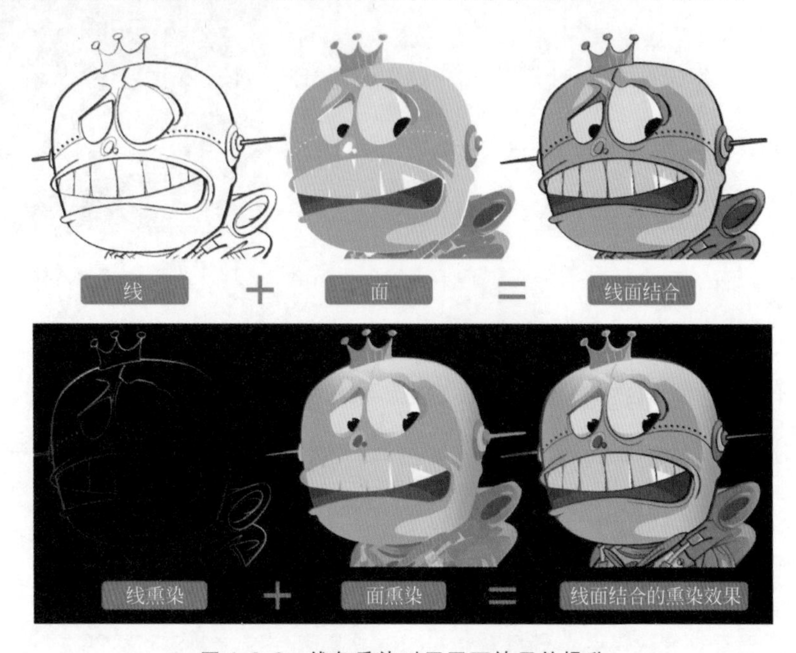

图 4.3.2 线条熏染对于画面效果的提升

与面的熏染操作同理，线条熏染通常使用边缘柔化效果的笔触，熏染过程中应注重画笔中心点、画笔直径大小、绘制压感与行笔速度等综合因素，在线稿基色调整的基础上进行熏染操作(如图 4.3.3 所示)。

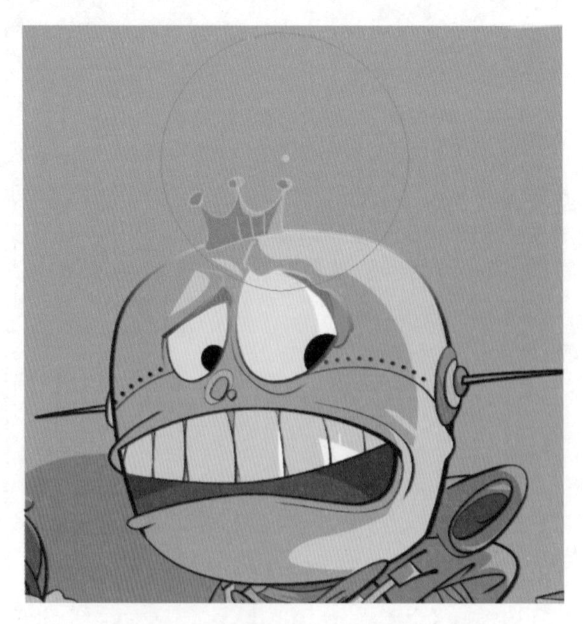

图 4.3.3 落笔位置与线条熏染效果

图4.3.4和图4.3.5中，螳螂卡通形象刀形前爪的线条熏染兼顾了色彩因素的高光色、暗部的反光以及具有画面情绪表现的氛围用色，结合现有的圈影效果极大丰富了画面表现。线熏染和面熏染应相互配合互为补充，例如在螳螂刀形前爪橙红色的熏染部分就兼顾了线与面的两重熏染过程。线条的熏染区域基于其线条本身的不透明像素区域，与面熏染相比更具有一定的具象感，同圈影效果非常相近且更富于变化，这就需要绘制者在圈影过程中应做到有所侧重，尤其对于物体边缘或反光、高光部分的效果处理可在线条熏染绘制中得以实现，做到上色环节的相互补充。对于面积相对较小的画面局部，可忽略圈影处理，直接使用线条熏染，即可达到形体塑造、色彩丰富的效果。

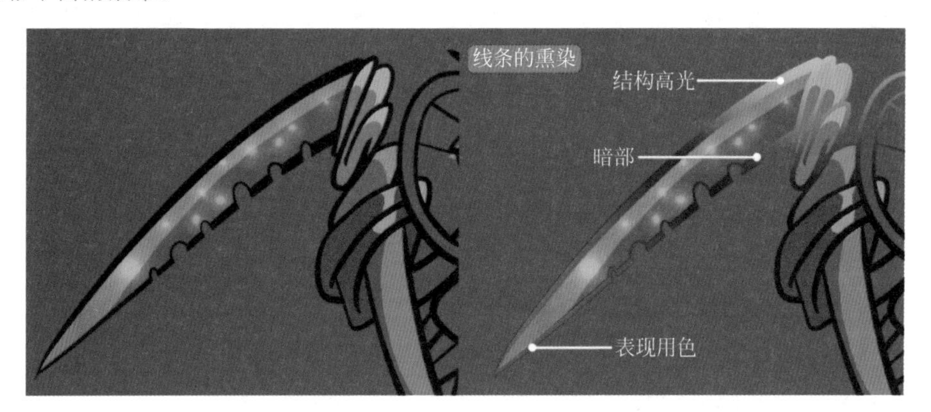

图4.3.4　实用的线条熏染

图4.3.5　线条熏染与快速平涂的效果结合

线面结合的画面风格中线条虽可以灵活展现物体边缘的色彩关系，令画面效果锦上添花，但对于线条的色彩处理应从整体出发，做到恰如其分，避免过犹不及、舍本逐末。图4.3.6中，线稿所有部分都进行了过度的熏染处理，在一定程度上弱化了线条本身塑造形体的作用。

在线条熏染的实际绘制中，往往在熏染之初先为线稿整体填充具有一定色彩倾向且明度较低的颜色，有助于整体线稿在塑造形体的同时更好地融入画面。图4.3.7中，盔甲皮革、披风都是红色调的色彩倾向，此时可单击设置前景色，将前景色调节为红色调中的明度较低、灰度适

图 4.3.6　线条的过度熏染弱化了整体的造型意向

中的颜色并单击“确定”按钮。在“图层”面板中选择“线稿”图层作为当前图层，单击“锁定透明像素”按钮，按快捷键 Alt+Delete 将调整后前景色填充至“线稿”图层的有效像素中。与黑色线稿效果对比可以看出，虽然二者图面变化非常微妙，但调整后的线条效果更“入调”，为后续上色环节的整体观察和判断打下一定的视觉基础。

图 4.3.7　线稿熏染的前期准备

图 4.3.8 中，角色帽徽为金属的银质徽章，调整前景色为白色，线条熏染时行笔范围尽可能不要接触到帽子的边缘位置；头发和望远镜部分的高光区域，要充分结合所在物体圆柱形的基本体量采用直线式的熏染喷绘；脸部区域的肉色熏染位置处于图形内侧，熏染时要调整好画笔大小，以点涂的方式进行脸部熏染；帽子边缘线条的熏染则采用画笔中心点外移，充分利用画笔羽化边缘的熏染效果。实际应用中，灵活运用线与面的熏染绘制，丰富了微妙的色彩关系，帮助画面形成美妙梦幻的视觉效果，对于提升画面品质起到事半功倍的效果。

数字绘画的方式是灵活多样的，将线条部分进行更加贴合邻近块面的色彩熏染，化线条于无形之间，使线面关系更加融合，将线条充分理解为面的一部分，且富于变化，从而派生出一种崭新的“面面结合”的表现形式，这种面面结合的画面表现在游戏美术和插图绘制中应用非常广泛（如图 4.3.9 所示）。

2. 纹理熏染绘制

在之前的熏染技法分析案例中，通常以默认的“柔边圆压力大小”笔刷来满足线面结合风格系列绘制的常规效果表现。在实际熏染绘制中，这种柔边笔触的应用具有一定的延展性，具有一定柔边压力效果的纹理笔刷也可进行熏染绘制，恰到好处的应用会为画面增色不少（如图 4.3.10 所示）。

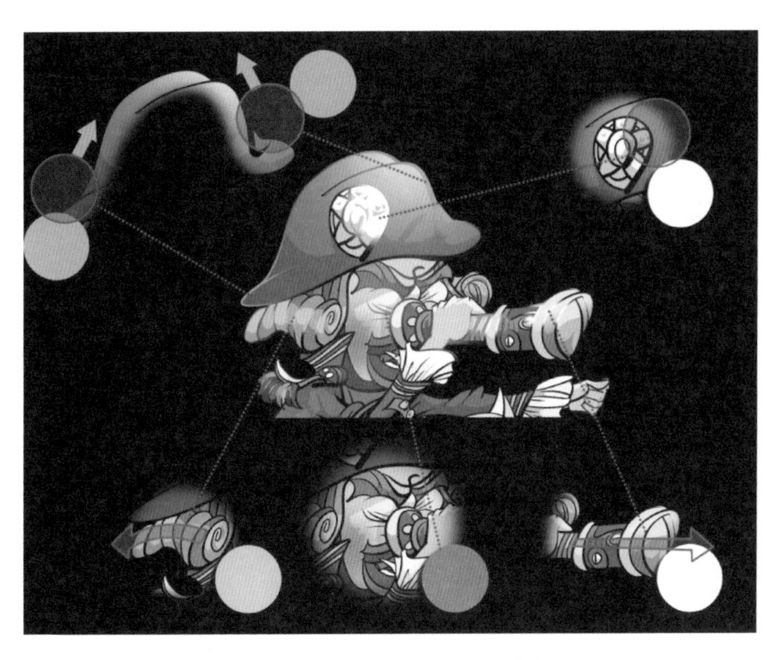

图 4.3.8　灵活多样的线条熏染方式

图 4.3.9　面熏染与快速平涂效果的结合

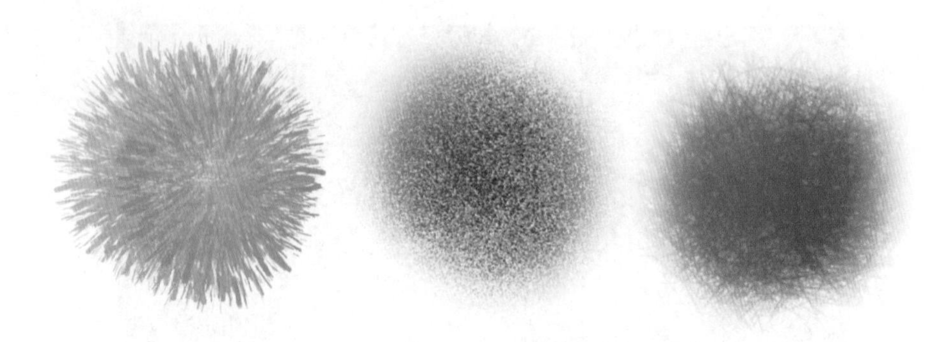

图 4.3.10 具有柔边压感效果的纹理笔刷绘制效果

具有一定纹理效果的熏染绘制最好依托于一定的画面体量关系，可作为常规熏染绘制的有力补充。例如在原有画面熏染的基础上，选择类似具有一定纹理效果的柔边压感笔刷在相应位置继续进行熏染绘制(如图 4.3.11 所示)。

图 4.3.11 纹理熏染的应用

熏染绘制中，巧妙运用笔刷类型往往能在画面表现中起到四两拨千斤的效果。对于线面结合的数字绘画系列绘制，纹理式的熏染效果往往是点到为止。儿童风格的插图绘制中，纹理熏染绘制较为常用，增强了整体画面的绘制感，画风更加质朴。对于一些极富表现力的画面绘制，纹理熏染绘制则会与“厚涂”等绘制技法充分结合，派生出更多细化的绘制流派，在后面的章节中将做重点讲解。

3. 光线熏染绘制

光线熏染绘制是数字绘画中较为常用的技法，绘制过程与常规熏染非常相似，在绘制之前要对图层和画笔属性进行相关设置。光线熏染绘制要在一个单独图层进行，新建图层后，单击“图层”面板下方的 fx 按钮(添加图层样式)。在弹出的“图层样式”菜单中进入“混合选项”面板，在“常规混合”调节区域将该图层“混合模式”调整为“线性减淡(添加)”属性；在“高级混合”调节区域取消“透明形状图层”勾选状态，单击“确认”按钮，关闭面板。这时“图层”面板中该图层显示图层样式设置的小图标 。选择使用画笔工具 ，选择相应的光效造型笔刷，调整画笔模式为“线性减淡（添加）”属性，在画面中光线位置进行相应绘制（如图 4.3.12 所示）。

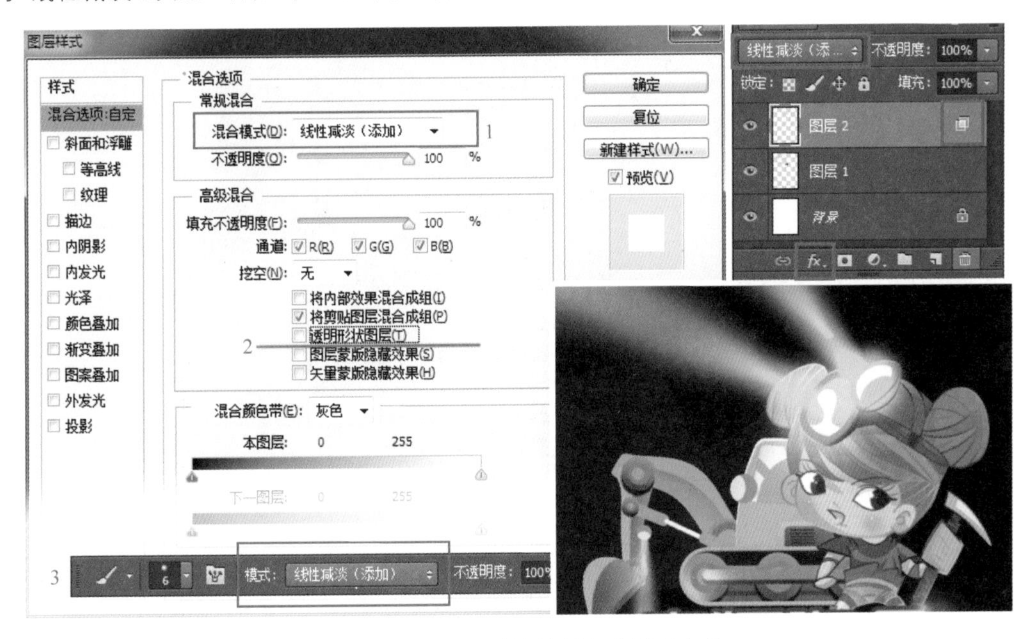

图 4.3.12　纹理熏染绘制光线画面表现

在游戏美术和卡通风格的插图绘制中，这种光线熏染绘制的技术使用率较高，绘制效果优于常规的色彩光线绘制，光线效果更加明快通透。光线熏染绘制对于提升画面整体氛围起到了积极作用，可在实际绘制中结合画面具体表现需求灵活运用（如图 4.3.13 所示）。

图 4.3.13　纹理熏染绘制光线画面表现

4. 选区熏染绘制

选区熏染是熏染绘制的一种快捷方式，通过相关选区绘制工具迅速进行熏染操作。熏染绘制依旧遵循在特定范围形成一定渐变效果的画面原则，切忌整体填充（如图 4.3.14 所示）。

结合图层“锁定透明像素”的基本原理，选区熏染是对当前图层有效像素的继续选择。如图 4.3.15 所示，圆形白色剪影为当前图层的有效像素部分，用红色圆环示意圆形选区范围，锁定当前图层的透明像素，则实际绘制区域为圆形白色剪影与红色选区范围的交集部分，也就是图中的绿色区域。锁定透明像素功能进行了绘制范围的基础限定，选区绘制则更加精确地进行了二度限定，以此来熏染出更加丰富的效果。

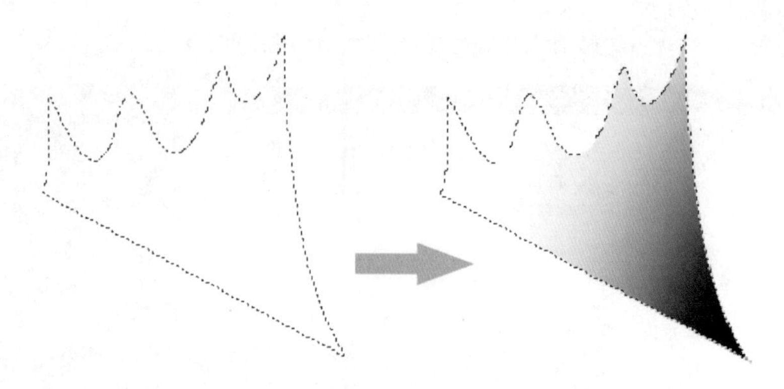

图 4.3.14 选区熏染绘制示意

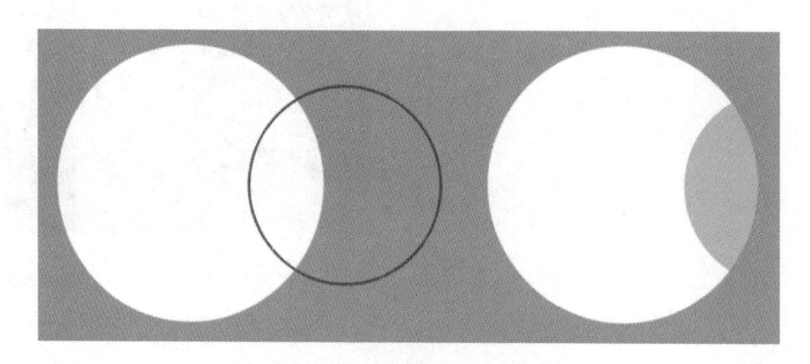

图 4.3.15 选区与有效像素相结合的范围控制

系列套索工具和选框工具都是较为常用的选区绘制工具，熏染选区的绘制过程和步骤与圈影选区绘制非常相似，绘制者可灵活按 Shift 或 Alt 键加选或减选选区，快速绘制熏染的相应区域。灵活掌握好画笔大小、行笔位置和走向等综合因素与选区限定范围的关系。在当前图层“锁定透明像素”的前提下，继续进行相应的选区绘制，这样就为后续的熏染范围进行了双重限定。如图 4.3.16 所示，熏染操作在选区范围的一侧进行，行笔位置从 b 点到 a 点由强变弱，这种选区熏染绘制将部分绘制融合的效果，具备一定的典型性，在游戏 UI 设计绘制方面应用非常广泛。在插画绘制方面，这种选区熏染与锁定透明像素的结合使用，会使画面效果更加丰富，提升了视觉品质。

无论是对相关像素的锁定还是选区的限定都是对熏染模板的塑造和利用，可在了解其基本操作方法的基础上灵活应用以达到学以致用的效果。

5. 辅助光熏染

在实际绘制中，有经验的绘画者往往会在画面内容构思中主动加入辅助性的光源。这种光源的加入是画面构筑式的，为其后的熏染绘制继续提升画面质量奠定基础。画面中辅助性光源的熏染绘制进一步丰富了表现力和视觉冲击，同时也将辅助光周围的物体以氛围光的方式紧紧地联系在一起，更加强化了画面整体的联系性。辅助光熏染也是对画面构成有效色彩关系的补足与调和，构成更加和谐的色调关系。如图 4.3.17 的左图中，吉普车底部添加了辅助性的蓝色氛围光，将车体底部部件若明若暗地呈现出来，轮胎与各部件之间形成了微妙的色调关系，同时也突出了自身形体，并与其后的圆月形成强弱有序的互补关系；右图中，有意添加了路灯和电车底部的氛围光线，使整体画面更加灵动，即便是月夜，也同样展现了丰富的色彩关系。

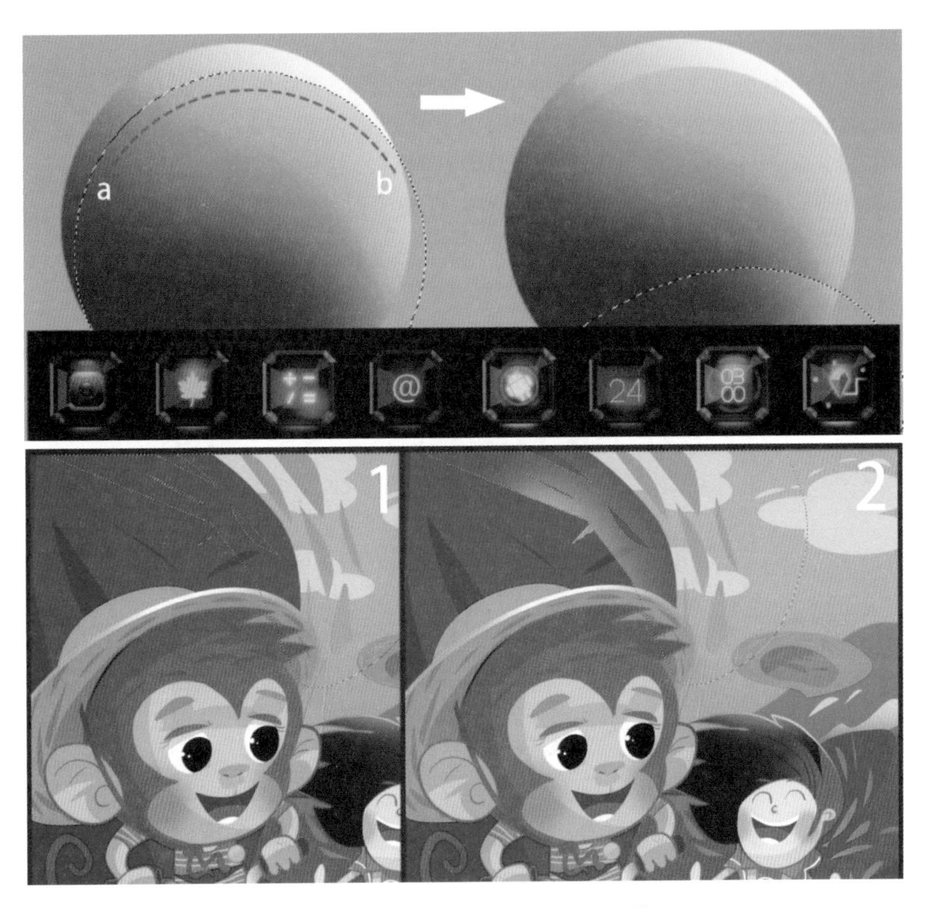

图 4.3.16 部分熏染部分融合的绘制效果

图 4.3.17 辅助光熏染效果示意

6. 灵活序列熏染

常规的线面结合画面表现的绘制步骤中，熏染绘制往往排在圈影绘制之后。数字绘画的最大魅力就是模块化非线性的调整，在绘制步骤方面也可做序列方式的尝试，从而产生新颖的画面效果。如图4.3.18所示，画面中飘扬的布料色彩柔和，在快速平涂之后，先将布料的当前画面进行熏染处理，然后在此基础上进行圈影绘制，打破了以往常规步骤的序列方式，从而产生了新颖微妙的画面表。

图4.3.18　绘制步骤调整产生新颖的画面感受一

光线熏染的视觉表现里突出，在实际应用时可以直接在快速平涂绘制之后，进行光线效果绘制。如图4.3.19所示，云和飞机的效果绘制，采用了光线熏染的方式直接在快速平涂的基础上进行，跳过圈影环节，快速营建形体和氛围统合感。这些小实例是开放式的，鼓励学习者要敢于打破常规，敢于实践。当然，一切创新也是基于反复的练习并对基本技法深刻理解的基础之上。

图4.3.19　绘制步骤调整产生新颖的画面感受二

本节小结

本节重点讲授了线条熏染的基本概念和实际应用，介绍了纹理熏染、光线熏染、选区熏染、辅助光熏染以及灵活序列熏染在实际应用中的特点；继续丰富了熏染绘制的表现手段，突出了数字绘画实验性的一面。

本节作业

对本节相关技术要点介绍，逐一进行专向练习，做到举一反三。

4.4 写实熏染法综合绘制技法

本节将以写实风格绘制鸡蛋过程为案例主线，重点讲授熏染技法在写实风格数字绘制中的综合技法运用。其中有一些非常实用的小技巧，绘制者可举一反三，灵活运用于自己的实际项目绘制中(如图 4.4.1 所示)。

图 4.4.1 最终画面效果

新建图层，使用画笔工具，选择常规圆头笔刷，以线稿方式绘制鸡蛋壳基本造型(如图 4.4.2 所示)。

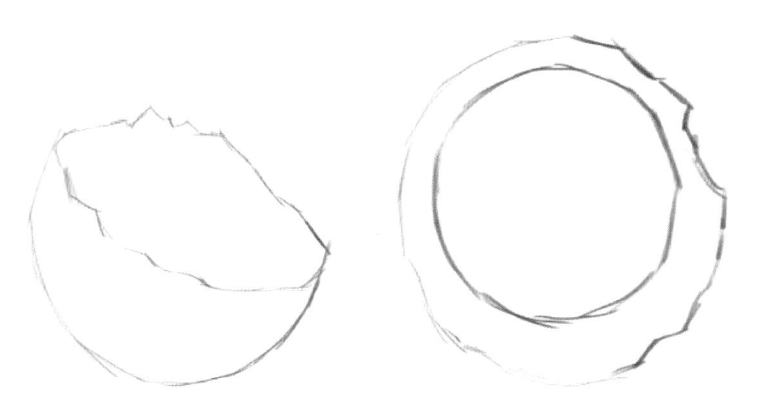

图 4.4.2 鸡蛋线稿

在线稿层下方，分别新建三个图层，逐层分别使用椭圆选框工具，按快捷键 Shift，绘制正圆选区，填充相应的蛋壳内、外及蛋黄固有色。在图层序列的最底层，使用渐变工具，设置相应渐变颜色，对背景图层进行整体的渐变绘制，整体效果如图 4.4.3 所示。

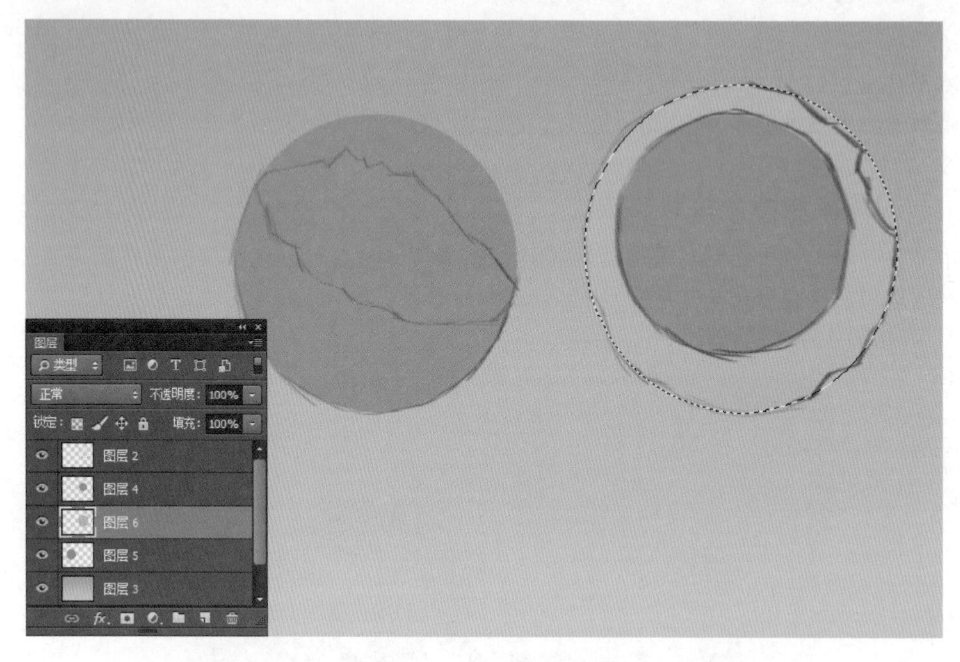

图 4.4.3　基本固有色绘制

完善基本色块剪影造型，根据线稿参考，使用多边形套索工具对现有蛋壳造型多余部分进行选区绘制并删除。新建图层，命名为“破碎截面”层，采用之前的相近操作，为左侧蛋壳添加内侧部分的剪影形。在蛋壳剪影层下方分别新建图层，使用椭圆选框工具，在其属性栏中适当加大“羽化”数值，绘制投影，并填充相应前景色。投影绘制可采用逐层叠加的方式，并适当调整辅助投影层的不透明度，模拟辅助光的投射效果(如图 4.4.4 所示)。

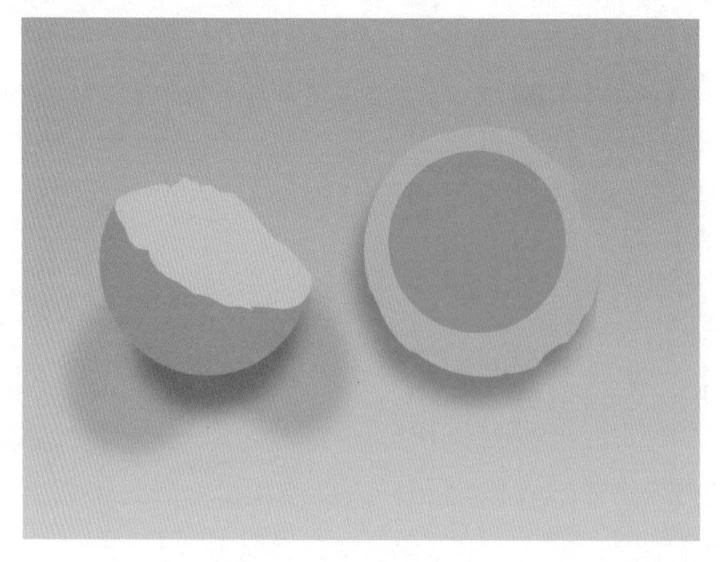

图 4.4.4　当前绘制效果

将“破碎截面”层复制，并命名为“破碎截面（熏染）”，激活该图层的“锁定透明像素”按钮，使用画笔工具，选择默认笔刷中的“柔边圆压力大小”笔刷，调整前景色，在相应的背光位置进行蛋壳内侧阴影的熏染绘制。绘制时需注意落笔位置和行笔速率及压感的把握（如图 4.4.5 所示）。

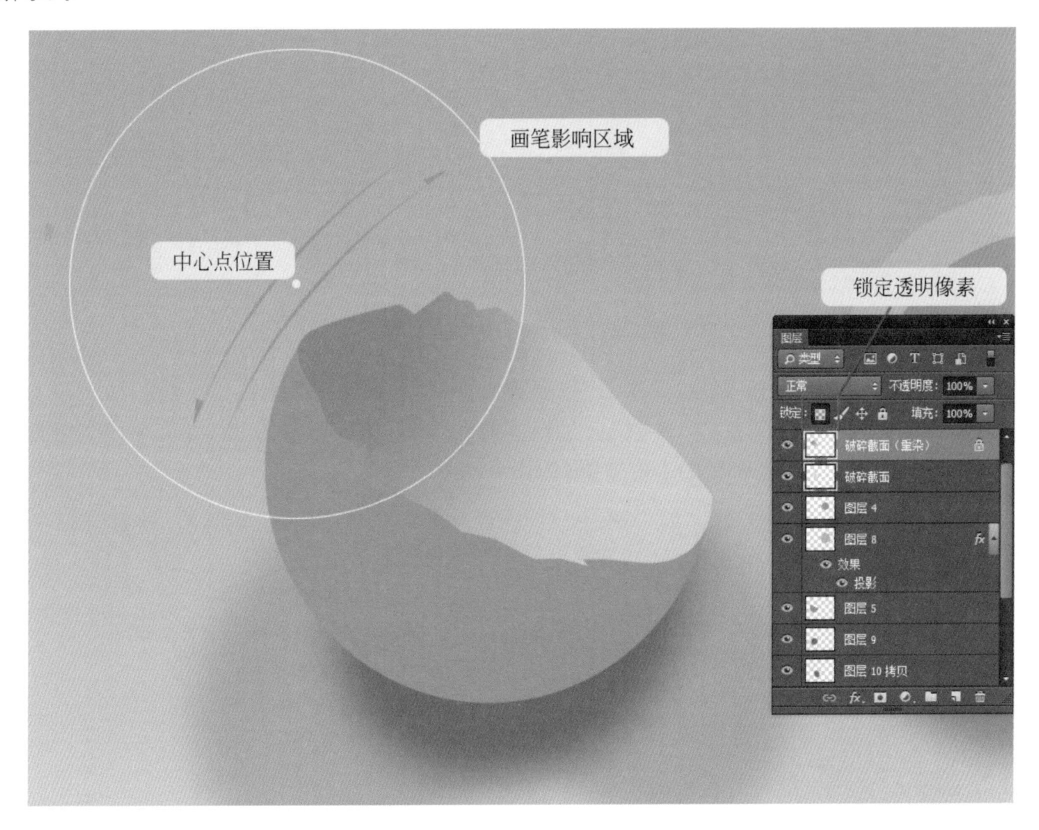

图 4.4.5　蛋壳内侧的光影绘制效果

执行“编辑”→“自由变换”命令，适当缩小“破碎截面（熏染）”层的图形大小，并调整相应位置，使边缘露出线状的底部图层图像，形成蛋壳厚度效果（如图 4.4.6 所示）。

图 4.4.6　蛋壳厚度效果

参考之前步骤，制作俯视视角的蛋壳厚度及效果熏染。对“蛋黄”图层的熏染绘制要充分考虑其自身结构及其与蛋壳之间的光影关系。熏染绘制步骤可参考之前所述，熏染色彩设置可根据自身观察经验进行操作(如图 4.4.7 所示)。

图 4.4.7　当前绘制效果示意

在“蛋黄”图层之上新建图层，可命名为“蛋黄平面层”，使用椭圆选区工具，同时按 Shift 键绘制正圆选区。执行“选择”→“修改”→“羽化”命令，根据实际效果设置“羽化半径”，填充前景色，使蛋黄上部形成部分渐变的平面效果(如图 4.4.8 所示)。

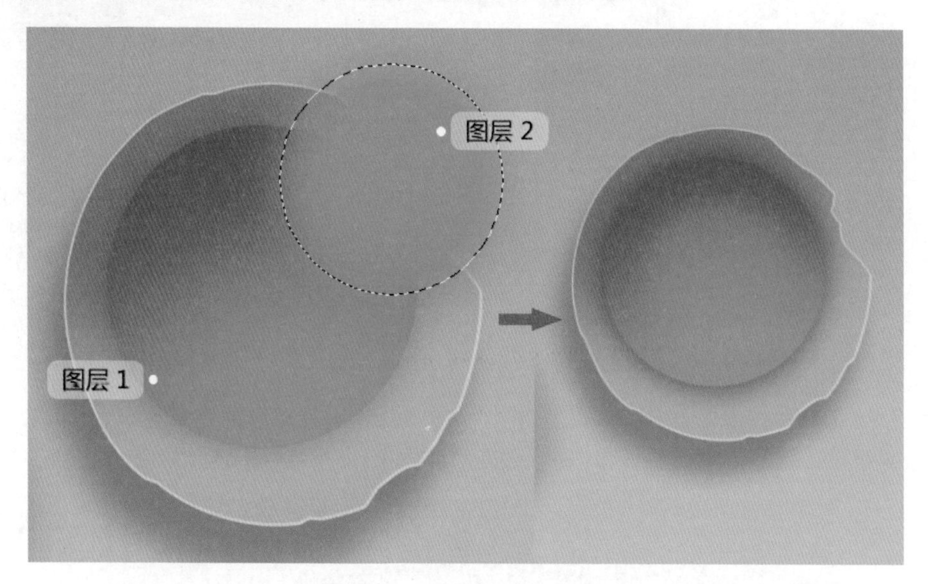

图 4.4.8　蛋黄局部效果完善

复制“蛋黄”层，将底层的“蛋黄”层适当放大，并移动至相应位置。执行“滤镜”→“模糊”→“高斯模糊”命令，根据画面效果调整“半径”大小，使蛋壳的内壁与蛋黄的交接部分形成朦胧的蛋清效果和环境光意向(如图 4.4.9 所示)。

同理，继续复制原有“蛋黄”层，将底层的“蛋黄”层适当放大，并向上移动至相应位置。执行“图像”→“调整”→“亮度/对比度”命令，适当降低该层的亮度，继续执行高斯模糊滤镜命令，从而强化蛋清与蛋壳内壁间的光影效果。这种高斯模糊的滤镜应用与熏染效果非常相近，整体效果更加匀称(如图 4.4.10 所示)。

在蛋黄相关的系列图层最上方新建图层，使用套索工具绘制高光面选区，设置前景色为白色并进行熏染绘制，可根据画面效果，适当降低该图层的不透明度。这种在新图层中使用套

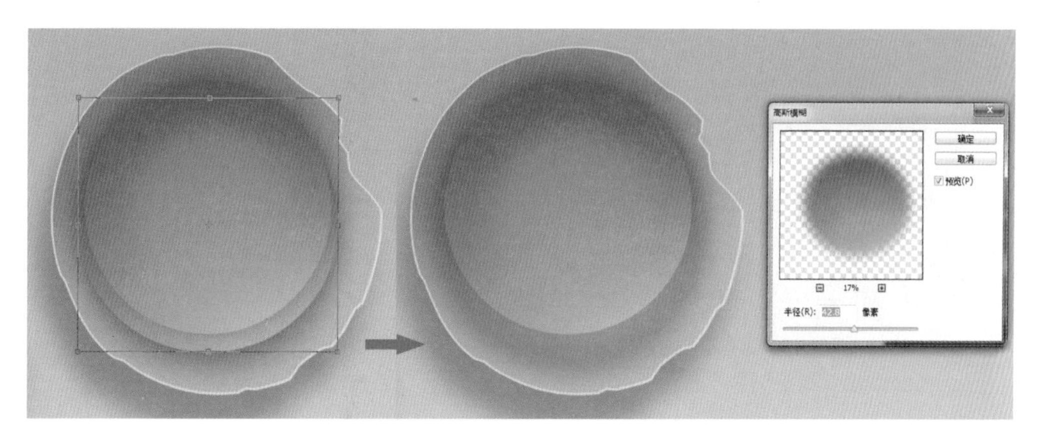

图 4.4.9　蛋清效果绘制

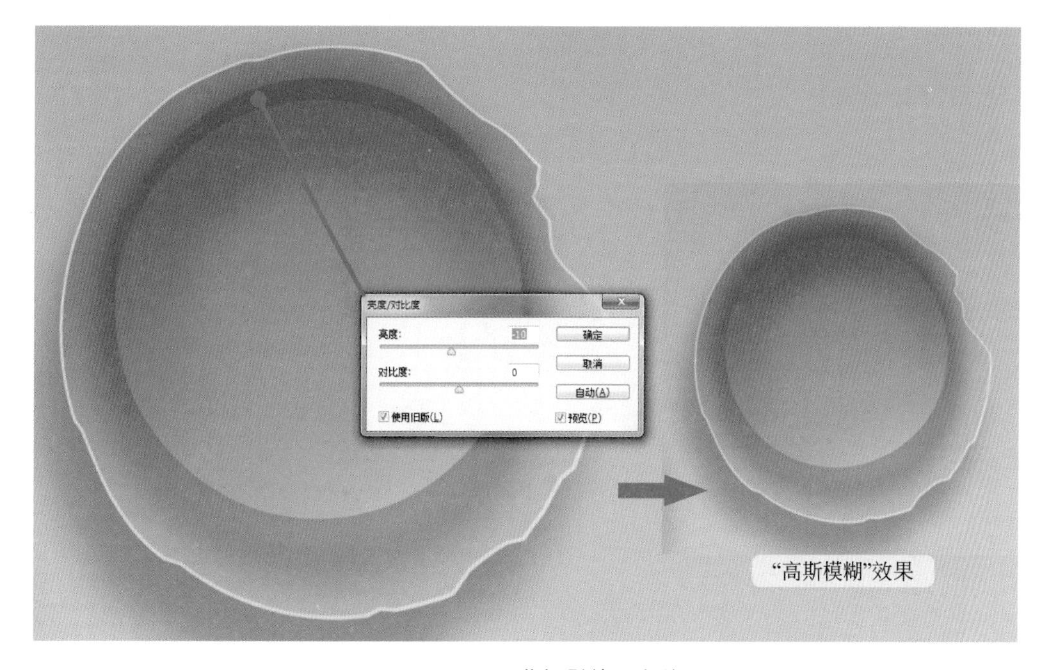

图 4.4.10　蛋黄投影效果完善

索工具快速绘制选区并进行熏染绘制的方式在实际绘制中较为常用。继续新建图层，使用画笔工具，选择默认的"硬边圆压力大小"笔刷，以点绘的方式进行高光点绘制。颗粒感高光的绘制提升了画面表现精度和细节（如图 4.4.11 所示）。

新建图层，可命名为"蛋清杂质层"，使用画笔工具，在蛋壳内壁相应位置，贴合蛋黄外围造型，绘制白色线条，执行"滤镜"→"模糊"→"光圈模糊"命令，对白色线条进行光圈模糊滤镜添加，巧妙形成蛋清依稀可见的杂质效果（如图 4.4.12 所示）。

在"蛋清杂质层"之上，新建图层，使用椭圆选区工具，同时按 Shift 键绘制正圆选区，执行"编辑"→"描边"命令，在弹出的对话框中调整"宽度"和"颜色"，单击"确定"按钮，画面中形成一个线形圆环图形。继续使用"光圈模糊"滤镜，根据画面需求调节相应操控点，对现有线形圆环图形进行模糊处理，形成半透明蛋清的阴影效果（如图 4.4.13 所示）。

"光圈模糊"滤镜具有较为灵活的操控调节。圆心位置可调节"光圈"在画面的具体位置，使

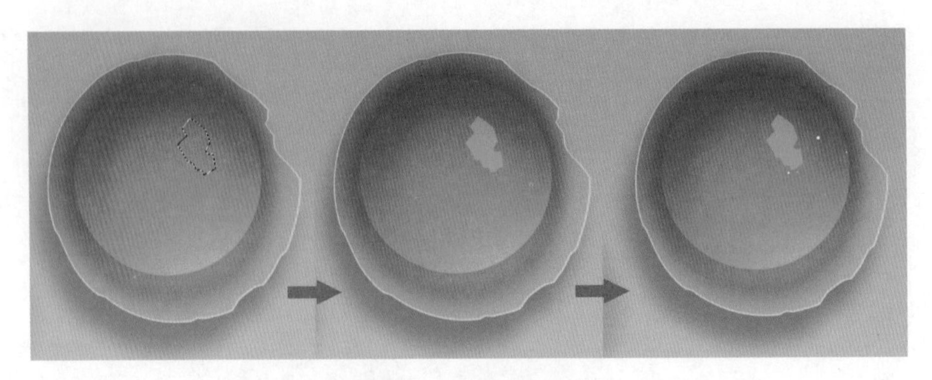

图 4.4.11　蛋黄高光绘制

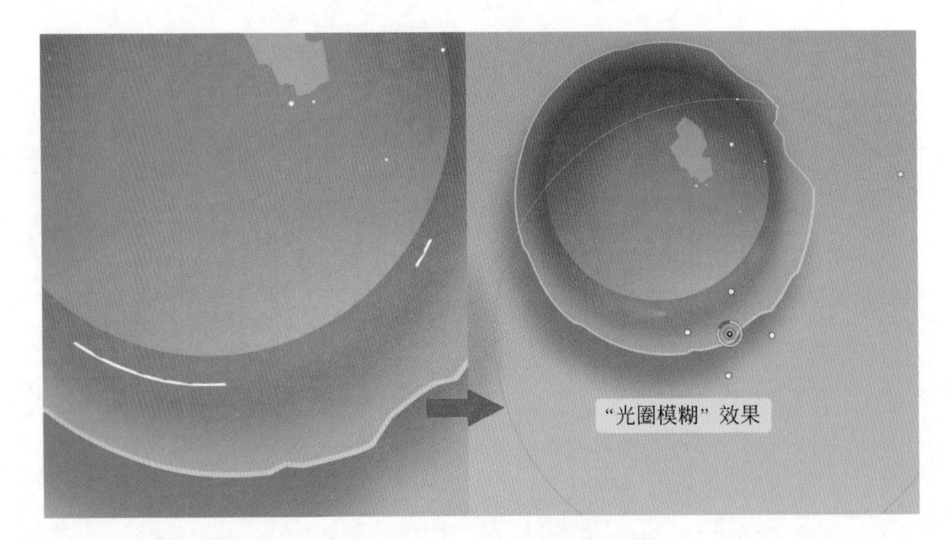

图 4.4.12　蛋清杂质效果绘制

图 4.4.13　蛋清投影效果绘制

模糊效果具有一定的方向性；圆心位置的滑杆可控制模糊的大小数值；如图 4.4.14 所示，"光圈模糊"具有内圆和外圆两个控制维度，可通过鼠标或数位笔单击移动其上方的原型控制点调节模糊区域的大小。

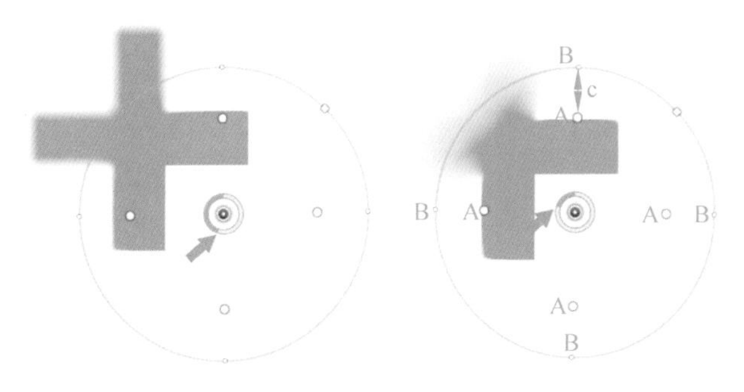

图 4.4.14　"光圈模糊"绘制效果

在实际绘制中，"光圈模糊"滤镜的使用效率较高，在了解其基本操作原理后，可以在新建图层中有的放矢地绘制光线走向，通过该滤镜处理将其自然融入画面。执行滤镜命令后，可使用橡皮工具，选择柔边笔刷，将多余部分擦除，这种通过滤镜辅助所产生的"喷涂"效果与常规概念的画笔喷绘相互配合，表现更加丰富的光感变化(如图 4.4.15 所示)。

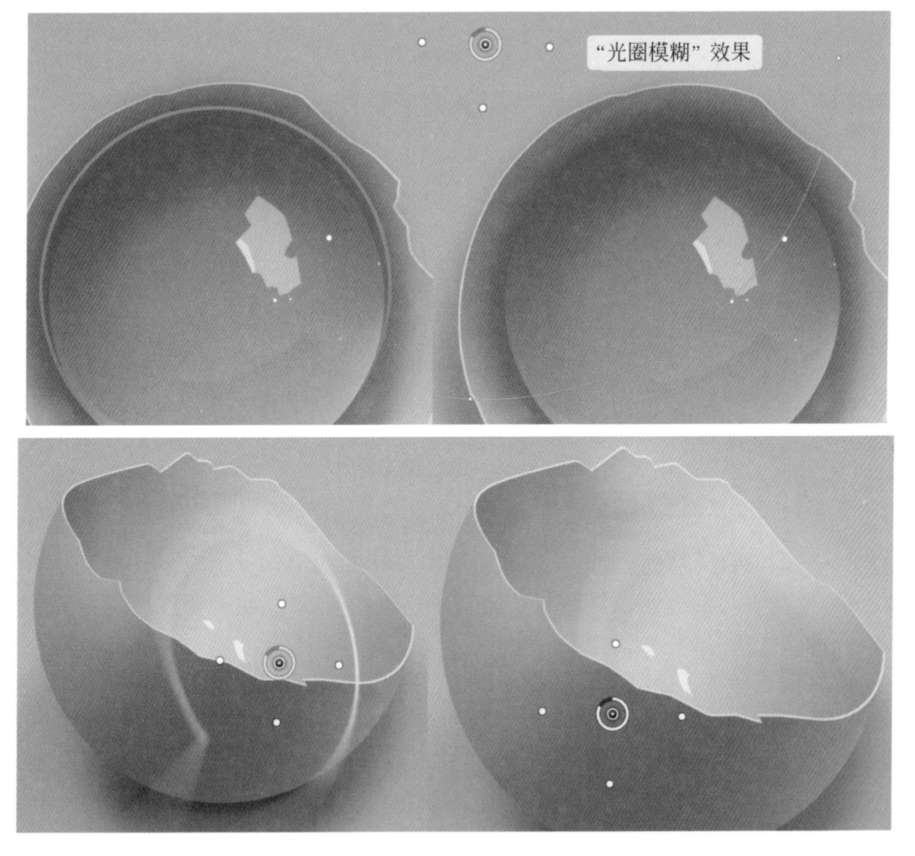

图 4.4.15　灵活多样的光效处理

如图 4.4.16 所示，新建图层，命名为“蛋黄反光层”，使用套索工具进行选区绘制，从点 a 位置沿顺时针方向绘制选区至点 b，数位笔提起，选区将自动直线闭合。使用画笔工具，选择常规圆头柔边笔刷，设置前景色为白色，根据形体关系进行局部渲染，绘制完毕后，可适当降低该图层的不透明度。绘制时一定要注意落笔与选区的位置关系，以及用笔压感和行笔方向的把握。继续新建图层，采用相似的方法绘制更多细腻的反光效果，可将该图层的不透明度作为辅助调节，力求做到若隐若现。

图 4.4.16　选区熏染操作

同时按 Ctrl 键，在“图层”面板单击蛋壳图层的缩略图标，载入该层有效图形选区，执行“滤镜”→“杂色”→“添加杂色”命令，为蛋壳外壁增添颗粒效果(如图 4.4.17 所示)。

新建图层，使用多边形套索工具，绘制破碎痕迹细节选区，填充蛋壳厚度截面的颜色(如图 4.4.18 所示)。

在“图层”面板选择图层序列的最上层，执行“图层”→“新建调整图层”→“色彩平衡”命令，此时在“图层”面板中出现相应的调整图层。单击该调整图层缩略图标，在弹出的属性面板中，分别调整“阴影”“中间调”和“高光”的色彩倾向，细分调节画面色彩的变化(如图 4.4.19 所示)。

执行“图层”→“新建调整图层”→“亮度/对比度”命令，单击该调整图层缩略图标，在弹出的属性面板中，分别调整“亮度”和“对比度”调节滑杆，加强画面明度的对比关系(如图 4.4.20 所示)。

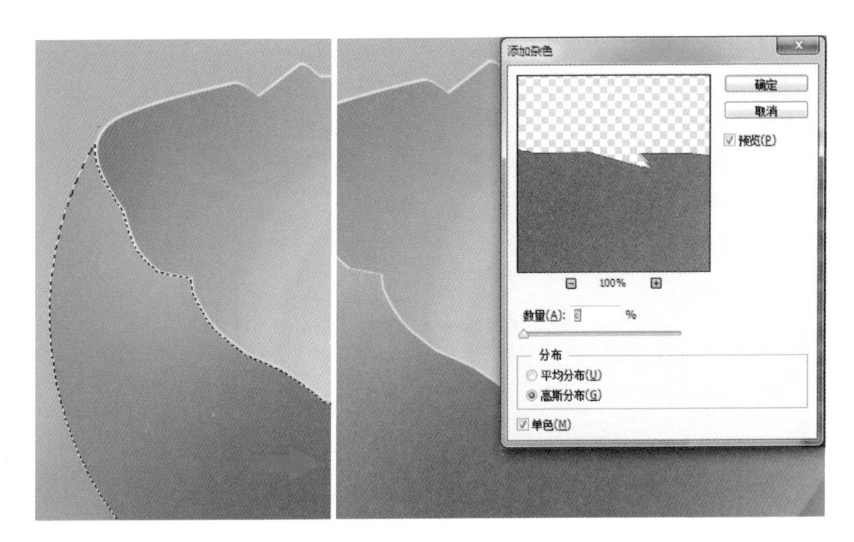

图 4.4.17 蛋壳质感效果添加

图 4.4.18 破碎细节添加

图 4.4.19 画面色调调整

图 4.4.20　画面亮度/对比度调整

将全部图层合并,执行“滤镜”→“液化”命令,在弹出的“液化”面板中,使用“向前变形工具”对局部细节进行液化变形处理,丰富蛋清部分的造型细节(如图 4.4.21 所示)。

图 4.4.21　液化工具微妙的塑形功能

执行“滤镜”→“锐化”→“智能锐化”命令,根据画面预览效果,适时调整“数量”“半径”“减少杂色”等参数滑杆,是画面整体效果更加细腻,绘制结束(如图 4.4.22 所示)。

本节小结

熏染技法是线面结合系列绘制的最后环节,熏染绘制既可与圈影技法配合使用,同时也具备一定的独立性,可以结合实际案例拓展使用。本章重点讲授了熏染技法基本操作流程,并详

图 4.4.22　最终画面效果

细分析了熏染绘制的延展应用技法。鸡蛋写实熏染综合绘制具有一定的代表性，其中穿插介绍了很多实用的小技巧，拓展了绘制思路，在实际项目的绘制中灵活应运可以起到事半功倍的作用。

本节作业

以线面结合绘制技法为基础，绘制一幅卡通风格的体育明星插画创作。

第5章 复合式蒙版绘制

在数字绘画中，面面结合与线面结合在技法运用方面有相近之处，对特定画面表现方面具有得天独厚的优势。

面面结合是以色块与色块直接衔接进行画面内容组织的表现形式。面面结合的绘画更加注重光影的细腻表现，省去了常规的线稿环节，大大提高绘制效率，同时其熏染绘制更加灵活多样，便于后期随时调整。在面面结合的画面表现中，线条绘制可作为画面组织的有益补充，以达到更精致的画面表现，在游戏和广告美术绘制中广泛使用(如图5.0.1所示)。

图5.0.1　以面面结合风格为主的游戏美术绘制

在熏染绘制中，熏染操作均在当前各自的圈影图层分别完成，当前层的熏染绘制较为明快简洁，有时为了追求更加理想的画面表现，则会在当前层进行有步骤的多次熏染。为了表现更加丰富的画面效果，同时又要满足画面后期的随时调整修改，往往要借助复合式蒙版绘制技术，使上色过程呈现非线性，调整修改环节会更加流畅。与此同时，伴随绘制者对于复合式蒙版知识了解的不断深入，也会逐步派生符合相关技术特性的画面表现，这对数字绘画全方位的理解和表现起到了积极的推动作用。

5.1 蒙版原理及基础操作

蒙版图层是 Photoshop 一项重要的图层应用技术，可用于将多张照片组合成单个图像，也可用于局部的颜色和色调校正。面面结合的绘画过程充分利用了 Photoshop 的蒙版功能，通过蒙版的相关应用对绘制区域进行更为灵活的归属限定，让熏染绘制做到效果的实时调整，创作出更为细腻的画面表现。

首先通过一个简单的例子来了解蒙版的基础操作。如图 5.1.1、图 5.1.2 所示，当前图层中填充为橙色前景色，使用矩形选框工具在当前图层进行选区绘制，在“图层”浮动面板中单击“添加图层蒙版”按钮(C)；为该图层图像创建相应选区的图层蒙版。在“图层”面板中，图层预览图右侧将自动添加“图层蒙版预览图”图标(A)；在图层预览图和蒙版预览图之间有一个锁链形图标被激活，此时可确保蒙版与当前图层同时关联位移，单击锁链形图标，则该图标随即消失。此时，分别在“图层”面板中单击图层缩略图或蒙版缩略图，缩略图四周会有白色线框显示，表示为当前激活状态。使用移动工具可在文件对被激活当前状态的图层图像或蒙版分别进行位移操作；单击面板中图层缩略图或蒙版缩略图的中间位置，则可再次出现锁链形图标。

图 5.1.1　蒙版效果示意

按快捷键 Alt，依次配合鼠标单击或数位笔单击“图层蒙版预览图”图标，可在蒙版图像和图层图像间迅速切换，方便观察和绘制操作。在蒙版显示中，黑色(R：0、G：0、B：0)为 100% 透明，当前图层图像在纯黑色区域的部分不被显示；白色(R：255、G：255、B：255)为不透明，当前图层图像在纯白色区域的部分被完全显示。人们将蒙版的显示特性概括为“黑透白不透”，常用来作为常规蒙版操作的应用提示(如图 5.1.3 所示)。

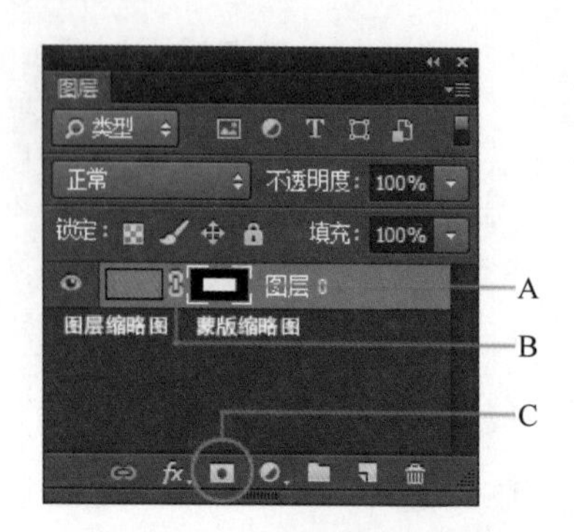

图 5.1.2　蒙版操作示意

图 5.1.3　蒙版与当前层效果对照

在“图层蒙版预览图”图标上右击(或按数位笔功能键),可弹出快捷菜单,方便选择图层蒙版常用的相关操作。双击“图层蒙版预览图”图标,可弹出与蒙版相关的“属性”面板(如图 5.1.4 所示)。

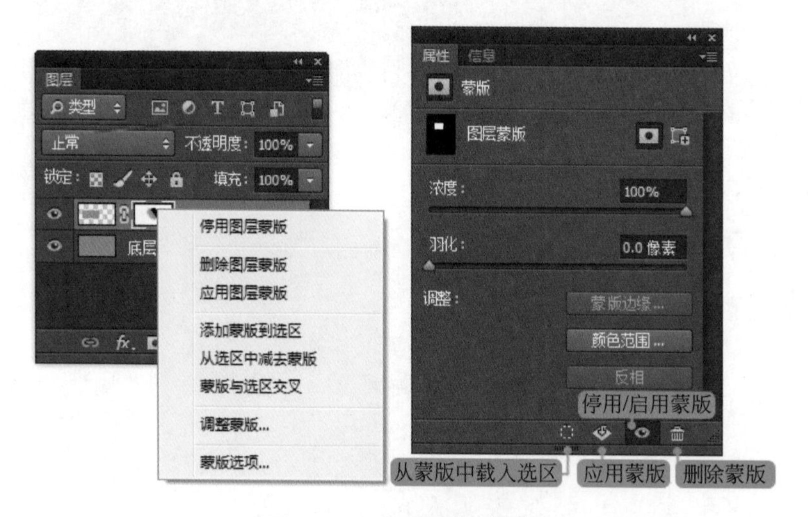

图 5.1.4　蒙版“属性”面板

在 Photoshop 中,蒙版可将不同的灰度色值转化为不同的透明度,并作用到蒙版所在的图层,以控制该图层图像的显示程度。双击蒙版缩略图,在弹出的“蒙版”面板中,适当提高“羽化”数值,蒙版边缘会产生一定的羽化效果,形成了过渡关系;“浓度”数值则可改变蒙版的整体灰度,通过对上述数值的调整并实时观察,可帮助初学者逐步找到蒙版灰度色值与其透明度的逻辑关系(如图 5.1.5、图 5.1.6 所示)。

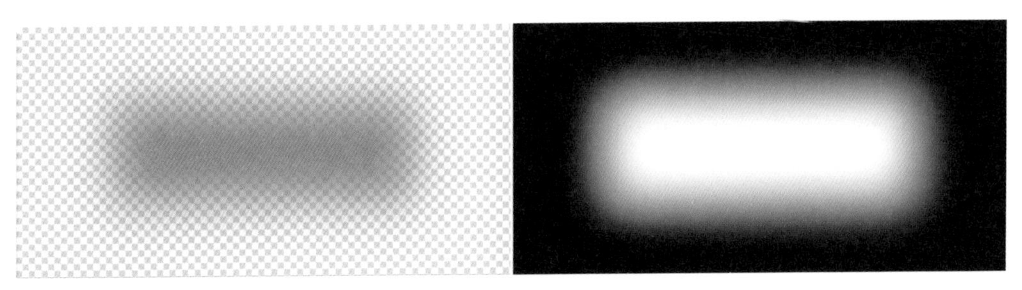

图 5.1.5　蒙版边缘羽化效果示意

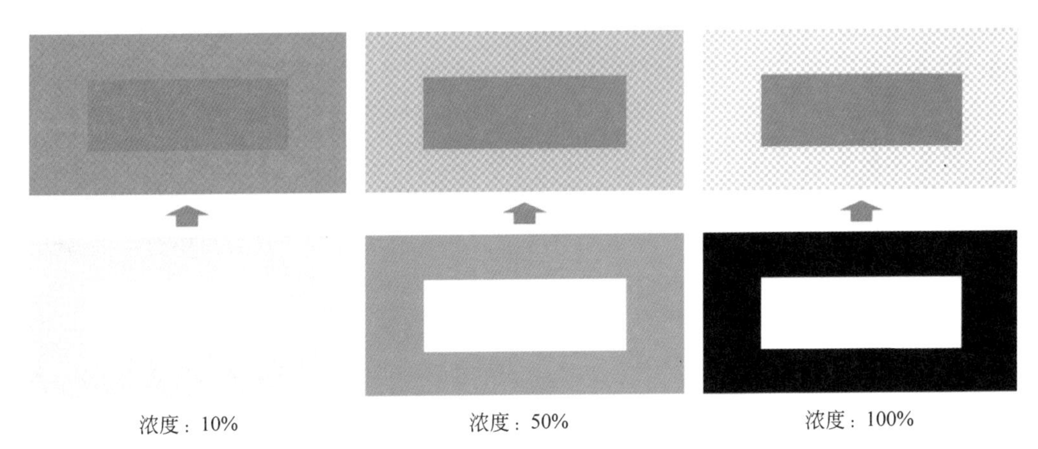

图 5.1.6　蒙版“浓度”数值变化的画面表现

1. 图层蒙版创建

在“图层”面板中，直接单击“添加图层蒙版”按钮，可直接为当前图层创建图层蒙版。此时创建的是全白色的图层蒙版，按照“黑透白不透”的基本概念，当前图层图像可完全显现；如果按 Alt 键，用鼠标单击或数位笔单击“添加图层蒙版”按钮，则创建一个全黑色的图层蒙版，当前图层图像则全部透明；还可先在当前图层进行选区绘制，然后单击“添加图层蒙版”按钮，创建图层蒙版(如图 5.1.7 所示)。

图 5.1.7　蒙版创建

2. 停用或启用图层蒙版

当鼠标在蒙版缩略图右击(或按数位笔功能键),选择快捷菜单中的“停用图层蒙版”命令,图层蒙版预览图上会出现红色十字叉显示,图层图像恢复为原有画面效果;继续在“图层蒙版预览图”右击(或按数位笔功能键),即可在弹出的快捷菜单中选择“启用图层蒙版”,该图层蒙版随即产生作用。可按快捷键 Shift,配合鼠标单击或数位笔单击“图层蒙版预览图”图标,也可迅速切换“停用或启用图层蒙版”命令。

3. 删除图层蒙版

要永久移去图层蒙版,可使用鼠标在蒙版缩略图右击(或按数位笔功能键),选择快捷菜单中的“删除图层蒙版”命令;或在蒙版缩略图激活状态下,单击“图层”面板底部的“删除”按钮,选择“删除”选项即可。

4. 应用图层蒙版

图层蒙版是作为 Alpha 通道存储的,在确定最终图层效果后,“应用图层蒙版”有助于减少文件大小。可在蒙版缩略图鼠标右击(或按数位笔功能键),在弹出的快捷菜单中选择“应用图层蒙版”命令。

5. 从蒙版中载入选区

在实际操作中,从蒙版中载入选区是较为常用的操作,可在蒙版缩略图鼠标右击(或按数位笔功能键),选择快捷菜单中的“添加蒙版到选区”命令。按快捷键 Ctrl,配合鼠标单击或数位笔单击“图层蒙版预览图”图标也可直接载入,操作更为快捷。上述蒙版基础操作在蒙版“属性”面板下方的快捷按钮中都有对应的命令。图层组可以对图层结构较为复杂的图像文件进行有效管理,图层的蒙版效果同样适用于图层组,以确定图层组画面的显示范围。在“图层”面板中,将图层组作为当前选择状态,单击“添加图层蒙版”按钮,即可为该组添加蒙版效果,蒙版的相关操作流程与图层蒙版操作一致(如图 5.1.8 所示)。

图 5.1.8　图层组的蒙版效果应用

蒙版效果同样可作用于调整图层,控制调整图层的效果范围。图 5.1.9 中,在“图层 1”上添加了“色相/饱和度”调整图层,双击调整图层缩略图。在“属性”面板中,将“饱和度”数值调节为 0,当前图像以黑白形式显示。在“图层”面板中确定该调整图层为当前图层,单击“添加图层蒙版”按钮,添加白色蒙版。在模板缩略图为激活状态下,使用矩形选框工具在蒙版中绘制相应选区并填充为黑色,按照“黑透白不透”的提示原理,调整图层蒙版中黑色区域部分则不显示饱和度为 0 值的黑白效果。这种由蒙版控制调整图层作用范围的方法非常实用,有助于对画面局部色彩关系的随时调节。调整图层蒙版的操作过程与常规图层蒙版操作一致。

图 5.1.9　调整图层的蒙版效果应用

蒙版技术让常规的数字绘制充满了“维度”意识，从而激发绘画者在多重维度下不断挖掘画面表现的可能性，例如图 5.1.10 中前景图层为 LOTUS 字样，其链接模板中使用了绘制感较强的纹理笔刷进行通道绘制，黑白灰的微妙纹理变化控制了前景图层有质地的呈现效果，这在风格类的插图绘制中形成了独特的画面表现。

图 5.1.10　蒙版绘制潜力的不断挖掘

5.2　剪切蒙版原理及基础操作

在图像绘制中，剪贴蒙版是使用频率较高的命令操作。剪切蒙版可快速将基底图层有效像素的图像剪影作为该当前图层图像绘制显示范围。剪切蒙版图层可在基底图层上叠加创建，使图像绘制及编辑过程更加灵活方便。基底图层的名称默认自带下画线，其上层剪切蒙版图层的缩览图自动向右侧缩进显示，缩略图左侧显示“向下箭头”的剪贴蒙版图标，指向基底图层，标明绘制范围的从属关系。

在“图层”面板中确定基底图层后，选择其上方图层作为当前图层，执行“图层”→“创建剪切蒙版”命令或按快捷键 Alt + Ctrl + G 创建剪切蒙版。在“图层”面板中选择剪切蒙版层上方的相邻图层作为当前图层，继续执行创建操作，可为同一基底图层继续添加剪切蒙版。

注意：如果在剪贴蒙版图层之间创建新图层，或在剪贴蒙版图层之间拖入普通图层，则该图层将自动变为剪贴蒙版图层。

在图层 5 上创建新图层，将新建图层命名为“剪切蒙版 1”，按快捷键 Alt + Ctrl + G 将该层创建为剪切蒙版。此时，图层 5 变为基底图层，其图层名称出现下画线。使用画笔工具，选择默认的柔边笔刷，在“剪切蒙版 1”层任意位置进行绘制，其绘制效果只局限在基底层图形 5 的有效像素剪影范围以内，这种效果与之前讲授的当前层锁定透明像素的熏染效果非常相近（如图 5.2.1 所示）。

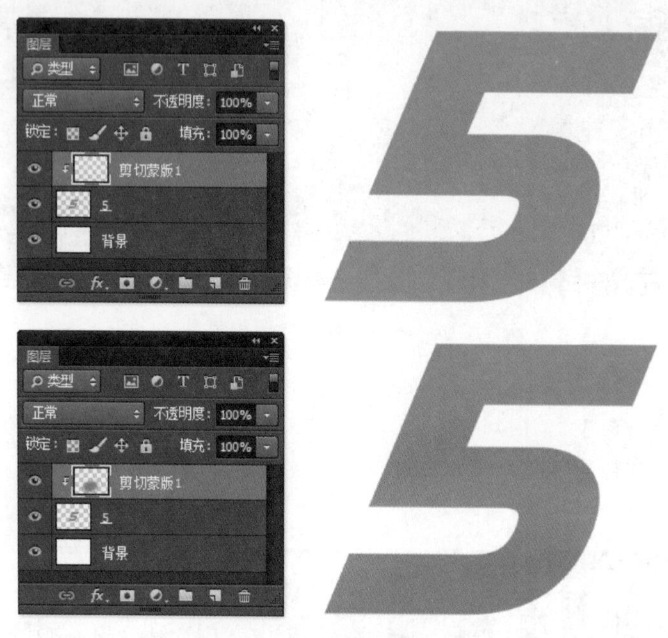

图 5.2.1　剪切蒙版绘制效果

“剪切蒙版 1”为当前图层状态，继续新建常规图层，按快捷键 Alt + Ctrl + G 将该层创建为剪切蒙版，并命名为“剪切蒙版 2”。在该剪切蒙版上随意绘制绿色柔边笔触，其呈现范围依旧局限在基底层图形 5 的有效像素剪影范围以内。这种在相同基底图层基础上不断添加剪切蒙版绘制的方式，可以逐步丰富图像绘制。使用移动工具，可对任意剪切蒙版层的绘制图像进行位置移动，这种后期编辑的灵活性和独立性是剪切蒙版的优势（如图 5.2.2 所示）。

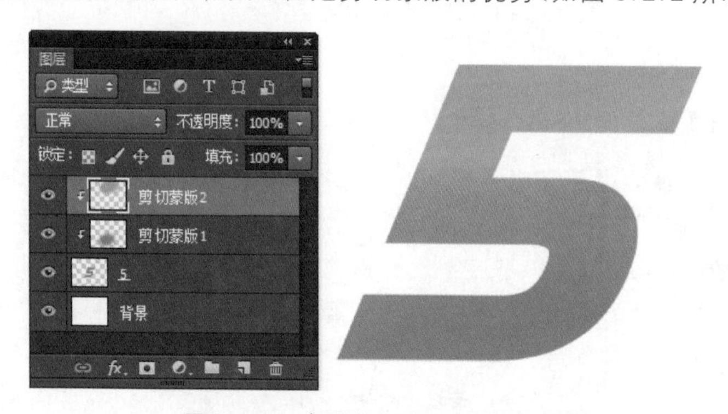

图 5.2.2　多重剪切蒙版层的绘制效果

选择“剪切蒙版 1”为当前图层，执行“图层”→“释放剪切蒙版”命令或按快捷键 Alt + Ctrl + G 释放剪切蒙版，当前图层成为常规图层，显示无遮挡的原始显示状态，不受基底图层显示范围的影响。通过释放剪切蒙版的操作，有助于对剪切蒙版工作原理的理解（如图 5.2.3 所示）。

对剪切蒙版可逐一进行常规图层调整或删除操作，如执行“图像”→“调整”→“色相/饱和度”命令，调整该层的色相变化，其他剪切蒙版层效果不变（如图 5.2.4 所示）；或是根据实际绘

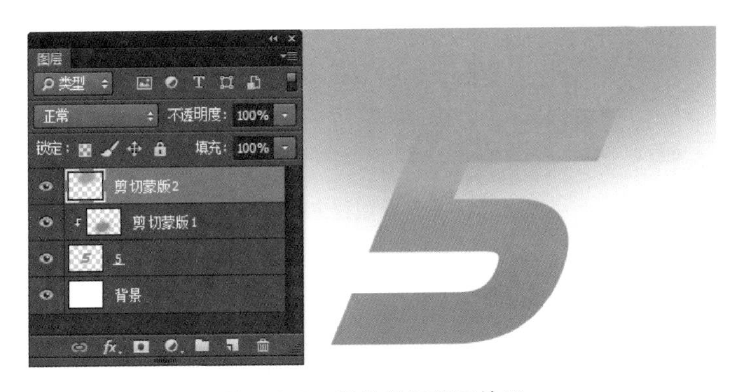

图 5.2.3　释放剪切蒙版效果

制需求为剪切蒙版层继续添加蒙版，通过相应的蒙版绘制确定其在基底层范围内的二度显示区域。这种灵活多样的图层操作丰富了剪切蒙版图像创作的实现手段，有助于图像后期的非线性编辑。

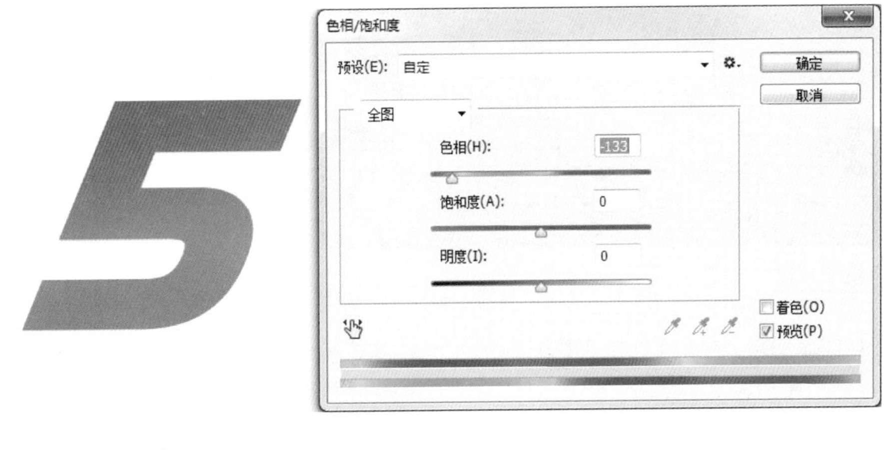

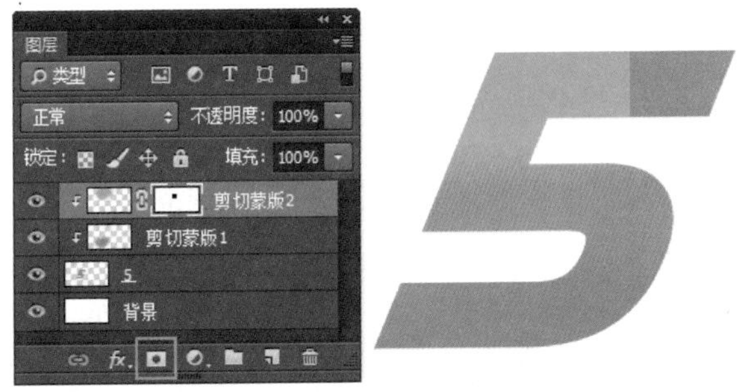

图 5.2.4　剪切蒙版层的细化调整

快捷操作：按快捷键 Alt，将鼠标或数位笔光标移动至“图层”面板中图层间隔线位置，光标则显示为剪贴蒙版创建图标或释放图标，鼠标左键（或数位笔）单击图层间隔线，可迅速对当前图层进行剪切蒙版的创建或释放操作，快捷方便（如图 5.2.5 所示）。

1）利用剪切蒙版技术创建卡通角色的眼睛

剪切蒙版除了可以对基底图层叠加丰富的可编辑的熏染效果层，还可以利用剪切蒙版的基本概念绘制创建卡通角色的眼睛。使用椭圆工具绘制眼睛的整体造型，并以此作为基底图

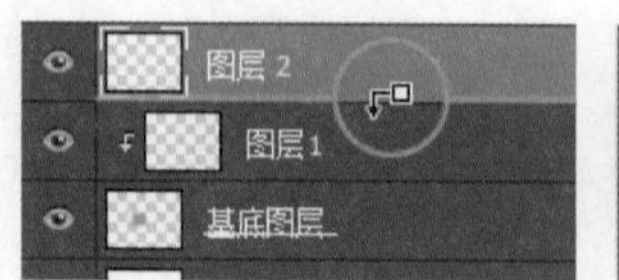

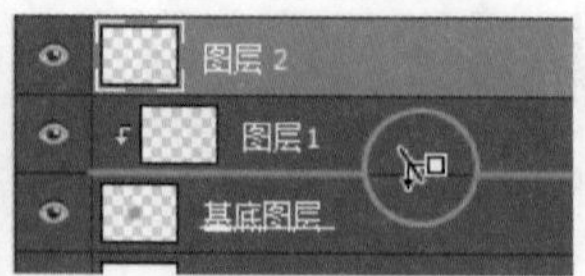

图 5.2.5 剪切蒙版快速创建和释放

层，按照画面需求逐一创建剪切蒙版层并展开绘制，如眼皮、眼珠等。所有的“元件”素材都会局限在基底图层“眼睛”层的现实区域(如图 5.2.6 所示)。

图 5.2.6 利用剪切模板创建的眼睛

在“图层”面板中，使用移动工具，同时按 Ctrl 键选择瞳孔、眼珠和高光层，将其同时处于选中状态，单击面板左下角的“链接图层”按钮，此时三个图层上会同时出现链接提示，使用移动工具在图像文件中移动三个图层的任一一层，三层都可进行统一操作。按照同样的做法，也可将上眼皮和上眼皮投影两层做同样的链接。在插图绘制中可使用这种方法对角色眼睛做出快速有效的调整，非常高效。在一些小型的 GIF 动画中也会用到类似操作对角色部分元件进行位置调整(如图 5.2.7 所示)。

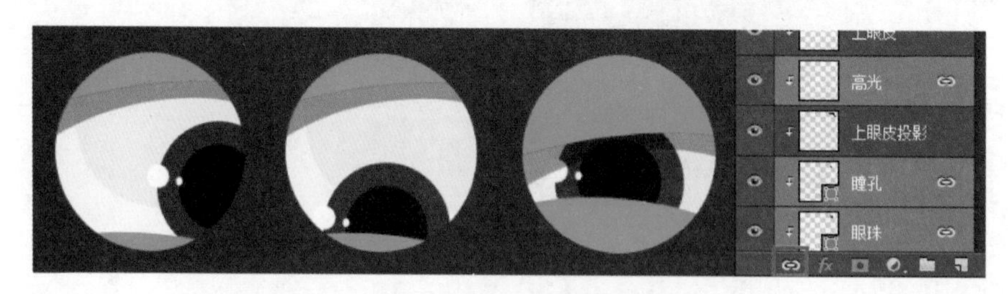

图 5.2.7 丰富的表情调整方式

2) 蒙版与剪切蒙版综合运用

在插画绘制中，往往借助图层的蒙版技术，将绘制图像的边缘处理得更加接近笔触的质感，更贴近于手绘的画面表现方式；剪切模板图层的应用则让绘制图像有更为丰富的纹理叠加效果，一外一内，将二者有机结合，从而使数字绘画快速表现手绘质感的画面成为可能，起到了事半功倍的作用。

如图 5.2.8 所示，首先在一个新建图层(可命名为“山体剪影形”)，使用套索工具为远处的景别山体绘制剪影选区，填充黑色前景色。

图 5.2.8　山体剪影形制作

在“山体剪影形”图层之上新建图层，可命名为“纹理绘制 1”，按快捷键 Alt + Ctrl + G 将该层创建为剪切蒙版。使用画笔工具，选定相应前景色，选择绘制感较强的纹理笔刷，根据山体走势进行行笔速度较快的横向往复绘制，快速形成远山的整体画面意向(如图 5.2.9 所示)。

图 5.2.9　创建纹理绘制的剪切蒙版

继续创建图层，命名为“纹理绘制 2”，继续将其创建为剪切蒙版。使用画笔工具选定明度较高的前景色，同样选择绘制感较强的纹理笔刷，结合整体光源及形体结构，绘制远山山坡的亮面位置，形成山势。这种风格的绘制，笔刷多选择纹理相对粗犷的类型，绘制方面多注重整体的绘制意向，不必拘泥于太多细节(如图 5.2.10 所示)。

选择基底图层“山体剪影形”，在“图层”面板中确定该调整图层为当前图层，单击“添加图层蒙版”按钮。单击蒙版缩略图，确定该图层的蒙版为激活状态。使用画笔工具，选择之前的纹理绘制笔刷，将前景色调整为纯黑色，在山体边缘位置绘制模板区域。根据“黑透白不透”的蒙版成像特点，黑色笔触所到之处，当前图层图像的山体边缘被适当虚化，更贴近真实笔触边缘描摹的画面意向。边缘与山体绘制感更加统一并形成呼应关系，从而快速表现出更有绘画表现力的画面感受。这种图像边缘的处理方式在风格类插图绘制中是非常常用的处理方式(如图 5.2.11、图 5.2.12 所示)。

图 5.2.10　多重纹理剪切蒙版叠加效果

图 5.2.11　为基底图层添加蒙版

图 5.2.12　山体蒙版示意

5.3　复合式蒙版绘制二维游戏美术实例分析

在数字绘画中，技法运用不是单纯一以贯之，往往是综合的、融会贯通的。蒙版综合绘制技法对于不断丰富面面结合的画面风格体现起到了一定的推动作用，同时又与常规圈影及熏染技法绘制相融合。各技法之间更像是各模块的灵活组合、相互呼应，绘制者只有不断深入了解相关技术特性，才能在画面表现中更加深入浅出、游刃有余（如图5.3.1所示）。

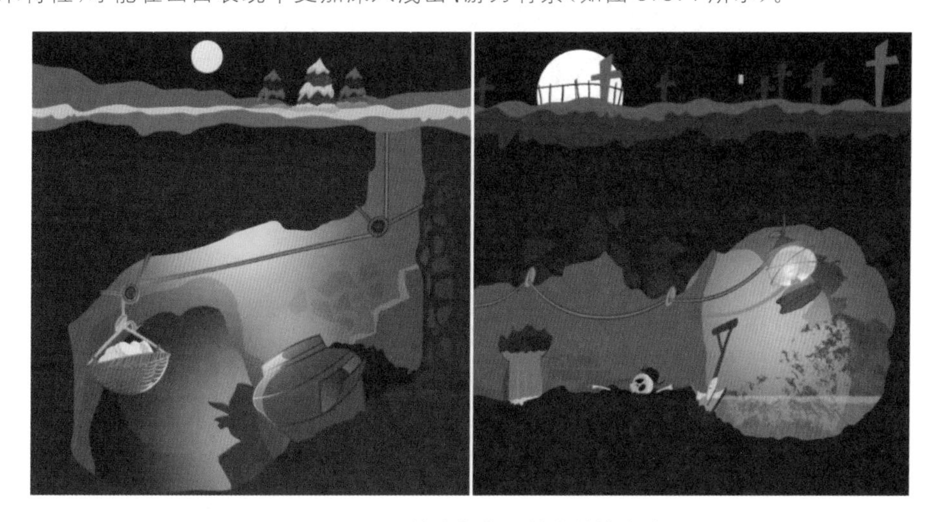

图5.3.1　面面结合与线面结合的综合表现

面面结合以色块相接作为画面组织的方式，色块首先以剪影形式出现，可使用常规选区绘制工具直接进行剪影选区绘制。套索工具是较为常用的选区绘制工具，选区绘制方法可按快捷键Shift或Alt采用选区叠加或削减的方式进行较为概括的选区绘制。这个阶段绘制者对于圈影技法的基本操作已经较为熟练，力求做到选区绘制的游刃有余。选区绘制也可采用率先在特定图层绘制线稿草图，这对于绘制者可以起到一定的辅助提示作用（如图5.3.2所示）。

图5.3.2　通过逐层选区绘制上色进行整体画面的表现

画面中形成了初步的面面结合的风格呈现，每一个色块都是通过套索工具完成剪影选区绘制后填充相应的前景色，颜色填充要充分考虑整体色彩关系。每个色块上色时要保持在各自图层以方便后期编辑。图层序列的上下关系要充分结合画面物体的前后景别关系。现阶段相对完整的画面效果仅用时5分钟左右，绘制效率远高于常规的线稿上色（如图5.3.3所示）。

图5.3.3 通过逐层选区绘制上色进行整体画面的表现

整体布局和色调基本确定后，开始绘制画面细节。新建图层，使用画笔工具，选择默认"柔边圆压力大小"笔刷，以点绘方式为画面中的小卡车绘制车灯；适当加大笔刷直径，在相应位置进行二度熏染，营造车灯光照氛围，可在车灯绘制层进行，也可另行新建图层。光线效果相关图层要放置在前景山体图层之下，形成逆光剪影效果（如图5.3.4所示）。

图5.3.4 车灯二度熏染效果

在卡车剪影层之上新建图层，可命名为"车窗"，使用多边形套索工具绘制车窗部分的剪影造型并填充与车灯一致的前景色。以"车窗"层作为基底图层，在其上创建剪切蒙版层，可命名为"熏染"。使用画笔工具，选择常规柔边笔触，适当调整前景色，车窗局部靠下位置进行熏染绘制，使车窗区域形成一定的渐变效果，从而形成空间和光线相结合的画面意向（如图5.3.5所示）。

在卡车剪影层之下创建新层，使用渐变工具，调整渐变色彩，将渐变色一端调整为完全透明状态，另一端为蓝色调，以线性渐变方式，在相应位置进行竖直方向渐变，营造画面氛围。远山剪影层可做横向圈影处理，让远景有若隐若现的结构效果（如图5.3.6所示）。

选择山体剪影相关图层，创建其剪切蒙版层，命名为"山洞光"，为画面添加洞穴光线。在剪

图 5.3.5　车窗熏染效果示意

图 5.3.6　当前画面效果示意

影蒙版层中，使用套索工具进行洞穴造型的选区绘制并进行局部选区熏染。在图 5.3.7 中，a 侧选区为洞穴实际剪影造型，b 侧选区则为光线熏染渐变效果的预留空间。在此基础之上，在剪切蒙版层进行选区熏染绘制。

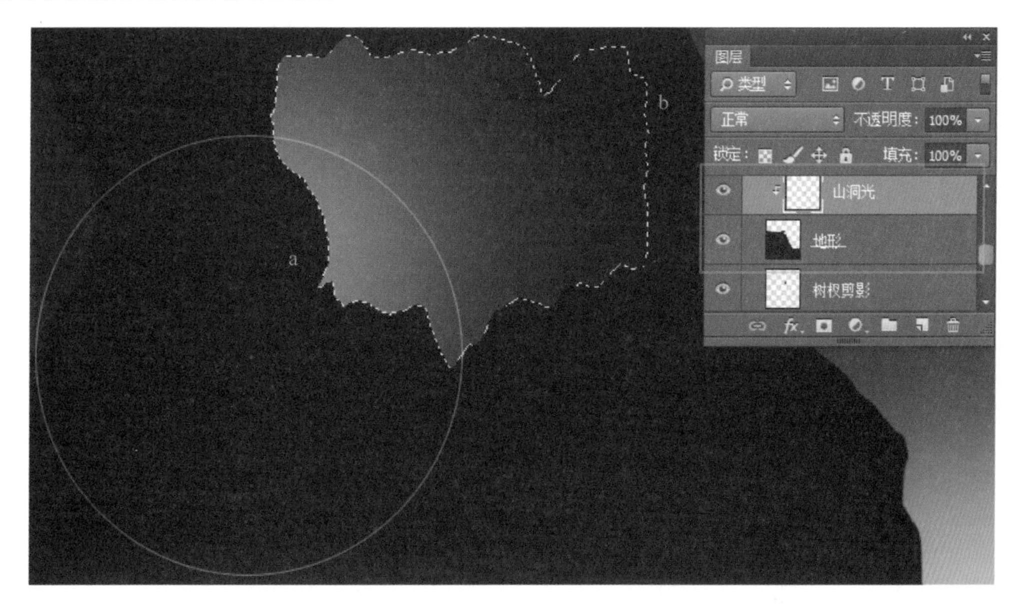

图 5.3.7　剪切蒙版选区熏染效果示意

选区熏染可采用相同选区二度熏染的操作，在进行二度熏染绘制时，应新建剪切蒙版层，便于后期调整。也可以在相同的基底图层上不断创建剪切蒙版层，进行不同选区造型熏染绘制，同时兼顾造型和画面光线效果的不断深入，为画面内容塑造提升绘制效率（如图5.3.8、图5.3.9所示）。

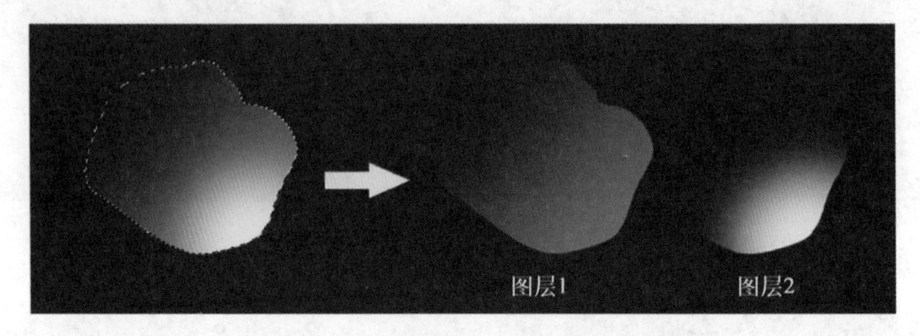

图5.3.8 相同选区二度熏染效果示意

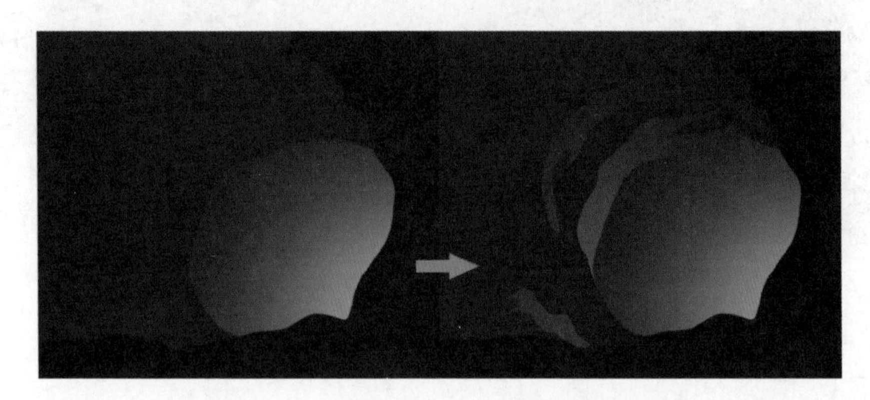

图5.3.9 多重剪切蒙版选区熏染绘制效果示意

在多重熏染操作后，可新建普通图层，使用常规柔边笔刷进行熏染，加强光线效果的统一，同时在一定程度上对之前选区熏染较为生硬的色块衔接边缘进行视觉上的弱化（如图5.3.10所示）。

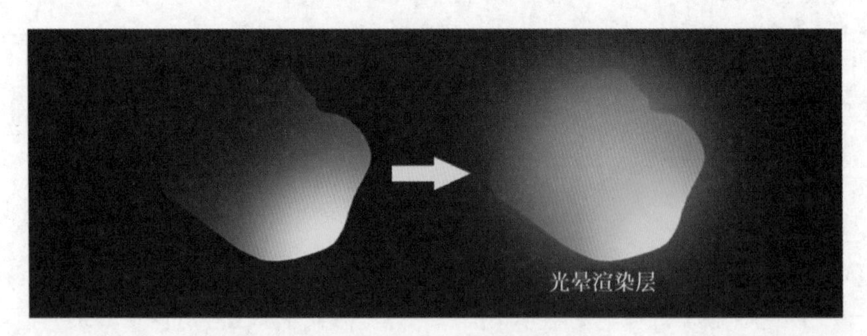

图5.3.10 常规光线熏染示意

可按照之前章节介绍的光线熏染的相关设置，进一步绘制洞穴光线的效果。这种在透明图层中高亮显示的操作流程让画面效果更加通透鲜亮，这在一些游戏UI美术绘制中较为常用（如图5.3.11所示）。

为“山体”图层创建剪切蒙版层，使用套索工具对山体局部光亮位置进行选区绘制，并进

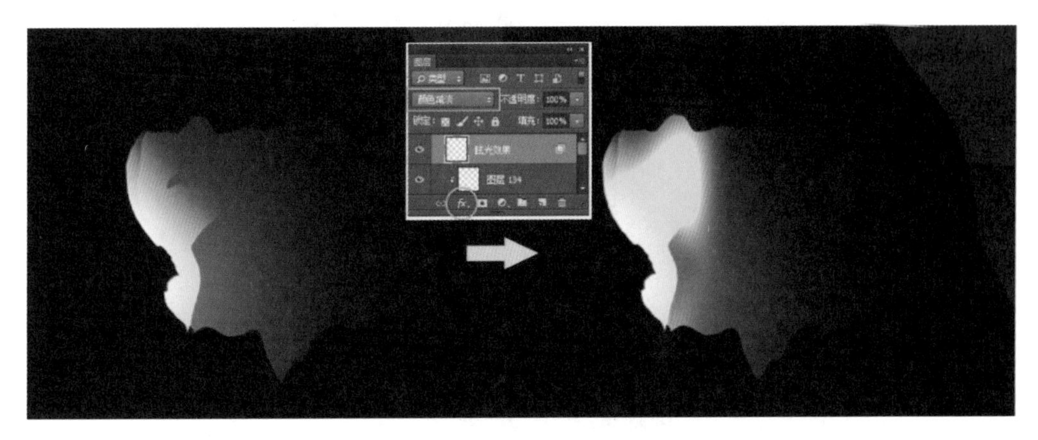

图 5.3.11　更加绚丽的炫光效果绘制示意

行局部选区熏染；继续为“山体”图层创建剪切蒙版，采用同样的方法对“石块”进行选区熏染表现；最后继续创建剪切蒙版层，并为该层进行灯光熏染的相关设置，使用套索工具绘制高亮部分的纹理状选区，配合相应的高亮光感熏染。以上三个剪切模板的操作非常相似，按照山体不同的灰亮部位有层次地进行画面完善，选区绘制充分结合物体结构特点，最上方的剪切蒙版结合高亮效果的灯光熏染操作，更好地突出光线递进的逆光效果（如图 5.3.12 所示）。

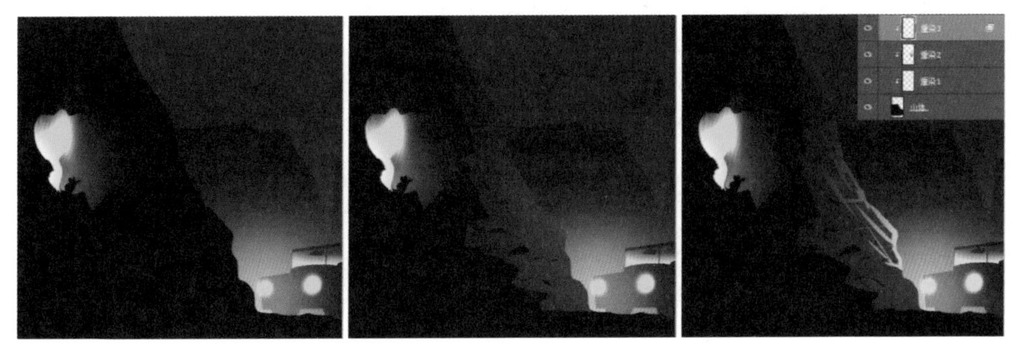

图 5.3.12　高亮熏染在剪切蒙版中的应用

分别新建图层，使用套索工具，采用选区叠加绘制的方式，对老鼠剪影造型进行选区绘制，并填充相应前景色，为画面增添细节，与逆光的洞穴效果形成呼应。直接选区填充的方式可灵活作为画面细节的有力补充，根据画面实际绘制需求把握新建图层与合并图层的时机。由于选区绘制具有一定的操作特性，剪影造型也会在不经意间产生较为新颖的造型意向，形成一定的美术风格（如图 5.3.13 所示）。

新建图层，使用画笔工具，选择一些具有植被剪影造型的笔刷，对前景山体的剪影形进行丰富绘制。在山体层的后面添加新图层，使用画笔工具，选择常规“硬边圆压力大小”笔刷绘制从山坡搭下来的绳子，锁定其透明像素，结合光源位置进行局部效果熏染（如图 5.3.14 所示）。

整幅背景绘制过程采用了复合式蒙版熏染绘制，充分结合之前章节讲授的综合技法，整体的绘制技法运用和最后的画面效果具有一定的代表性。在类似风格的美术绘制中，面面结合与线面结合相互呼应，既有效控制了线条绘制的工作量，又在画面中形成了一定的对比关系，强化了点线面的元素组织。绘画者在不断尝试中逐步体会其各自特点，做到各尽其长，从而逐步形成适合自己的一种非常实用的商业美术综合技法（如图 5.3.15 所示）。

图 5.3.13　画面细节的添加

图 5.3.14　画面细节的添加

图 5.3.15　场景绘制最终效果

5.4　复合式蒙版绘制概念设定技法

蒙版绘制的基本原理充分体现了 Photoshop 图层应用的特性，是实现数字绘画丰富画面表现的基础之一。复合式蒙版绘制不仅适用于相对卡通的美术风格，在常规美术概念设定的创作绘制中也有着比较广泛的应用。在概念美术设定领域，丰富的数字绘画技法相互穿插，这也将本套技法教程的讲授逐步走向深入。在本节角色概念设定绘制技法的讲授中，学习者应注重理解绘制流程之间的相互关系，重点体会复合式蒙版绘制在其中的特性运用。伴随案例分析中一些数字绘画周边综合技法的不断出现也为后续章节的深入展开起到一定的引领作用。

本例将讲授蜘蛛怪概念设定的绘制过程，重点分析蒙版绘制在其中承上启下的重要作用（如图 5.4.1 所示）。

图 5.4.1　最终效果示意

1. 概念草图绘制

传统的“指影”游戏将手指组合的不同姿态通过光影投射将特定物体具有符号化的剪影轮廓进行快速呈现，很多优秀的概念设定往往在剪影环节就呈现出特征鲜明的轮廓造型，与内部结构有效呼应，形成有维度感的片面造型，为深化设定奠定一定的基础（如图 5.4.2 所示）。

图 5.4.2 “指影”与设定剪影对比示意

新建图层，可命名为“概念剪影层”，使用画笔工具，选择具有一定绘画风格的类型笔刷，进行草图式构思绘制。绘制过程中，逐步梳理角色主体的形体体量、相互的衔接关系等综合造型因素，并逐步形成初步的总体概念造型的剪影意向，这是一种内形外形同步朦胧推进的设定手法，绘制过程中内外造型互有牵动，在概念设计中较为常用（如图 5.4.3 所示）。

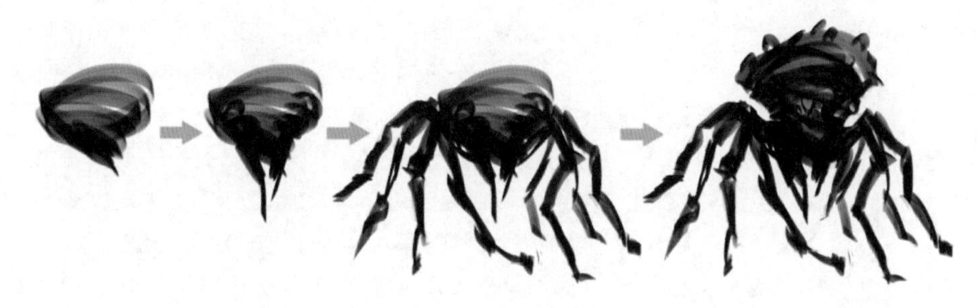

图 5.4.3 草图绘制

1）外形带动内形

概念设定绘制一般采用逐层叠加的方式不断深入，适当降低当前“概念剪影层”的不透明度，这时画面中形成了朦胧的整体剪影意向和肌理效果，为后续具体内部造型的推敲和提炼打下了基础，这个过程正是由外部整体意向带动内部造型的推进。

继续新建图层，可命名为“线稿提炼层”，使用画笔工具，选择绘制感较强的类型笔刷，在之前角色设定的初步造型意向基础上进行形体细化和提炼，使角色整体造型更加明确。同时，两个绘制层相互叠加形成了一定的肌理效果，为后期物体质感的刻画奠定一定的画面基础（如图 5.4.4、图 5.4.5 所示）。

2）内形反推外形

内部具体造型的逐步细化又为整体剪影造型的明确提供了有价值的结构参考，通常将这个过程称为内形反推外形。

合并全部图层，使用套索工具，按快捷键 Shift 进行叠加式选区绘制，圈选角色主体剪影造型。剪影选区绘制是以之前二度草图绘制总体造型为意向的继续提炼和创作，绘制过程应反

图 5.4.4　半透明状态的“概念剪影层”示意

图 5.4.5　线稿提炼效果示意

复斟酌。选区绘制完成后按快捷键 Ctrl + C 进行复制，执行“编辑”→“选择性粘贴”→“原位粘贴”命令，使被复制图像进行本位粘贴。将背景层进行明度较深的渐变处理，蜘蛛怪整体剪影跃然纸上，造型感更加清晰，至此蜘蛛怪造型剪影制作完毕（如图 5.4.6、图 5.4.7 所示）。

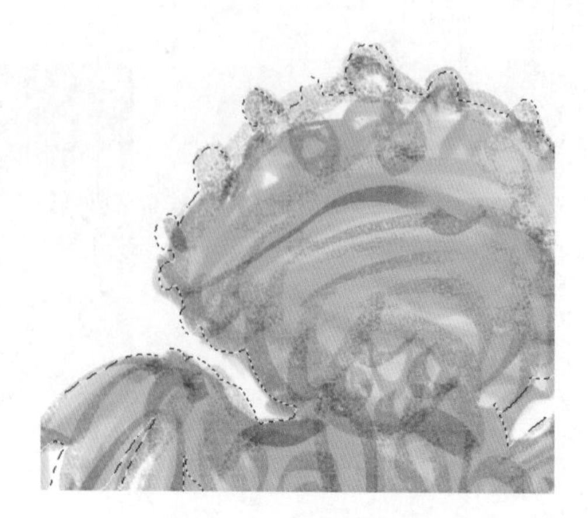

图 5.4.6　剪影形选区绘制

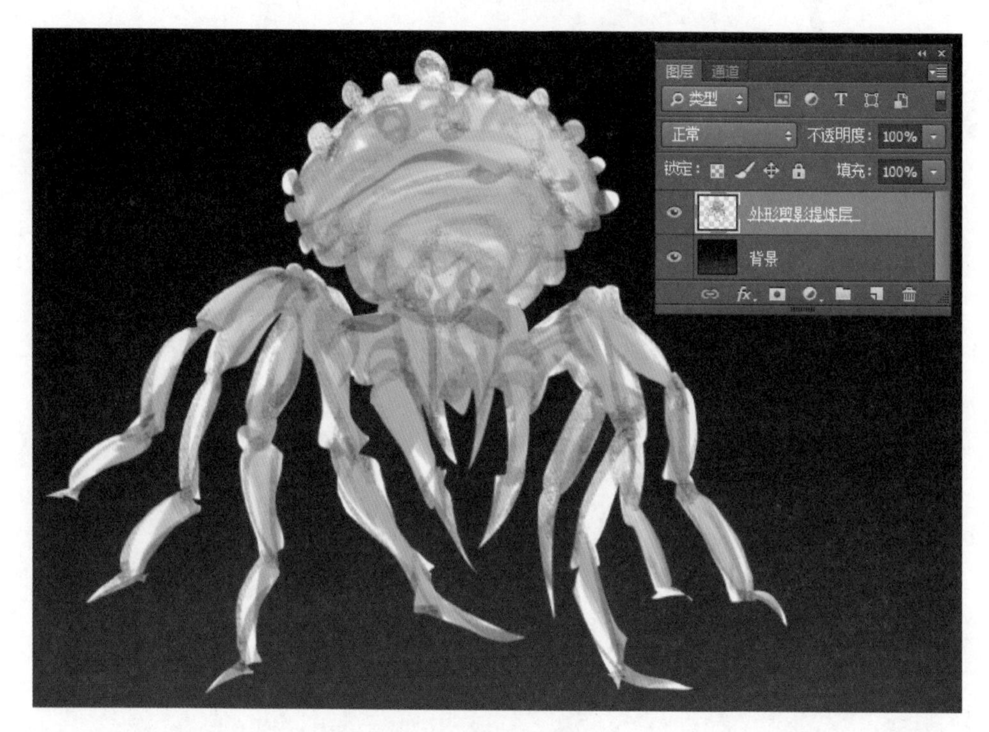

图 5.4.7　剪影效果示意

2. 复合式蒙版绘制——形体塑造

以剪影层作为基底图层创建剪切蒙版图层，使用画笔工具，调整前景色，对之前剪影效果中明度对比较为强烈的位置进行局部熏染，强化较为整体的剪影意向。熏染过程中不宜过强，应注重对现有画面结构绘制的保留（如图 5.4.8 所示）。

继续新建图层，使用画笔工具，选择铅笔质感的绘制笔刷，在原有造型概念基础上，结合整体的具象剪影进行再次造型细化。造型的线条绘制可采用常规的续线法，未必华丽，以结构表现清晰为最终目的，要注重细节的结构关系。绘制完毕后，可将其变为整体剪影基底层的剪切蒙版层。在蒙版层之下创建新图层，可命名为“投影”，使用画笔工具进行投影绘制，强化蜘蛛怪的整体体量感（如图 5.4.9 所示）。

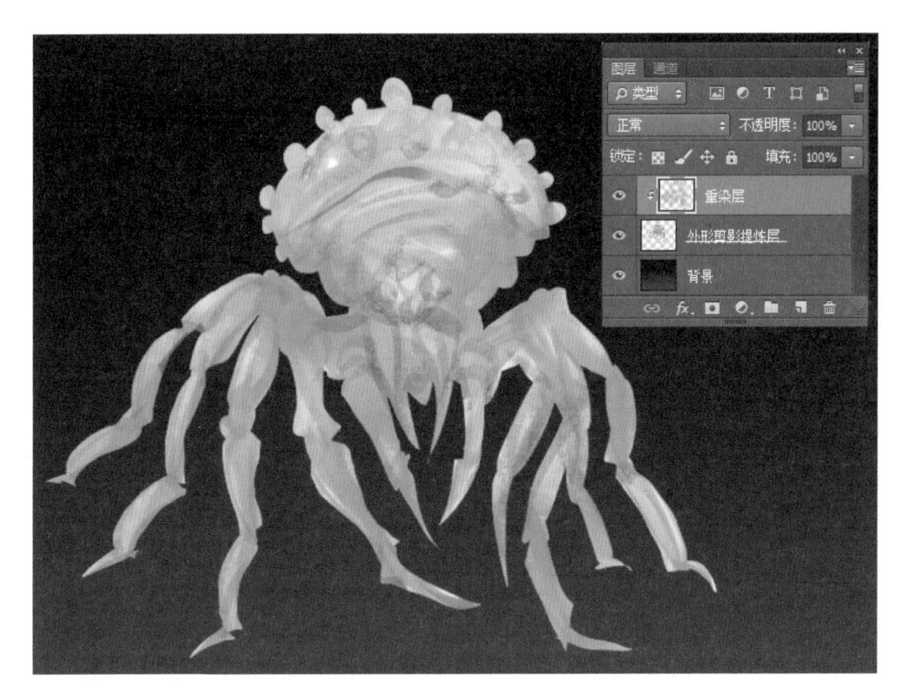

图 5.4.8 剪切蒙版图层中的熏染效果

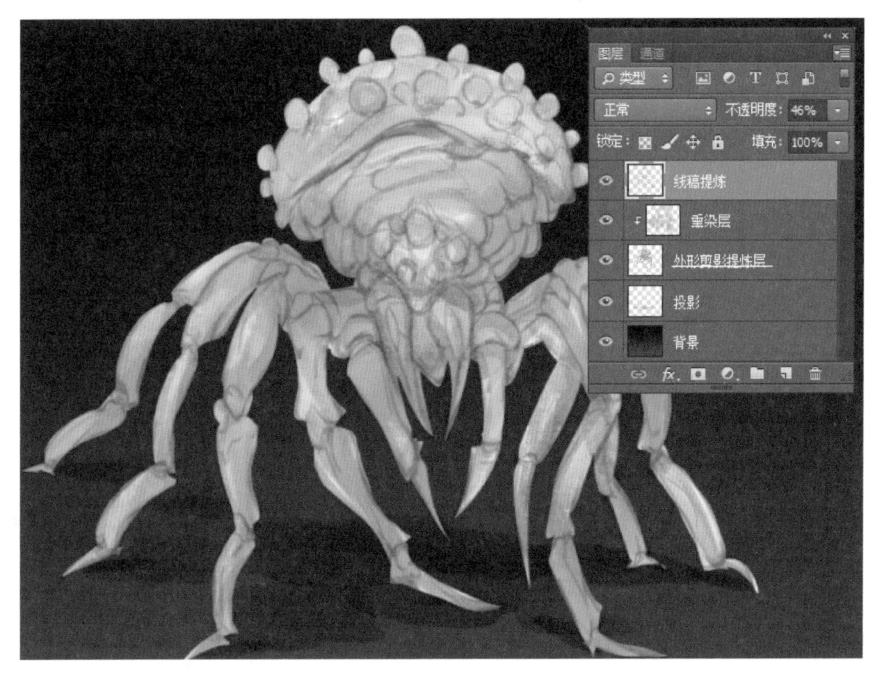

图 5.4.9 线稿的继续提炼

继续创建剪切蒙版层，可命名为“暗部熏染层”，使用画笔工具，选择默认的“柔边圆压力不透明”笔刷，调整前景色为较深的重色，适当调节降低画笔的不透明度，拟定光源方向，对角色主体进行暗部熏染。熏染过程不求做到一步到位，此阶段的熏染效果只是整体绘制的铺垫，切忌覆盖太多细节纹理（如图 5.4.10 所示）。

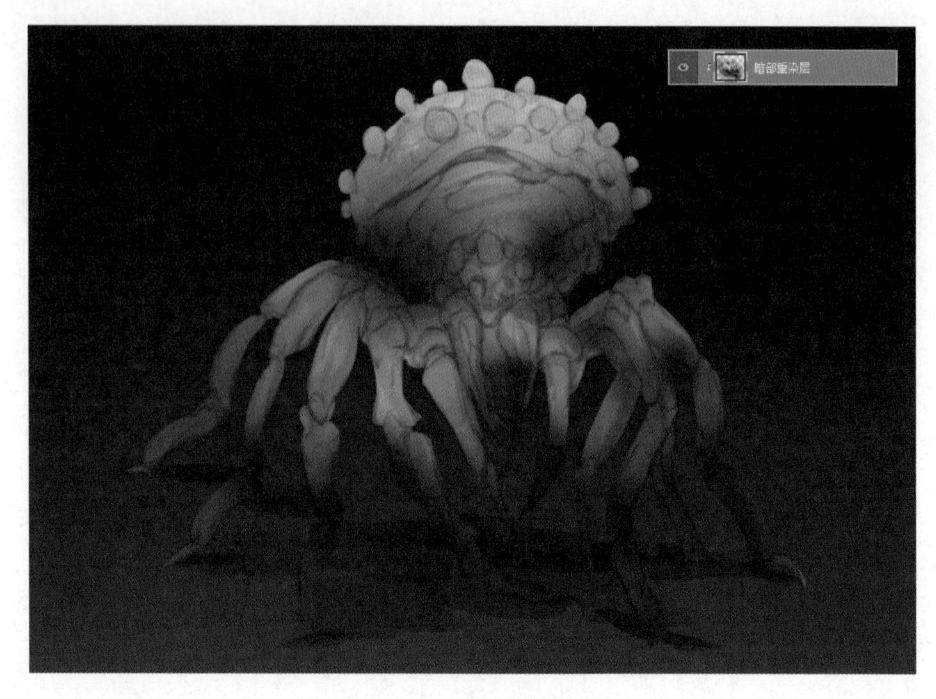

图 5.4.10　造型熏染效果

继续新建剪切蒙版，可命名为“细节造型塑造”，使用画笔工具，选择具有一定绘制肌理的压感笔刷，在画笔调节面板中（弹出快捷键 F5），适当调低笔刷的角度，使笔刷截面略扁，绘制时容易形成铿锵有力的绘制效果。结合之前初步熏染的画面效果，强化塑造局部的造型体量，绘制感觉与水粉画的单色体量绘制非常相似。绘制时应考虑整体的体量关系，继续这种细节造型塑造的叠加效果，新建剪切蒙版图层不断进行深入绘制，在本例中共创建了两个相关剪切蒙版层（注意：绘画步骤至此，画笔工具一直进行素描关系的绘制，未加入任何其他色彩）。在实际绘制中，通过类似系列操作进行造型深入刻画的方法应用较为广泛，至此，形体塑造阶段基本完成（如图 5.4.11～图 5.4.13 所示）。

图 5.4.11　细部造型塑造层单独效果示意

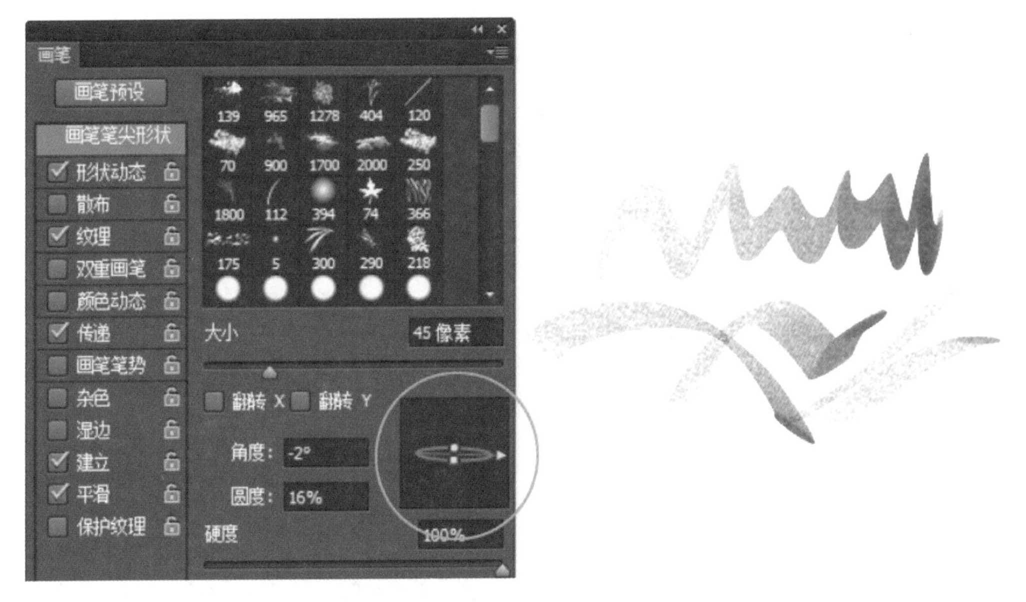

图 5.4.12 笔刷调节示意

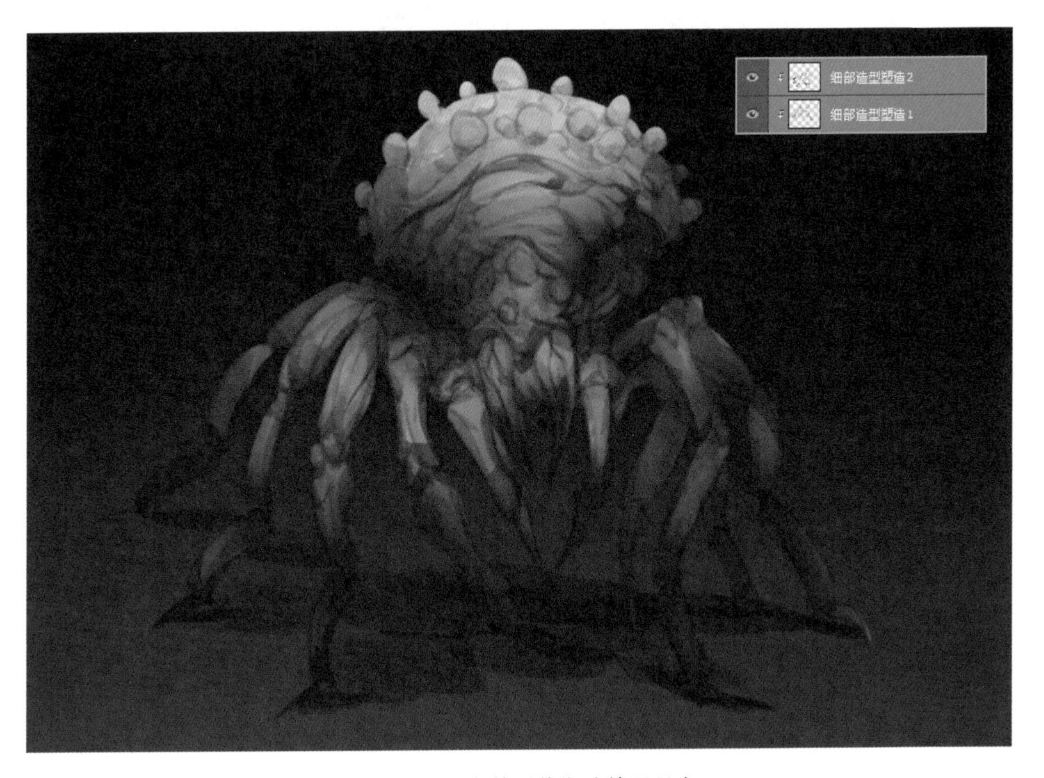

图 5.4.13 当前形体塑造效果示意

3. 复合式蒙版绘制——上色

继续新建剪切蒙版图层，可命名为“固有色叠加”，将图层混合模式调整为“叠加”模式。这种混合模式的图像最终效果取决于下方图层，上方图层的高光区域和暗调将不变，只是混合了中间调。使用画笔工具，选择常规柔边笔刷，充分考虑角色主体固有色变化，调整相应前景色，进行相关渲染绘制。熏染操作注重整体，色彩不宜过分繁杂，应注重一定的色彩冷暖关系（如图 5.4.14、图 5.4.15 所示）。

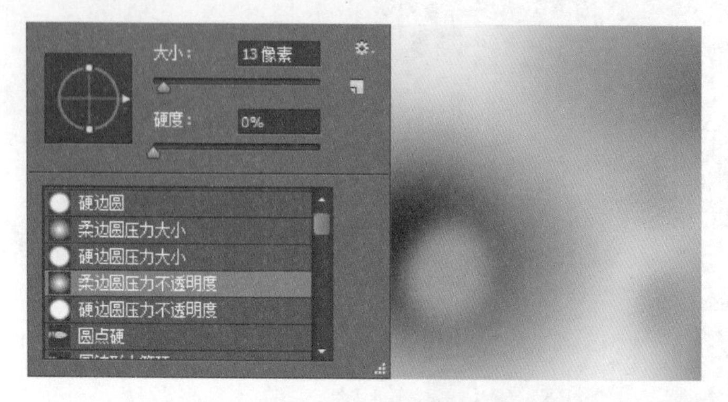

图 5.4.14　笔刷选择及单层熏染效果示意

图 5.4.15　固有色熏染效果示意

继续创建剪切蒙版图层，可命名为“高光点提”，使用画笔工具，选择具有光线效果的类型笔刷，调整画笔模式为“颜色减淡”，调整前景色，以点绘方式为角色进行自发光效果绘制。采用同样的方法继续新建剪切蒙版图层，调整前景色，熏染绘制角色顶部的渐亮效果。这种高光的点提式绘制可作为之前固有色整体效果绘制的进一步提升（如图 5.4.16、图 5.4.17 所示）。

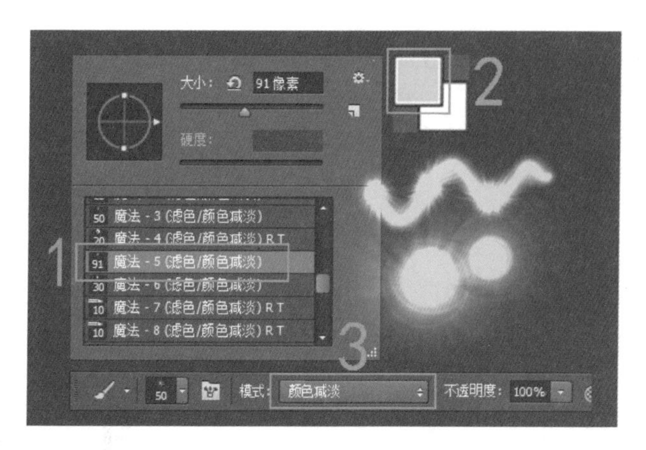

图 5.4.16 笔刷效果示意

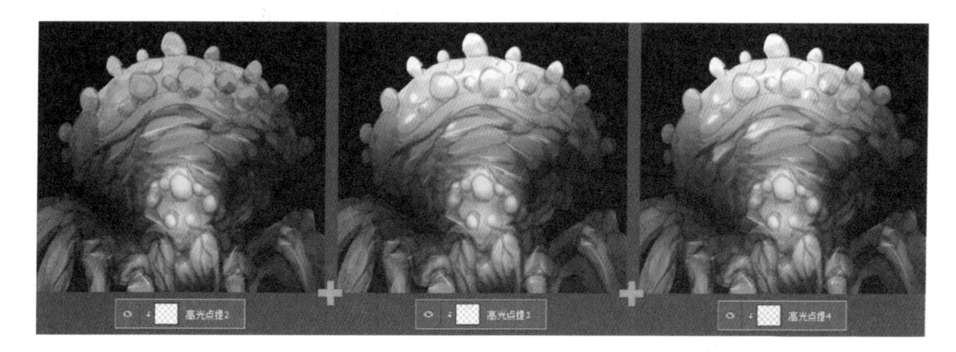

图 5.4.17 高光点提效果示意

4. 画面后期调整

通过在基础剪影层基底范围的一系列剪切蒙版绘制，原先的“线稿提炼”层被不同程度覆盖，直观当前画面效果，造型感稍微弱化。可在“图层”面板中将该“线稿提炼”层上提至图层序列之首，使用橡皮工具，选择常规柔边笔刷，对该层局部线稿轻轻地擦除，形成线稿自身的虚实变化，有助于形体的空间营造。在图层序列之首分别创建“曲线”和“色彩平衡”两个调增图层，对画面整体色彩关系进行调整（如图 5.4.18、图 5.4.19 所示）。

继续新建图层，可命名为“高光粒子”，使用画笔工具，选择散点造型的特效笔刷，将画笔模式调整为“线性减淡”，调整相应前景色，进行高亮的粒子效果，为画面提升写实感。新建“光晕”图层，调整常规柔边笔刷，保持现有画笔“线性减淡”模式，对角色顶部边缘进行点绘式的熏染绘制，这种处理手法可以弱化角色顶部边缘轮廓的清晰度，提升角色的体量意向（如图 5.4.20、图 5.4.21 所示）。

合并全部图层，使用涂抹工具，在涂抹工具状态栏中，单击“画笔预设”按钮，选择相应的效果笔刷，调整涂抹强度数值为 100%。在角色暗部剪影边缘与背景结合的位置进行涂

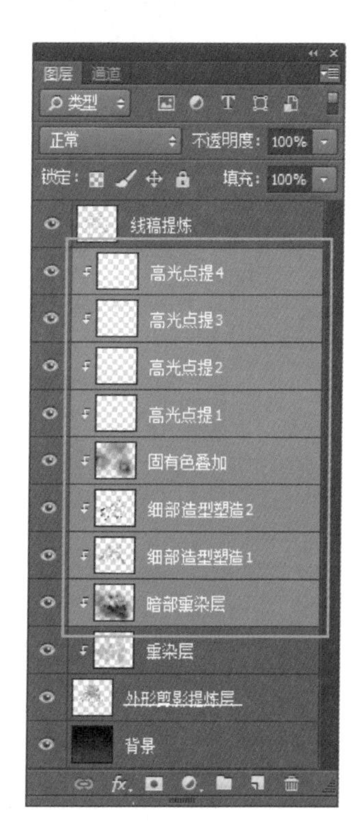

图 5.4.18 “图层”面板

图 5.4.19 当前画面效果示意

图 5.4.20 特效笔刷效果示意

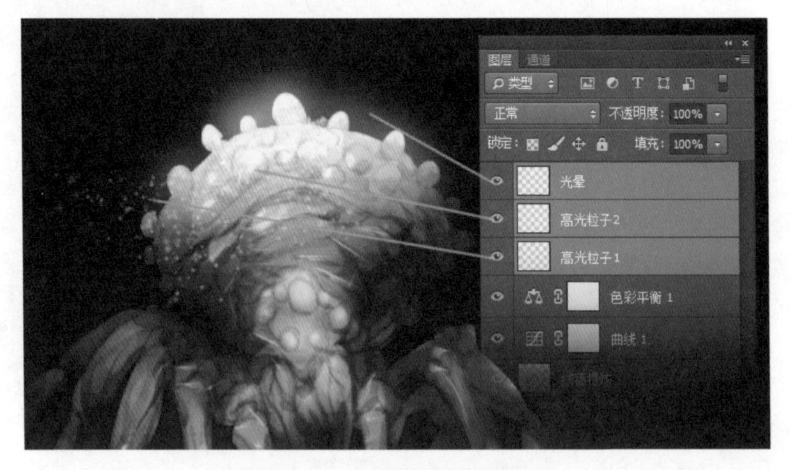

图 5.4.21 当前绘制效果示意

抹绘制，产生相对模糊的画面效果，具有一定的动态画面意向，暗部的剪影形相对弱化有助于整体角色体量的营建（如图 5.4.22、图 5.4.23 所示）。

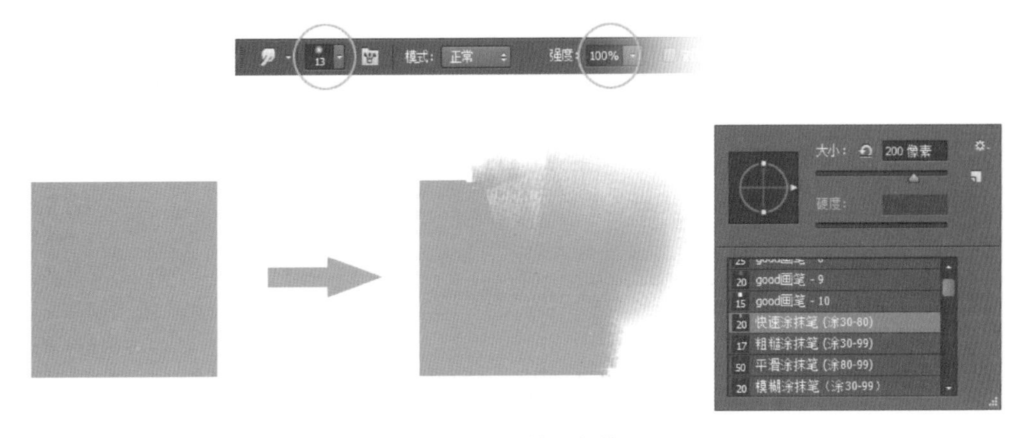

图 5.4.22 涂抹绘制效果

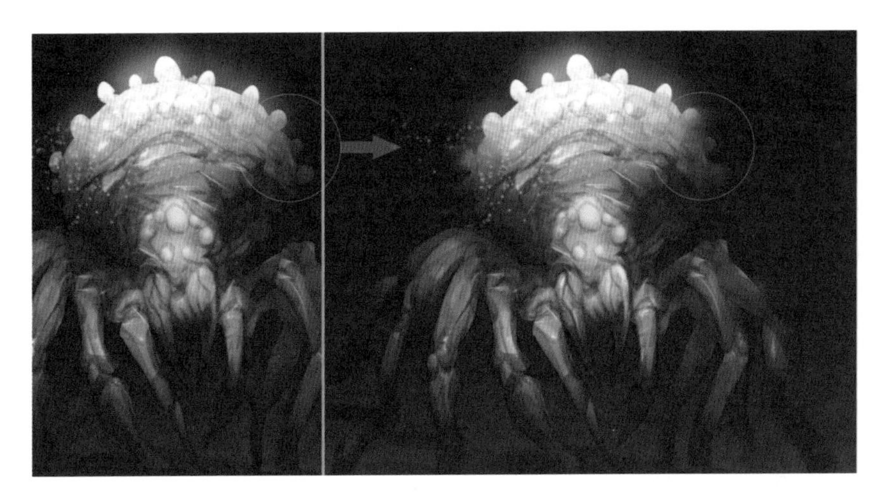

图 5.4.23 涂抹效果对比

使用画笔工具，选择具有一定传统绘制效果的笔刷类型，将画笔模式调整为“颜色减淡”，调整一定的前景色。根据角色亮部细微造型的结构变化，进行点提式绘制，使局部造型更加结实、鲜亮（如图 5.4.24、图 5.4.25 所示）。

执行“滤镜”→“锐化”→“智能锐化”命令，在弹出的“智能锐化”对话框中，观察左侧效果预览框，适时调整“数量”“半径”及“减少杂色”等参数，使画面像素效果产生颗粒锐化的精炼效果，加强了画面的清晰度（如图 5.4.26 所示）。

执行“滤镜”→“模糊”→“特殊模糊”命令，该滤镜命令可对当前画面中最初草图绘制阶段留下的粗糙线条进行一定程度的柔化处理，使画面效果更加浑然一体，参数调节可参考例图。至此，概念设定快速表面绘制完毕（如图 5.4.27、图 5.4.28 所示）。

本节小结

本章讲授了蒙版和剪切蒙版的基本原理及基础操作，重点介绍了复合式蒙版绘制技法在二维美术游戏场景绘制和概念美术设定快速表现中的综合运用，展示了新颖的技法组合方式，拓展了绘制表现的思路，为绘制者的创作表现提供更加高效的实现手段。

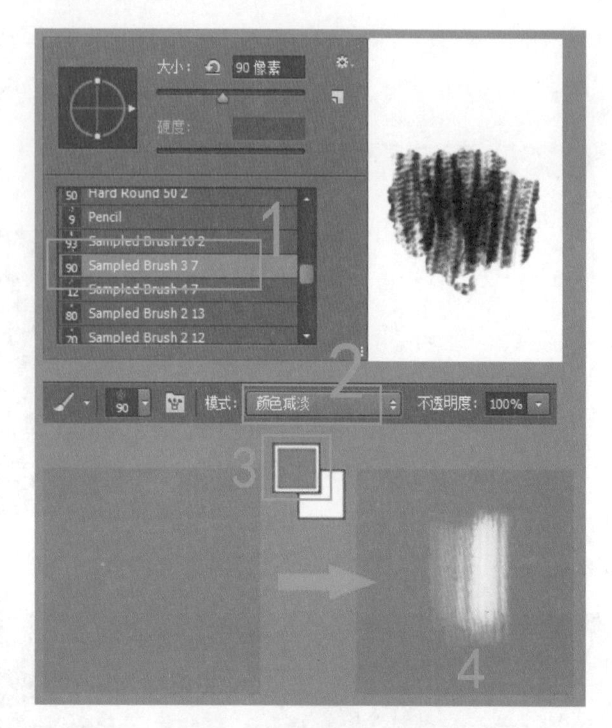

图 5.4.24　笔触效果示意

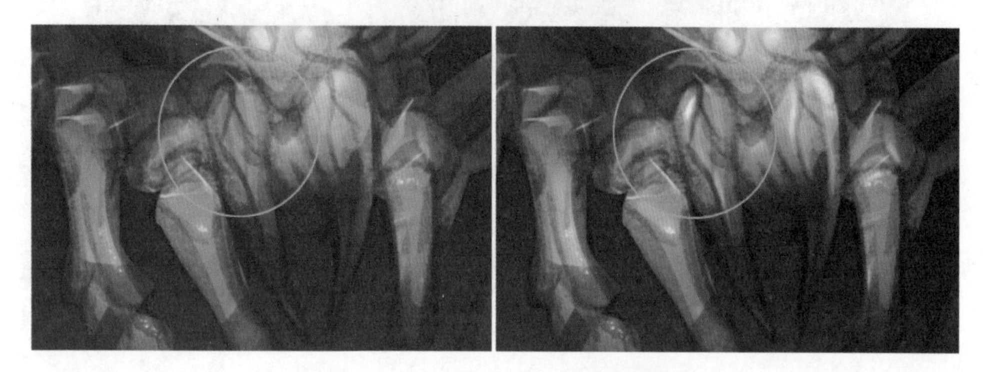

图 5.4.25　亮部点提效果对照示意

图 5.4.26　画面“智能锐化”滤镜效果

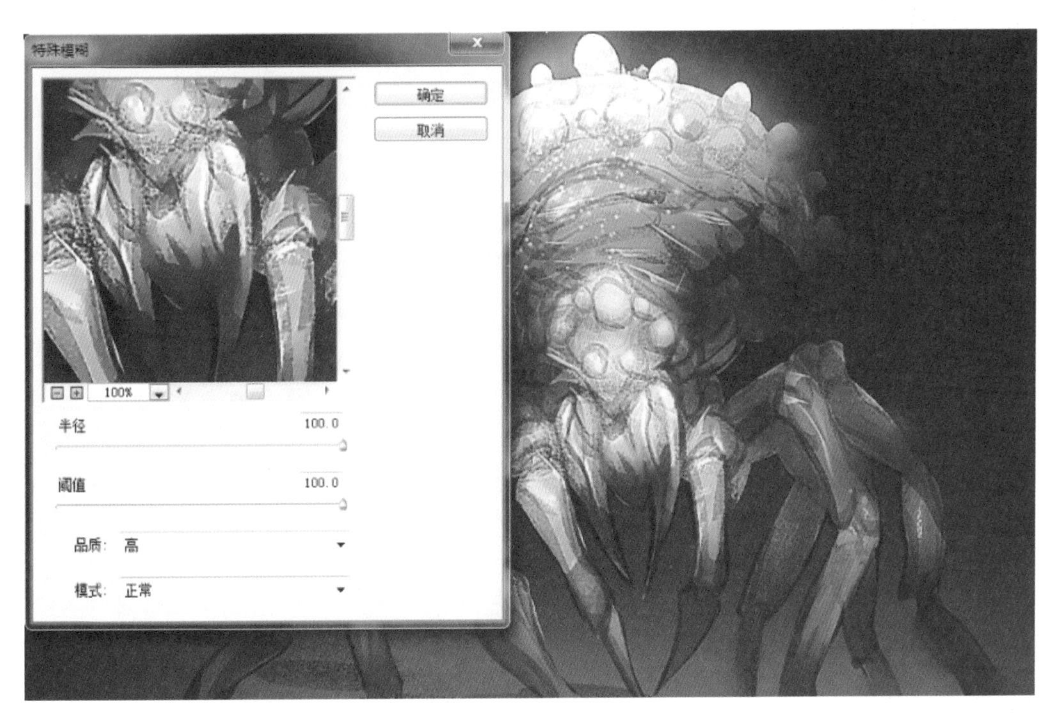

图 5.4.27　分镜头绘制

图 5.4.28　最终效果示意

本节作业

以特定昆虫类型为基础，使用复合式蒙版综合绘制技法进行概念设定表现。

第6章 数字绘画的工具

数字绘画与计算机硬件和软件的发展息息相关。1950年，贝尔实验室的研究员本·拉普斯基(Ben Laposky)创造了最早的由计算机生成的图像：在受控制的阴极射线管示波器荧光屏上产生出各种数字曲线，他将这些用高速胶片拍摄下来的图像命名为《电子抽象》。1963年，有"虚拟现实之父"和"计算机图形之父"之称的伊文·苏瑟兰(Ivan Sutherland)开发出真正意义上的计算机绘图软件Sketchpad，为计算机参与艺术创造提供了软件基础和技术可能。数字绘画对传统绘画的模拟，既具有计算机图像属性也具有绘画语言特征。数字绘画在材料和介质、绘画过程中的感知、绘画作品的肌理等方面与传统绘画有着共通性和差异性。

数字绘画工具可简单分为硬件和软件两部分，其涵盖范围非常广泛，本章重点介绍数位板设备以及软件Photoshop等的相关绘画工具。

6.1 数字绘画设备及基本设置

数位板又名绘图板、绘画板、手绘板等，是配合计算机工作的输入设备，是传统鼠标和键盘等输入工具的有力补充。数位板包含数位笔等相关组件，设计原理与主流设计软件完全对接。开创了"压感级""感应高度"及画笔"倾角检测"等革新技术，同时兼顾传统鼠标功能，被广泛应用于数字化设计、绘制等领域成为当下数字艺术创作必不可少的工作平台。当前，数位板是数字绘画创作者中保有量最高、使用率最高的数字绘画硬件产品(如图6.1.1所示)。

图6.1.1 数位板产品示意

数位笔数码压力感应笔也称为压感笔。压感级别就是用笔轻重的感应灵敏度，最新一代的数位板压感技术参数已经达到了8192级压感，绘制手感已经非常顺滑(如图6.1.2所示)。

图 6.1.2　2048 压感级别绘制效果示意

数位板作画习惯与传统绘制习惯有所差别。在真实纸上作画时，绘画的线条会直接随画笔的划过显示在纸面上，笔与纸处于同一平面，达到了物理上完全重合；数位绘图板产生的物理错位感是无法通过提高技术参数来消除的，数字绘画操作时，眼睛实时观察屏幕画面，手部绘制操作则在数位板和键盘上完成。

数字绘画的整个过程需要数位笔与键盘操作紧密结合，左手控制常规快捷键操作，右手主要负责握笔绘制工作。在实际绘制中，右手会随时迅速上移至键盘位置，配合左手进行快捷键的操作，完毕后迅速移回至数位板位置。有经验的数字绘画工作者会根据自己的操作习惯，将快捷键设置集中在键盘左侧，便于左手单手操作以充分提高绘制效率。

显示器、键盘、数位板应正对绘画者，做到三点一线，这样可以使画者注意力相对集中。在观察显示器成像画面的同时，相关操作也可控制在眼睛的观察范围内，同时各设备位置相对紧凑，也有利于双手操作的迅速到位(如图 6.1.3 所示)。

图 6.1.3　高效的绘制姿态与快捷键布局

通常情况下，数位板分辨率会小于显示器分辨率，实际绘制区域与成像的显示区域无法实现 1∶1 的对应比例，即便选用目前尺寸最大的数字绘画板，其面积也小于目前主流的 22 英寸或 24 英寸显示器的显示面积。绘制者需要将数字绘画板与显示器进行比例映射，也就是通常所说的“同屏对位显示”，有助于提升绘制者操作时的位置把控感。由于这种尺寸的差异性，在数位板中绘制 1cm 的线条，在画面中有可能会有 1.5cm 的体现，但整体绘制比例是完全一致的，需要绘制者有一个适应的过程(如图 6.1.4 所示)。

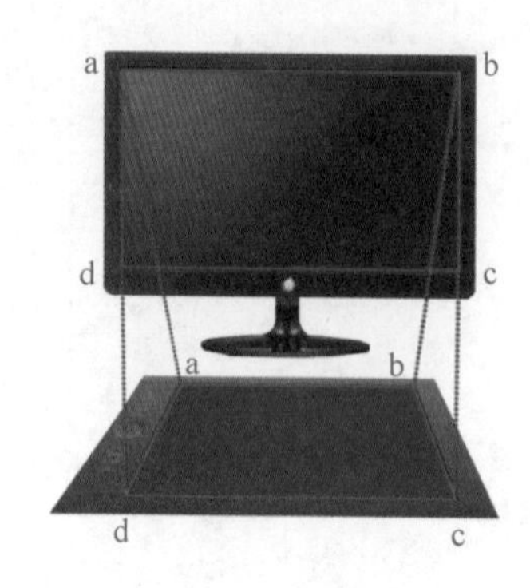

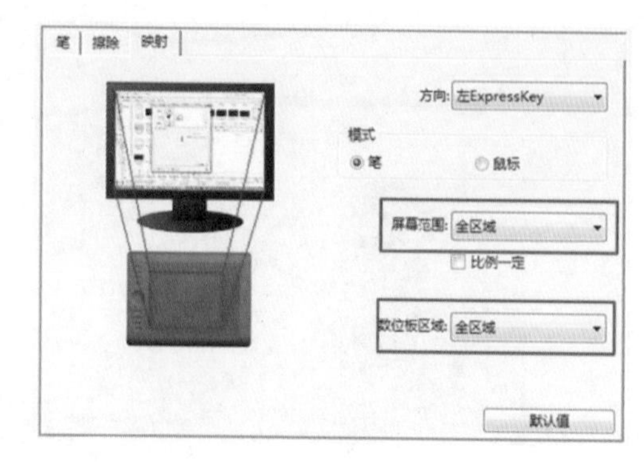

图 6.1.4　显示器比例映射参数设置

数位板硬件采用电磁式感应原理,在光标定位及移动过程中,完全是通过电磁感应来完成的。在有效感应区域内,数位笔不需要接触数位板就可以移动光标位置,充分体现了真实绘画中先对位后落笔的绘制体验,感应高度范围通常设置为压感绘制版面以上 7cm 左右(如图 6.1.5 所示)。

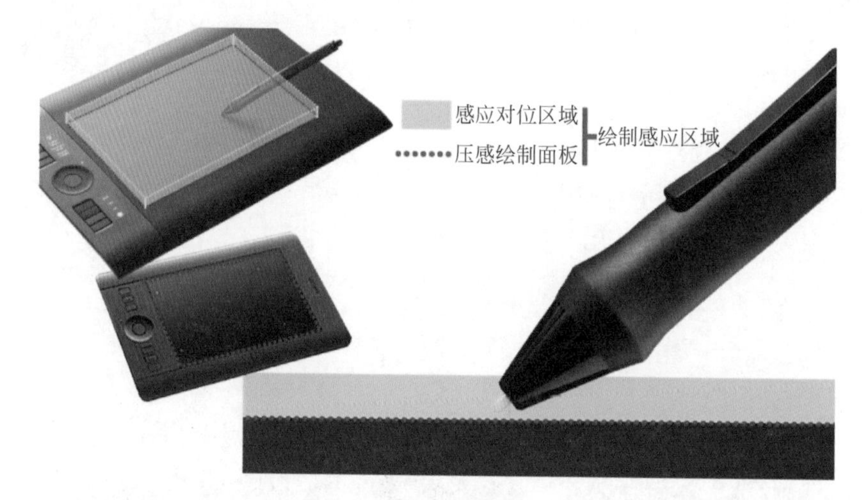

图 6.1.5　感应对位区域示意

数位笔笔尖单击压感绘制板面与鼠标左键单击功能一致,数位笔双击桌面快捷方式也可打开相应软件,单击压感绘制板面并行笔移动即可开始绘制。数位笔笔杆位置有一个功能键,两端可分别设置,其靠近笔尖的一端默认为鼠标右键功能,使用效率较高,握笔时该功能键位置靠近拇指,方便随时点击(如图 6.1.6 所示)。

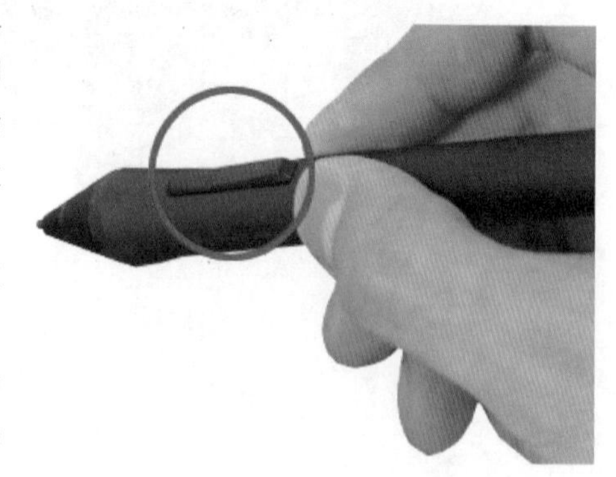

图 6.1.6　数位笔功能键示意

伴随科学技术的不断进步,数字绘画硬件设备的发展日新月异。数位屏的出现让绘画者的创作感受更加直接,数位屏移动工作站则能够让绘制者随时随地进行直观的数字化创作(如图 6.1.7 所示)。

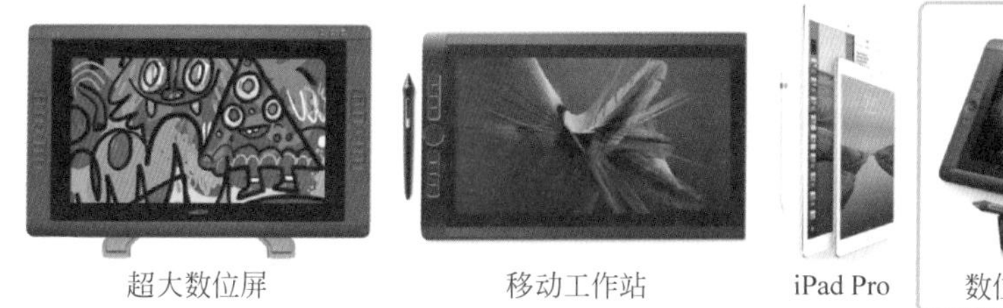

图 6.1.7 种类繁多的数字绘画硬件设备

相对于传统数位板绘画人机交互模式，绘制者在使用超大的数位屏绘制时坐姿稍稍前倾，手臂不同于以往平放于桌面，而是略旋起一定角度，这种长时间的工作姿态会稍感疲惫。常规的数字绘画需要高频率的快捷键操作配合，超大数位屏占据了较大空间，其内置的快捷设定按钮数量较少，键盘往往需放置在数位屏一侧，实际操作有些分散精力。通常情况下，数字绘制过程中浏览网页查阅相关资料或打字录入等操作会受到一定的局限；较高配置的数位屏具备了触屏功能，实际使用感受效率一般，常规快捷键放大缩小显示区域已经非常方便了。当触屏功能被激活时，握数位笔的手接触屏幕时会偶尔触发屏幕放大缩小功能的跳转，令绘画状态不够流畅；数位屏添加了可以旋转屏幕的手动操作，多数的绘画软件基本上都具备了旋转画布的快捷键设置，且操作非常简便(如图 6.1.8 所示)。

图 6.1.8 数位屏操作示意

数位屏移动工作站自身体量小巧，将随时随地的创作状态变为可能，但价格昂贵。

数位屏兼备数位板是当前比较流行的数字绘画硬件装备，尺寸大小与常规数位板相当，简单的支架系统可随时将它平放于桌面，灵活的显示器切换能够将它迅速转换为数位板状态。如果需要线条描绘或是希望进行较为直观的绘制观察方式，则可直接切换为数位屏模式，数位屏兼备数位板人机操控效率较高，空间占用也不大，让整个绘制流程非常顺畅轻松(如图 6.1.9 所示)。

iPad Pro 具有了绘制输入设备手写笔(Apple Pencil)。当把 Apple Pencil 放到 iPad Pro 屏幕上时，会自动增加屏幕的刷新率来提高识别精度，同时手写笔内置灵敏度传感器，根据按压力度不同能够画出不同粗细的笔画，就像在真正的纸张上书写一样。目前有很多应用于苹果系统的种类繁多的绘画应用软件，如 Procreate、ArtRage、Art Set 等，大多具有非常亲和的界面感受。这一类绘画应用软件与主流的绘画 PC 软件(如 Photoshop、Painter 等)兼容性较弱，并不完全适用于

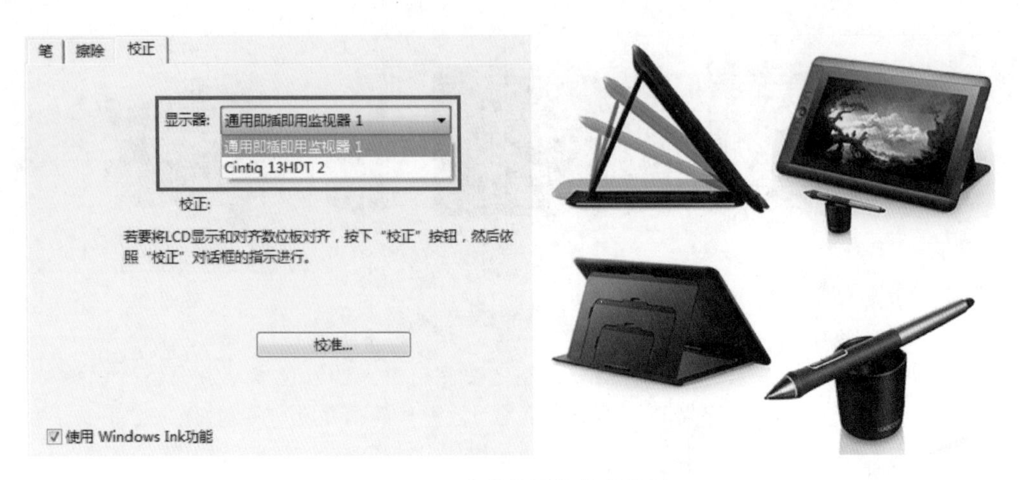

图 6.1.9　数位屏兼备数位板

真正生产级别的项目绘制，具有较强的娱乐体验性。此类应用各具特色，真实的笔触效果和直观的绘制感受，能够做到随时随地、清新自如的绘制状态，对于小清新风格的插画绘制具有一定的优势。作为不断拓展灵活多样的数字绘画创作方式和表现手段，感受数字绘画带给生活的快乐方式，是非常有价值的有益尝试（如图 6.1.10 所示）。

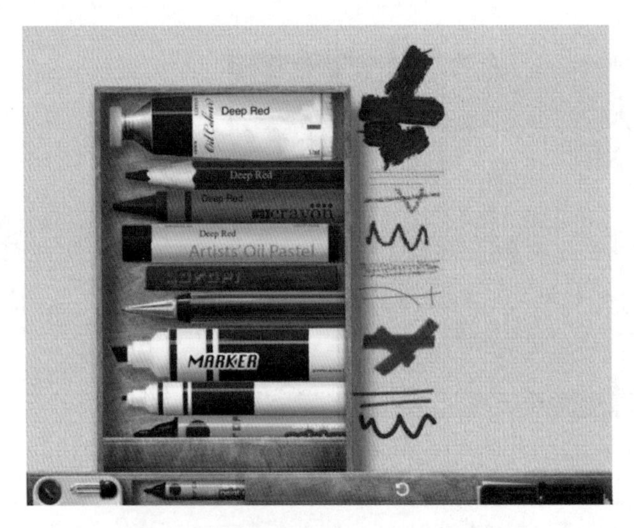

图 6.1.10　真实亲切的 Art Set 界面风格

此外还有一些比较小众的数字绘画设备，如 iSketchnote，绘制者可以使用真实的普通画笔在真实的纸上书写，iSketchnote 可将正在绘制的画稿在平板电脑或 PC 上实时数字化呈现。令人惊叹的是绘制者使用的画笔没有电池或其他数字组件，纸张也完全是极其普通的。一旦在屏幕上显示所绘制的数字版本，还可以根据需要修改它，类似于其他书写平板电脑一样。如果犯了一个错误，也可以撤销，而不是擦除，绘制者可对屏幕中的绘制进行移动、缩放或添加颜色等（如图 6.1.11 所示）。

数字绘画爱好者可以以常规数位板为基础应用，其他相关数字绘画装备为辅助，在自身勤奋实践的过程中，不断体会硬件特性化的用户体验，感受数字绘画的快乐真谛。

图 6.1.11　神奇的 iSketchnote

6.2　“画笔”面板功能介绍

作为数字绘画的主流绘制软件，Photoshop 提供了较为丰富的绘制工具，灵活的工具设置功能让绘制在画面表现过程中更加游刃有余。数字绘画的最大魅力在于借助软件技术提升画面表现，很多有经验的数字绘画艺术家会根据实际的绘制需要不断优化量身定做的绘制工具，为预期的画面表现提供有效保障，从而达到事半功倍的效果。深入了解并掌握画笔面板功能特性，能为数字绘画的深入学习打下坚实的基础。

“画笔”面板在笔触表现的调整中具有不可替代的优势，在 Photoshop 中，凡是具有笔触绘制属性的工具都可以通过该面板的强大功能进行细化调整。如图 6.2.1 所示，左侧工具栏标有黄色提示及其延展的同类工具均可在画笔面板进行笔触细分调节。

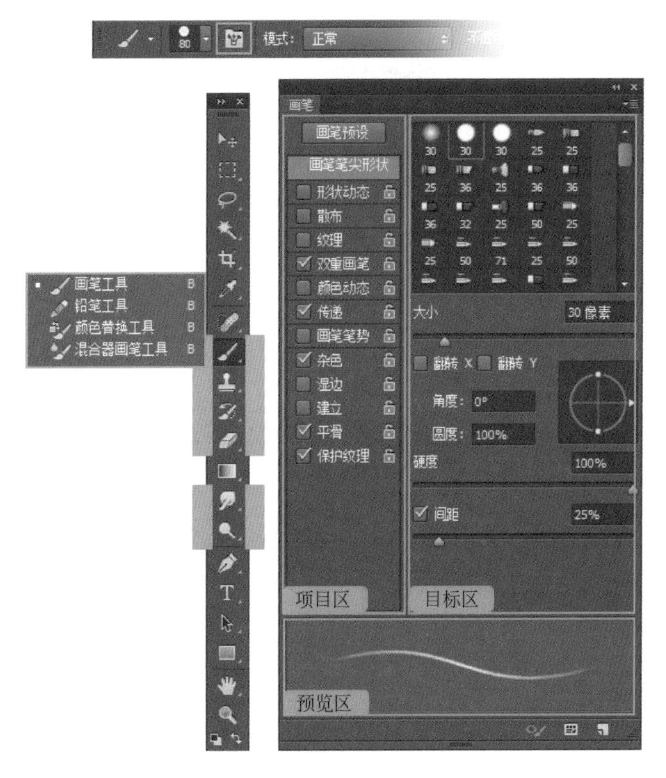

图 6.2.1　“画笔”面板示意

本节将以画笔工具为参考，对“画笔”面板的主要功能进行详尽介绍。

1. “画笔”面板的结构

在工具箱中选取画笔工具，在 Photoshop 界面上方的“画笔工具”属性栏中单击“切换画笔面板”按钮，即可弹出“画笔”选项设置面板，也可执行“窗口”→“画笔”命令，弹出“画笔”面板。“画笔”面板由项目区、目标区、预览区 3 部分组成(如图 6.2.1 所示)。在面板界面右上角位置单击图标，可弹出“画笔”面板的弹出式菜单。

2. 画笔预设

在“画笔”面板中单击“画笔预设”选项，在该项目中列出了多种形状、粗细不一的笔触样式，可以通过拖动“大小”选项下的滑块或在其右侧的数值框中输入数值来精确设置画笔笔触的直径。画笔预设中关于画笔直径的调节滑块与“画笔”面板中目标区的“大小”滑块功能一致，单击“大小”滑块右侧的“切换画笔面板”按钮，可调取“画笔”面板，“画笔预设”弹出栏下方有常规的功能按钮如“删除画笔”“创建新画笔”，可对现有画笔进行管理，或单击“打开预设管理器”对特定画笔进行“重命名”(如图 6.2.2 所示)。可在画笔列表中将调配好的一个或多个画笔选中加选，单击“存储设置”按钮，存为 ABR 格式的画笔文件方便使用者随时载入调取使用(如图 6.2.3 所示)。

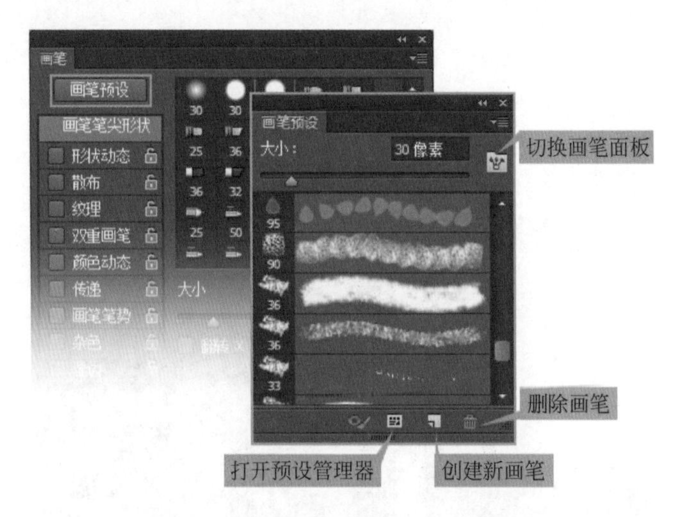

图 6.2.2 “画笔预设”弹出栏示意

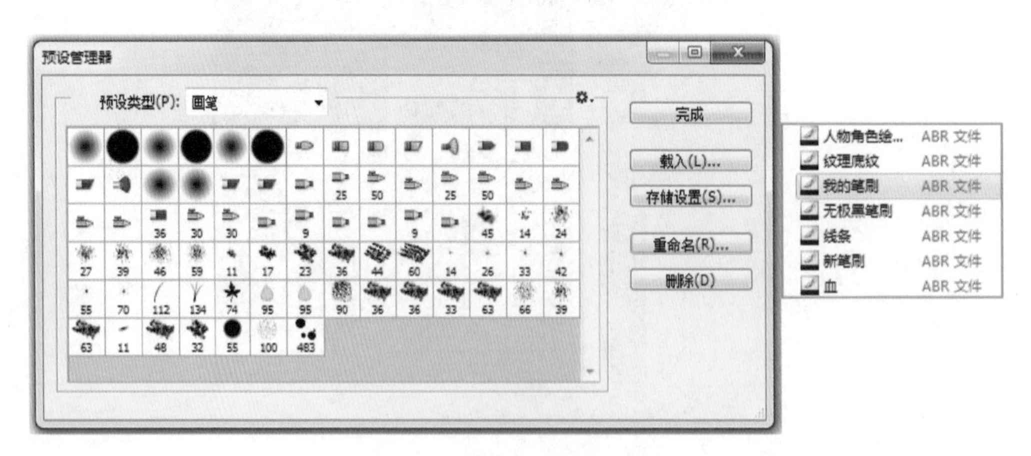

图 6.2.3 “预设管理器”对话框

新建一个正方形画布，使用画笔工具，选择默认的“硬边圆压力大小”笔刷随意绘制4个大小不一的圆点，执行“编辑”→“定义画笔预设”命令，在弹出的“画笔名称”对话框中输入“4圆点笔尖画笔”，其左侧的预览框可看到刚刚绘制的笔刷缩略图，单击“确定”完成设置（如图6.2.4所示）。

图6.2.4　定义画笔预设

再次调取“画笔”面板，单击“画笔预设”，在下拉菜单中可找到刚刚创建的“4圆点笔尖画笔”，预设缩略图中的数字是显示该笔刷的大小数值，选择该笔触，可在画布进行随意绘制（如图6.2.5所示）。

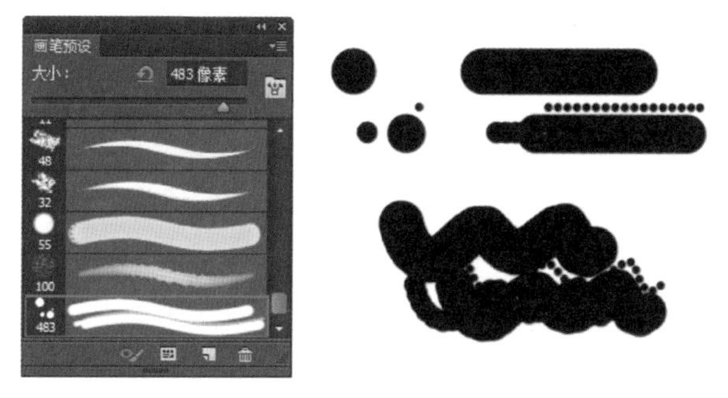

图6.2.5　新建画笔在预设列表示意

3. 画笔笔尖形状

在“画笔”面板左侧项目区单击“画笔笔尖形状”选项，上方显示画笔预设的缩略图，方便画笔选择（如图6.2.6所示）。

“大小”：用来编辑画笔的直径，设置的数值越大，画笔的笔触就越粗，变化范围为1～5000像素。在实际绘画操作中，往往使用快捷键“[”“]”对画笔笔触直径进行迅速调节。

“角度”和“圆度”：调节其右侧可控缩略图的控制节点，适当压扁原笔刷的圆度，单击箭头符号转动调整笔刷角度，左侧数值会相应变化。“角度”和“圆度”的参数调整在数字绘画中比较常用，可根据描绘物体的形体结构绘制出有“力道”的线条感觉，突出绘画的“笔触感”。配合角度、圆度的数值变化，尝试勾选“翻转X”和“翻转Y”选项，原笔触效果会进行轴向翻转，实际绘制中可灵活运用（如图6.2.7所示）。

在概念设定表现中，对于不同内结构造型的绘制经常需要调整笔触的角度和圆度，使线条与结构更加贴合、更有力道（如图6.2.8所示）。

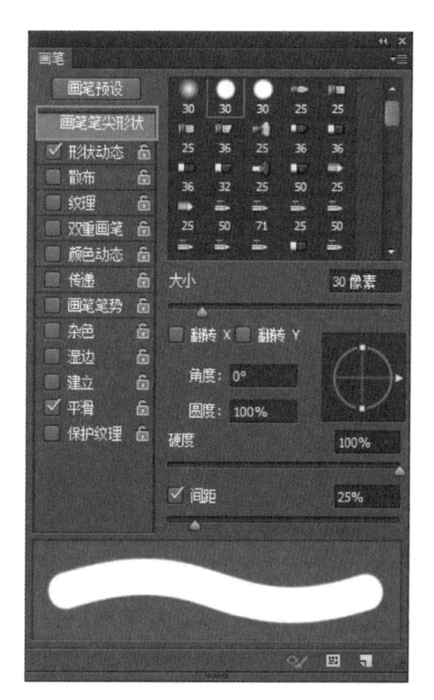

图6.2.6　“画笔笔尖形状”选项设置

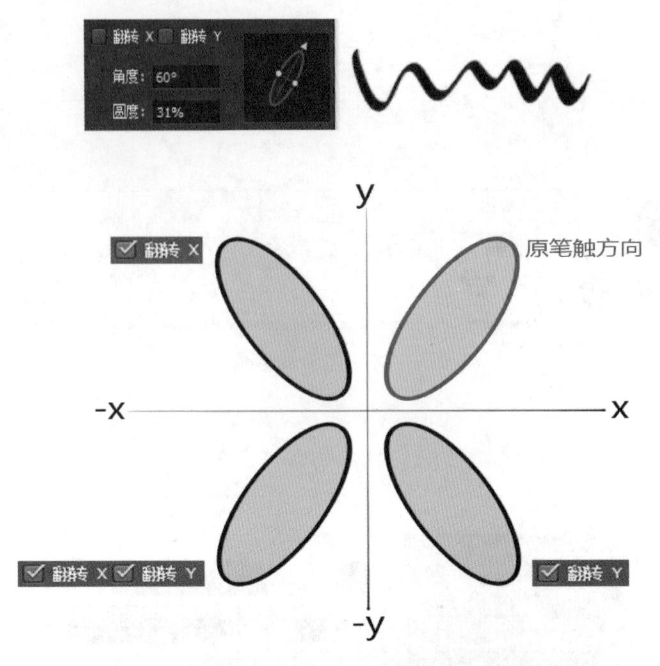

图 6.2.7　角度、圆度参数变化及轴向翻转效果示意

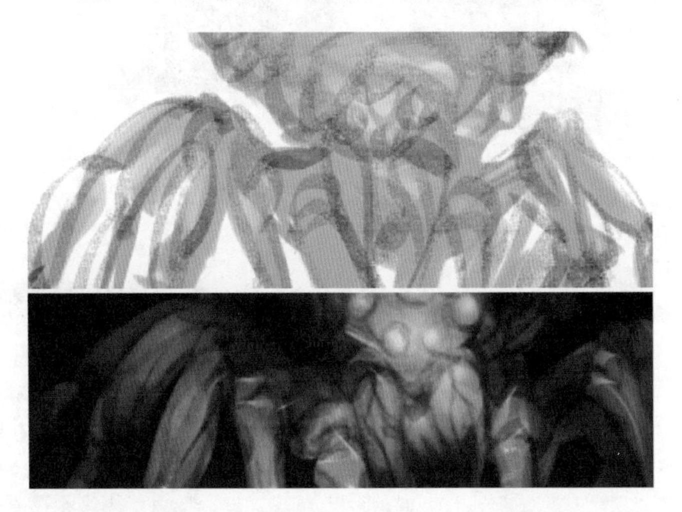

图 6.2.8　笔触调整在实际绘制中的运用

“硬度”：指画笔笔触边界的柔和程度，参数取值范围为 0～100%（如图 6.2.9 所示）。

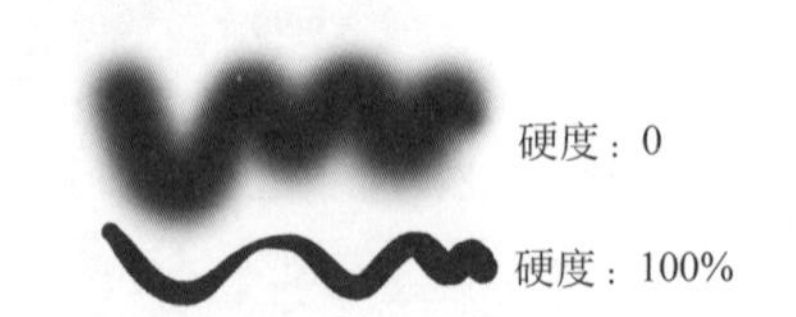

图 6.2.9　“硬度”参数变化效果示意

“间距”：在 Photoshop 中，密集的点组成了流畅的线条，间距被用于控制线条中点与点的位置关系，取值范围为 1%～1000%。在实际绘制中，可巧妙通过该参数的调节功能绘制“点连线”的效果（如图 6.2.10 所示）。

4. 形状动态

在“画笔”面板左侧项目区单击“形状动态”选项，在该项目中可以设置画笔笔触的直径、圆度和角度的动态变化，具体包含以下设置项目（如图 6.2.11 所示）。

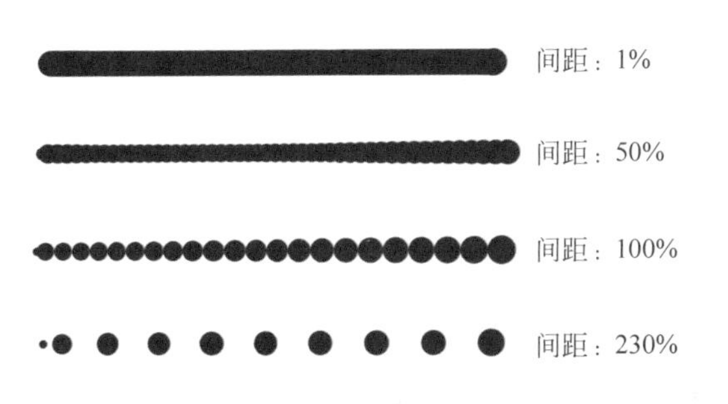

图 6.2.10 利用间距参数的调节绘制鞋面缝纫效果

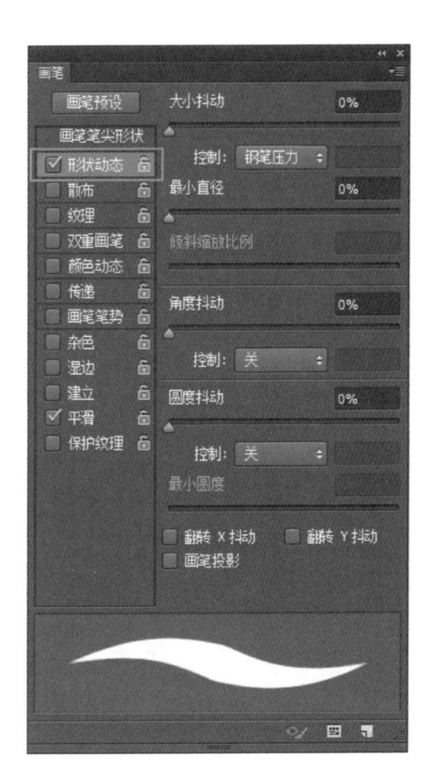

图 6.2.11 “形状动态”选项设置

“最小直径”：设置画笔在线条绘制时的粗细变化，数值变化范围为 0～100%，在数值调节上方的控制类型下拉选项中，可选择“钢笔压力”，使线条的粗细变化与数位笔绘制时的压感变化紧密联系，符合真实的绘画感觉（如图 6.2.12 所示）。

“大小抖动”和“角度抖动”：在原有的笔触直径上设置画笔抖动大小和抖动角度的比例，数值越大变化越大，变化范围为 0～100%。角度抖动可参考“最小直径”选择自己的控制类型（如图 6.2.13 所示）。

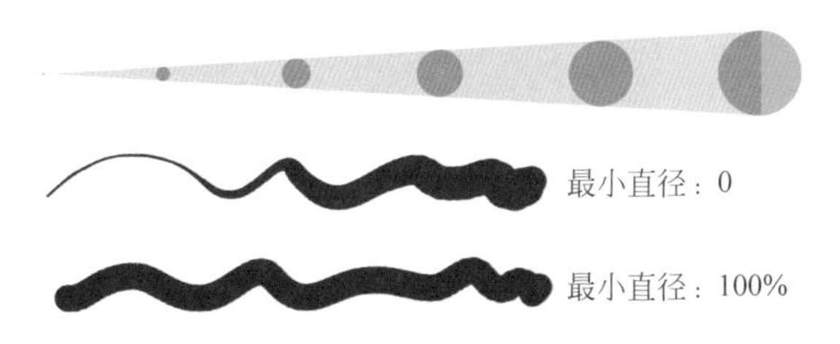

图 6.2.12 最小直径差异设置的效果对比

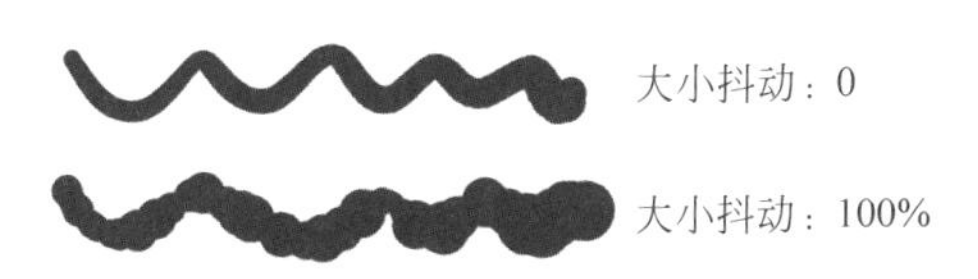

图 6.2.13 角度抖动参数设置的效果对比

“控制”：“钢笔压力”是较为常用的“控制”类型，与数位笔压感绘制结合效果不错，也是对其下参数变化控制影响较为明显的控制方式。数位笔行笔压感的变化，被控制属性的参数也会随之变化。例如图 6.2.14 中，“最小直径”和“角度抖动”都选择了“钢笔压力”的控制类型，行笔压力的大小直接影响线条粗细与线条点的旋转角度。

在“角度抖动”的“控制”类型中选择“钢笔斜度”类型，数位笔与数位板板面的倾斜角度的变化会引领笔刷旋转角度的变化，这个设置在数字绘画厚涂风格的绘制表现中非常重要，绘制手感与 Painter 厚涂类笔刷的感觉非常相似，充分模拟真实的布面绘制效果（如图 6.2.15 所示）。

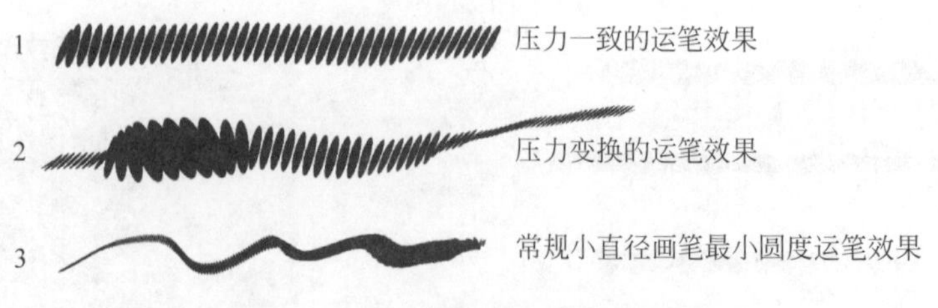

图 6.2.14 “钢笔压力”效果示意

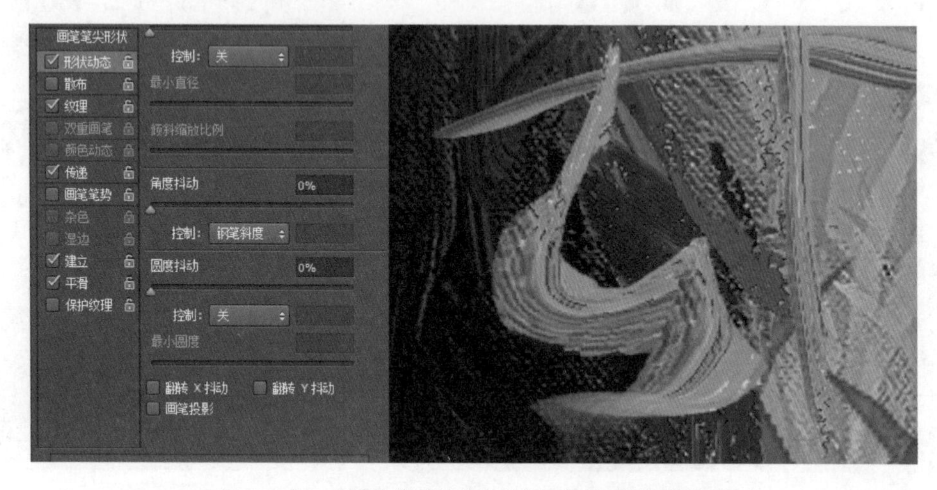

图 6.2.15 “钢笔斜度”类型的“角度抖动”行笔效果

“圆度抖动”：设置画笔在绘制线条的过程中标记点圆度的动态变化状况，圆度抖动的百分比数值是以画笔横轴的比例为基础的，变化范围为 0～100%（如图 6.2.16 所示）。

5. 散布

在“画笔”面板中单击“散布”选项。“散布”画笔可以产生类似毛边的笔触效果，主要用来设置绘制线条中画笔标记点的数量和位置，在其中包含以下设置项目（如图 6.2.17 所示）。

图 6.2.16 圆度抖动参数设置的效果对比

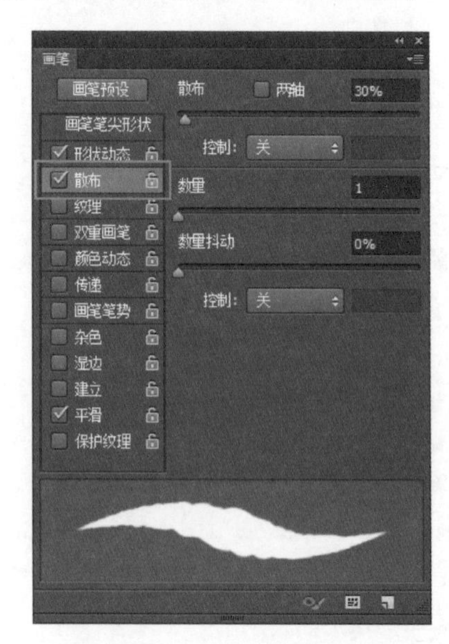

图 6.2.17 “散布”选项设置

"散布"：用于设置扩展笔触与实际笔触之间的距离，数值越大则画笔的扩散距离越大，变化范围为 0～1000%。当勾选"两轴"选项时，笔触的标点呈放射状分布；反之，则标记点的分布与画笔绘制线条的方向垂直(如图 6.2.18 所示)。

图 6.2.18 散布值分别为 60% 和 600% 的效果

画笔"散布"选项的参数调整有助于强调画面的笔触感，强化了真实的绘制效果(如图 6.2.19 所示)。

图 6.2.19 "散布"参数调节的实际应用效果

"数量"：用来设置每个空间间隙中笔触标记点的数量，变化范围为 1～16(如图 6.2.20 所示)。

"数量抖动"：用来设置每个空间间隙中笔触标记点数量的变化，变化范围为 0～100%(如图 6.2.21 所示)。

图 6.2.20 数量参数分别为 1 和 16 的效果

图 6.2.21 数量抖动参数为 10% 和 60% 的效果

画笔的"散布"功能很好地将现有的绘制笔刷进行了趋于真实绘画效果的拟像，对于一些"肌理效果"模拟得恰到好处。在实际绘制中，各参数对最终的画面效果产生微妙影响，要在不断的尝试中摸索规律(如图 6.2.22 所示)。

图 6.2.22 使用画笔"散布"功能绘制的肌理效果

6. 纹理

在“画笔”面板中单击进入“纹理”选项，相关参数调节设置如下(如图 6.2.23 所示)。

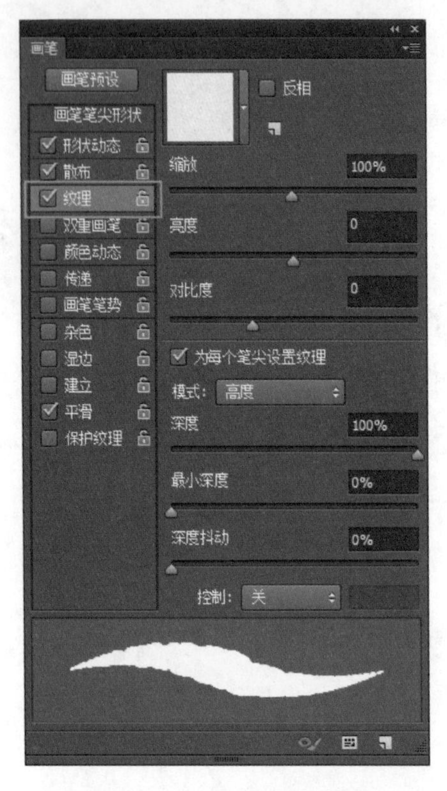

图 6.2.23 “纹理”选项设置

“纹理”画笔是较为高级的画笔运用模式，对于肌理效果的绘制起到了事半功倍的效果。“纹理”笔触为画面增添了质感，在概念设定的美术绘制中运用较为广泛(如图 6.2.24、图 6.2.25 所示)。

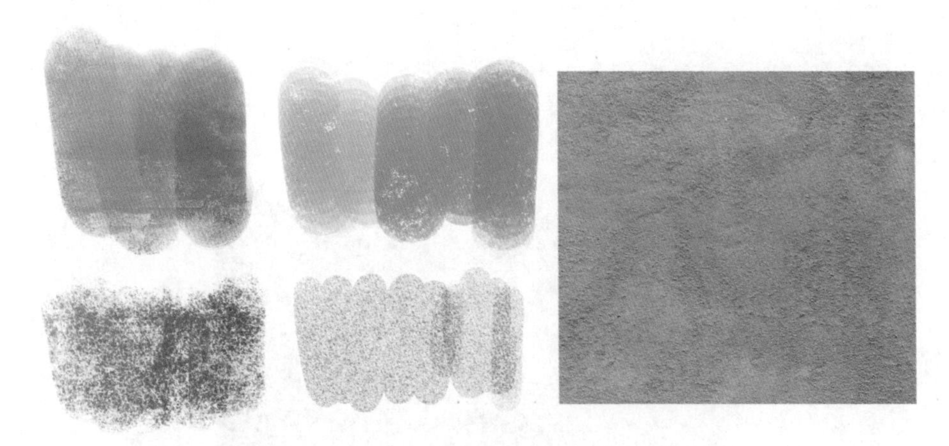

图 6.2.24 用来模拟混凝土墙体的“纹理”笔触效果

图 6.2.25　油画布“纹理”笔触效果

“反相”：勾选该选项，可使纹理图案产生与原图案相反的效果。

“缩放”：用来指定图案比例变化，范围为 0～1000%（如图 6.2.26 所示）。

“为每个笔尖设置纹理”：勾选该选项，则“纹理”将套用到画笔的所有其他属性上；若不勾选该项，则不能激活“最小深度”和“深度抖动”选项。

“模式”：用来设置笔触纹理的图案模式，包括“正片叠底”“减去”“变暗”“叠加”“颜色减淡”“颜色加深”“线性加深”“实色混合”等。

“深度”：用来设置画笔渗透到图案的深度，数值越低则纹理被刻画得越明显，变化范围为 0～100%之间（如图 6.2.27 所示）。

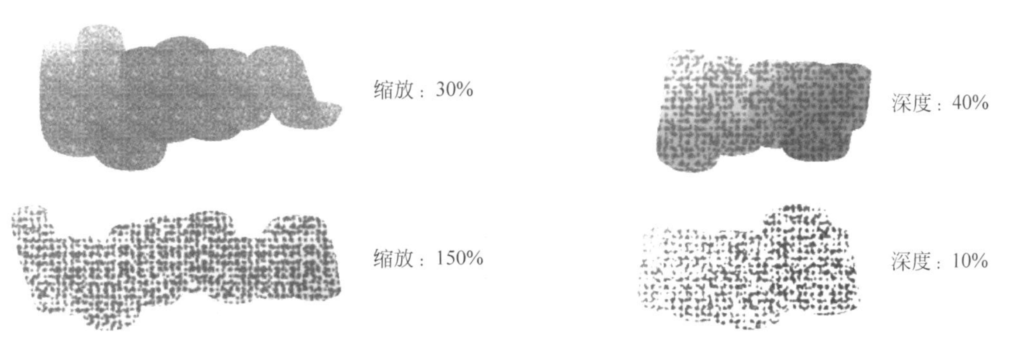

图 6.2.26　缩放范围设置为 30%和 150%的效果　　图 6.2.27　“深度”设置效果对比示意

“最小深度”：勾选“为每个笔尖设置纹理”选项后，即可定义画笔渗透图案的最小深度，变化范围为 0～100%。

“深度抖动”：勾选“为每个笔尖设置纹理”选项后，即可定义画笔渗透图案的深度抖动，变化范围为 0～100%。

深入理解并熟练应用画笔工具的“纹理”选项功能，可以使画面更加厚重，更具有真实的绘画感。

7. 双重画笔

在“画笔”面板中单击“双重画笔”选项，双重画笔是通过将 2 个画笔形状结合起来，创建出一种新的画笔。在“画笔预设”下拉列表中选择当前笔触类型，在“双重画笔”选项的笔刷列表中选择第二种笔触类型，可在“模式”中选择两种笔触相互混合的叠加方式，并对现有双重画笔进行参数调整即可完成设置(如图 6.2.28、图 6.2.29 所示)。

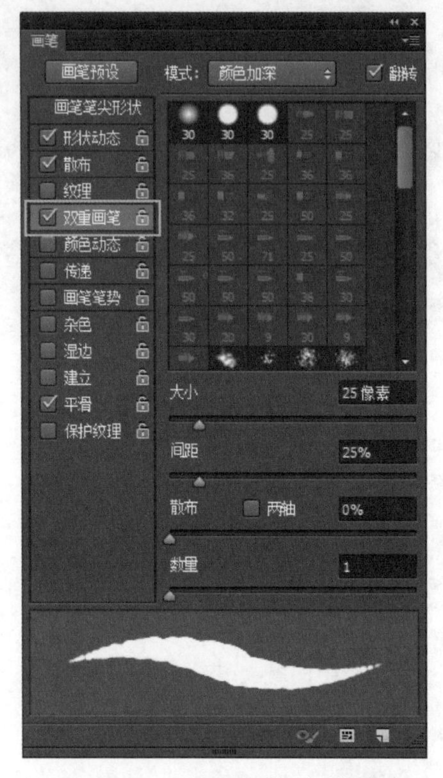

图 6.2.28 “双重画笔”选项设置

“大小”(直径)：该参数用来控制第 2 个画笔的直径。拖曳参数上的滑块或在数值框中输入数值即可更改画笔的直径。若想恢复到原先画笔的大小，单击“使用取样大小”按钮即可变化，变化范围为 1～2500 像素(如图 6.2.30 所示)，实际调整中应多参考预览框中的效果，直到满意为止。

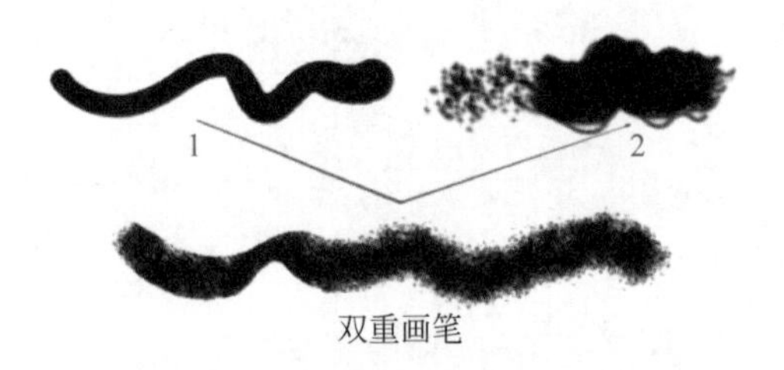

图 6.2.29 双重画笔效果示意

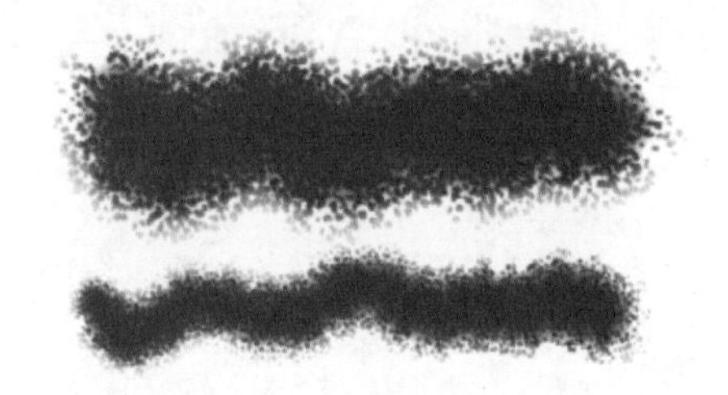

图 6.2.30 体现双重笔刷结合的效果示意

“双重笔刷”：是一个非常不错的笔刷调节工具，丰富了软件本身在绘制环节的强大表现力，尤其是对于一些特定的“肌理效果”的表现(如图 6.2.31 所示)。

“间距”：用来设置第 2 个画笔在所绘制笔触中标记点之间的距离，变化范围为 1～1000(如图 6.2.32 所示)。

“散布”：用来设置第 2 个画笔在所绘制笔触中的分布情况。当勾选 Both Axes(双轴)选项时，画笔标记点呈放射状分布；反之，画笔标记点分布与画笔绘制笔触方向垂直，变化范围为 0～1000(如图 6.2.33)。

图 6.2.31 “双重笔刷”对于纹理质感具有强大表现力

间距：10

间距：50

间距：100

图 6.2.32 不同“间距”数值的效果对比示意

“数量”：用来设置每个空间间隔中第 2 个画笔标记点的数量，数值越大则画笔数量越多，变化范围为 1～16（如图 6.2.34 所示）。

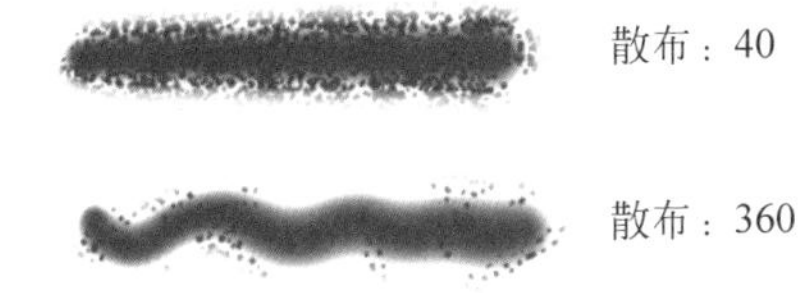

图 6.2.33 散布双轴分别为 40 和 360 的效果对比示意

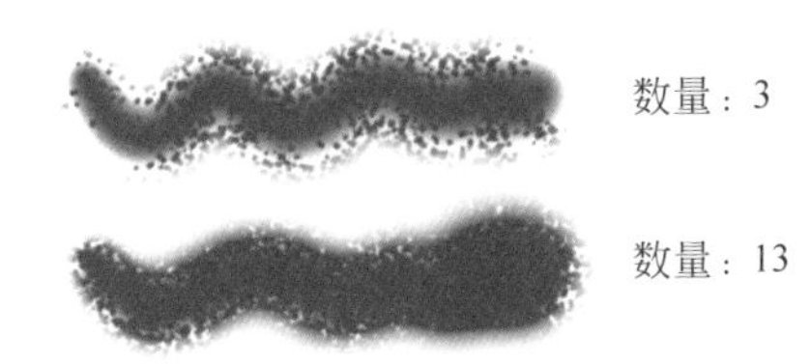

图 6.2.34 变化范围分别为 3 和 13 的效果

8. 颜色动态

在“画笔”面板中单击“颜色动态”选项，用来设置在绘制笔触的过程中颜色的动态变化情况（如图 6.2.35 所示）。

“前景/背景抖动”：设置绘制笔触在前景色和背景色之间的动态变化，变化范围为 0～100%（如图 6.2.36 所示）。

“色相抖动”：设置画笔绘制笔触的色相动态变化范围，变化范围为 0～100%。

“饱和度抖动”：用来定义颜色的纯度，变化范围为 0～100%。

“亮度抖动”：设置画笔笔触亮度的动态变化范围，变化范围为 0～100%。

“纯度”：设置颜色偏向或偏离的中轴，变化范围为 -100%～+100%（如图 6.2.37 所示）。

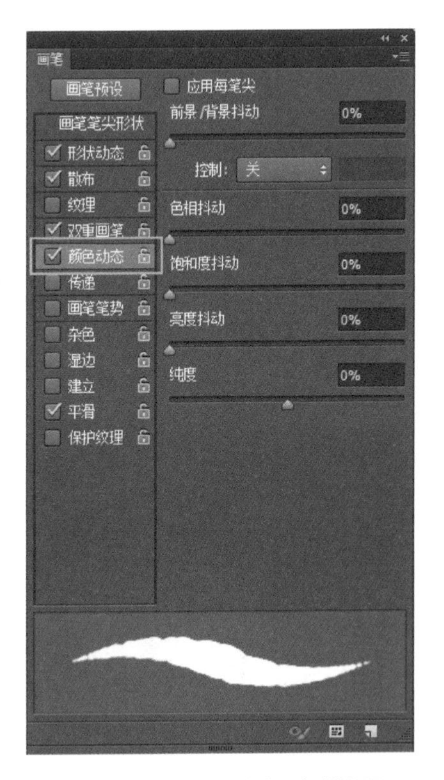

图 6.2.35 “颜色动态”选项设置

9. 传递

“画笔”面板中的“传递”选项是 Photoshop 中新增加的画笔选项设置，通过设置该项目，可以控制画笔随机的不透明度，还可设置随机的颜色流量，从而绘制出自然的若隐若现的笔触效果，使画面更加灵动、通透。

图 6.2.36　数值调节对比效果示意

图 6.2.37　数值调整效果示意

设置绘制笔触的“不透明度抖动”的变化范围为 0～100%；“流量抖动”的变化范围为 0～100%。通过这两个选项，可使笔触具有中国水墨画的艺术效果(如图 6.2.38 所示)。

10. 其他选项

除了上述各综合设置项目外，在“画笔”面板下方还有 5 个单独的设置选项。

“杂色”：给画笔添加随机出现的效果，对于软边的画笔效果尤其明显。

“湿边”：指定给画笔添加水彩画笔触效果。

“喷枪”：可使画笔模拟出传统喷枪的雾状效果。

“平滑”：可使绘制的笔触产生更流畅的曲线，该选项对于利用数字绘画板进行创作的模式非常有效，不过缺点是会减缓绘画速度。

“保护纹理”：指定对所有画笔执行相同的纹理图案和缩放比例。勾选该选项后，当使用多个画笔时，可模拟一致的画笔纹理效果。

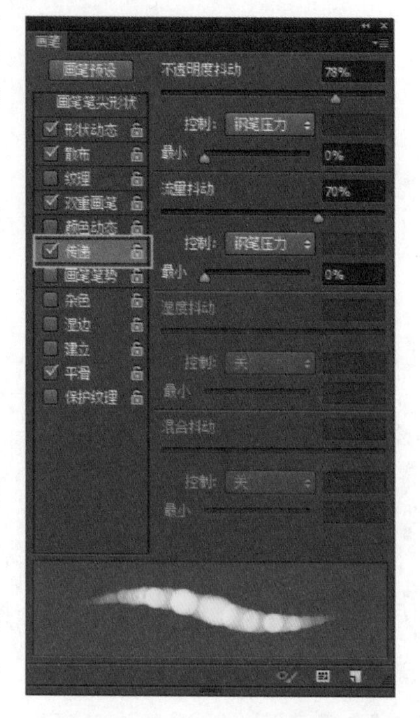

图 6.2.38　“传递”选项设置

6.3　国画笔刷制作实例

本节将重点讲授一种国画笔刷的定制，整个流程具有一定的典型性，这种方法不仅适用于其他国画笔刷效果的制作，同样适用于油画笔触的制作方法，在数字绘制自定义笔刷时具有积极的参考意义。

使用画笔工具，选择默认的“柔边圆压力大小”笔刷，在画布中进行点绘，整体造型可参考图 6.3.1。绘制完成后使用矩形选框工具，同时按 Shift 键，绘制正方形选框，框选绘制图像。执行“编辑”→“定义画笔预设”命令，在弹出的对话框中输入“国画润色画笔”，单击“确定”按钮结束设置。确定当前工具为画笔工具，在画布上单击数位笔功能键弹出快速选择笔刷列表，选择刚刚创建的“国画润色画笔”笔刷，进行随意绘制(如图 6.3.2 所示)。

使用一张宣纸作为素材，执行“图像”→“调整”→“色阶”命令，对现有素材进行色阶调整(如图 6.3.3 所示)。

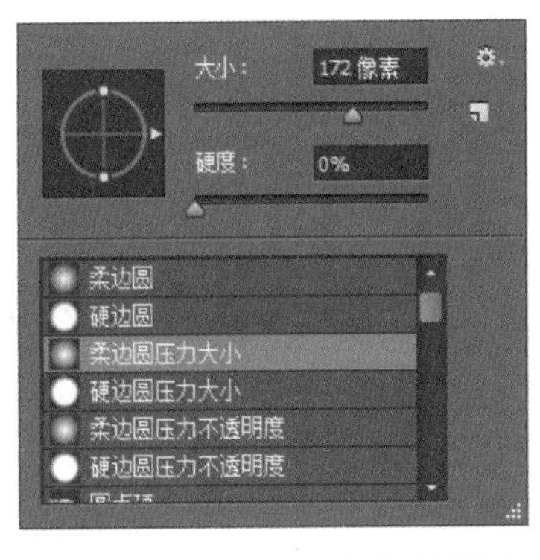

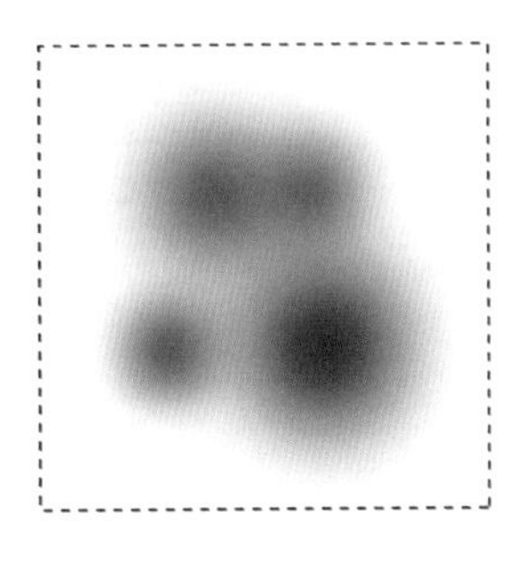

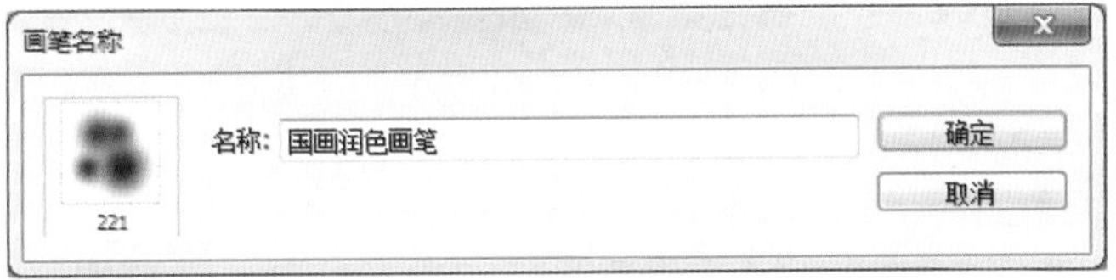

图 6.3.1　画笔设置示意

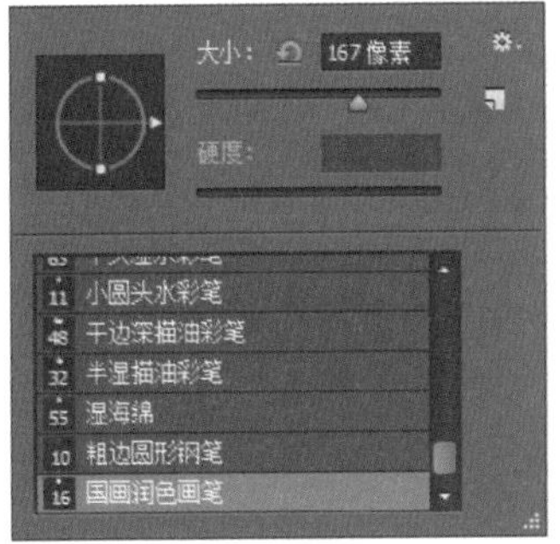

图 6.3.2　画笔绘制效果示意

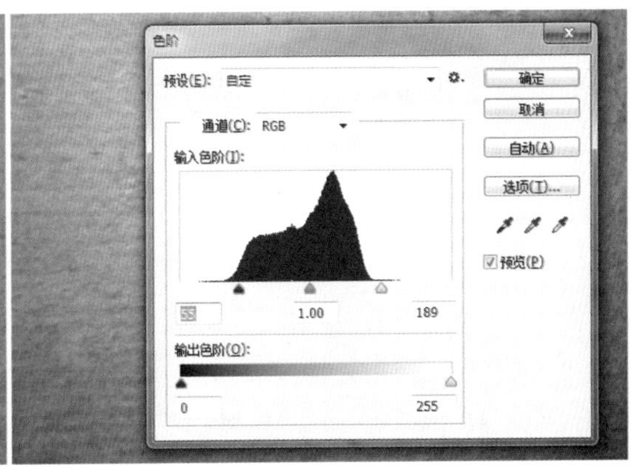

图 6.3.3　色阶调整效果示意

画笔纹理一般使用灰度效果的底图，执行“图像”→“调整”→“去色”命令（快捷键为 Shift + Ctrl + U），分别执行“图像”→“调整”→“曝光度”和“图像”→“调整”→“亮度/对比度”命令，对现有梳理素材的明度关系进行调整（如图 6.3.4 所示）。

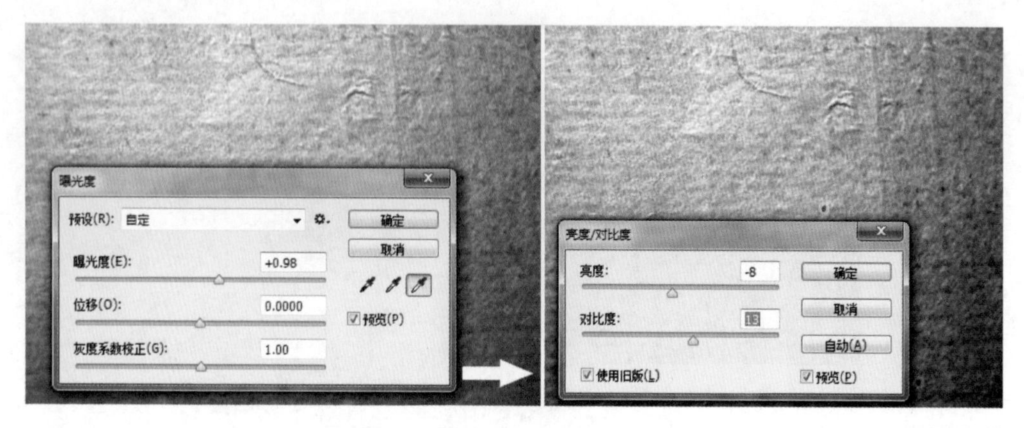

图 6.3.4 调整现有素材黑白关系

使用剪切工具 对现有纹理素材进行剪切处理，去掉黑白反差不均衡的画面。调整背景色为白色，使用橡皮擦工具 ，选择系统默认的“柔边圆压力大小”笔刷对纹理素材四周进行轻轻擦除，去掉原有画面的硬边效果。至此，纹理效果制作完毕。执行“编辑”→“定义图案”命令，将刚刚制作的纹理素材定义为图案文件，可将图案命名为“宣纸底纹”(如图 6.3.5、图 6.3.6 所示)。

图 6.3.5 当前纹理效果示意

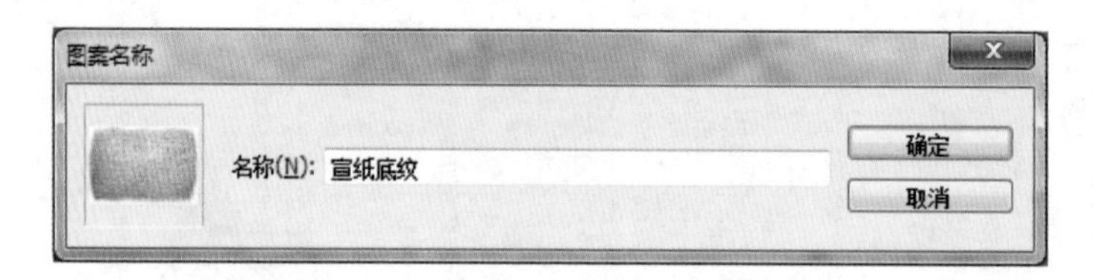

图 6.3.6 将现有素材定义为图案

调取“画笔”面板，单击进入“图形动态”选项，适当提高“大小抖动”数值，使线条边缘有微妙的抖动溢色效果，以模拟国画中笔触的不均衡润色。将“最小直径”数值调整为 0，将其“控制”类型调整为“钢笔压力”，充分结合数位笔行笔压感变化，模拟抑扬顿挫的绘画效果(如图 6.3.7 所示)。

单击进入“纹理”选项，单击“缩放”图标，在其中选择之前定义为图案的“宣纸底纹”素材，将底纹混合“模式”调整为“线性高度”，适当提高“深度”数值，将“控制”模式调整为“钢笔压力”(如图 6.3.8 所示)。

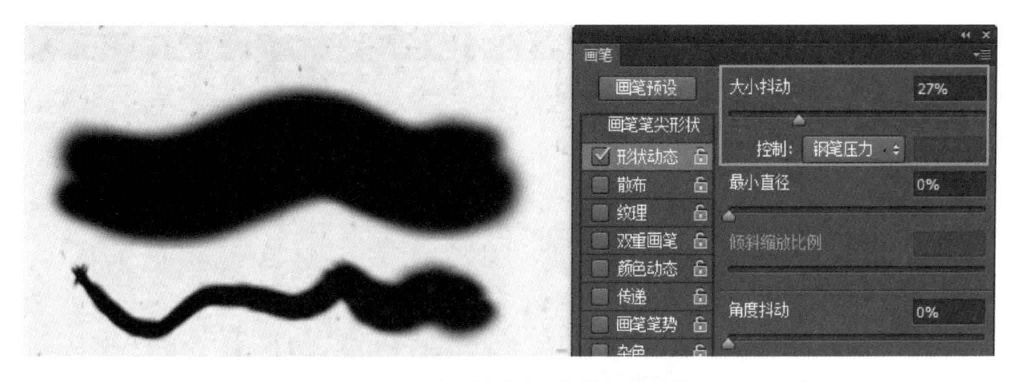

图 6.3.7　“形状动态”选项参数调节

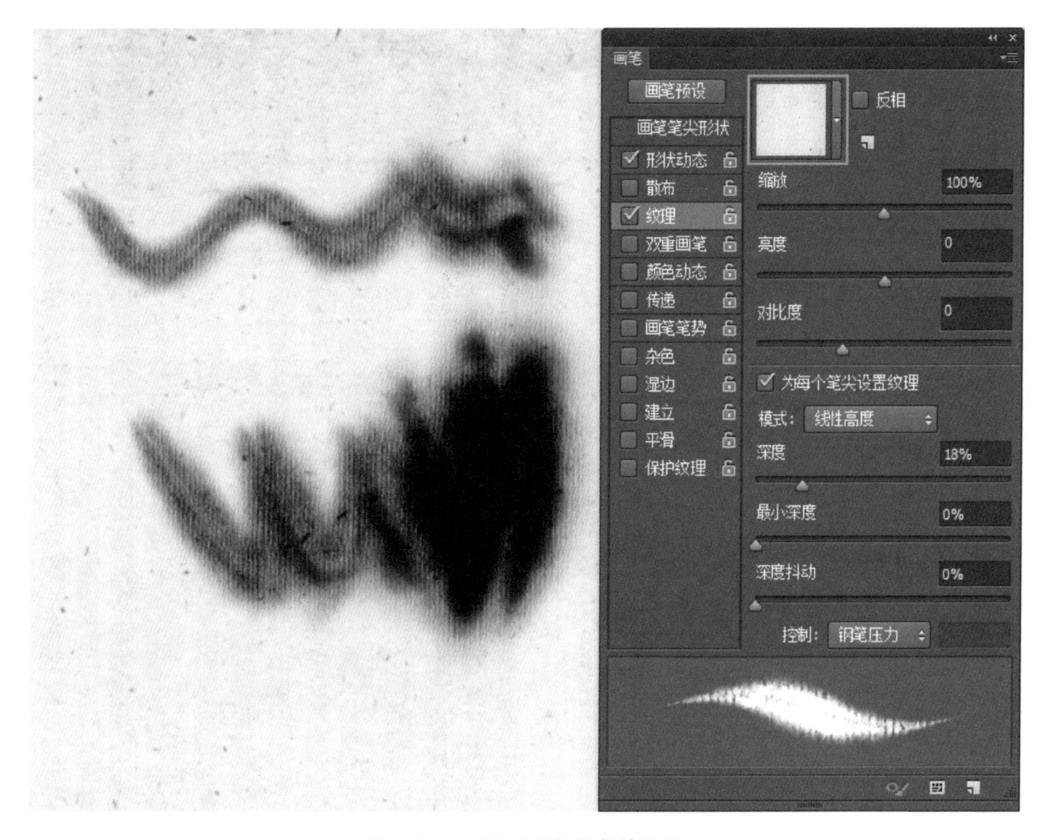

图 6.3.8　“纹理”选项参数设置

单击进入“双重画笔”选项，在“画笔”列表中，再次选择之前定义的“国画润色画笔”，适当提高二次画笔的“散布”数值，让实际绘制效果具有润色扩展的画面表现(如图 6.3.9 所示)。

单击进入“传递”选项，将“不透明度抖动”数值调节为 0，将“流量抖动”与“湿度”的“控制”类型均调整为“钢笔压力”，笔触颜色间微妙的颜色传递效果通过不同的数位笔压感变得更加自然。至此“国画润色画笔”创建完成，单击“画笔”面板右上方的弹出按钮，选择执行“新建画笔预设”命令，在弹出的菜单中输入画笔名称，单击“确定”按钮完成设置(如图 6.3.10、图 6.3.11 所示)。

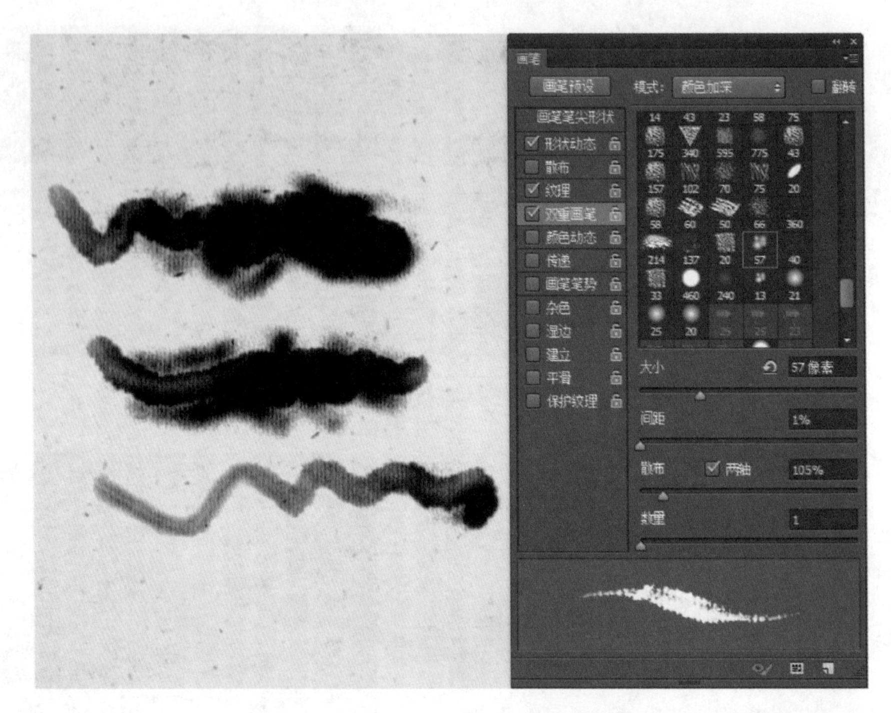

图 6.3.9 “双重画笔”选项参数设置

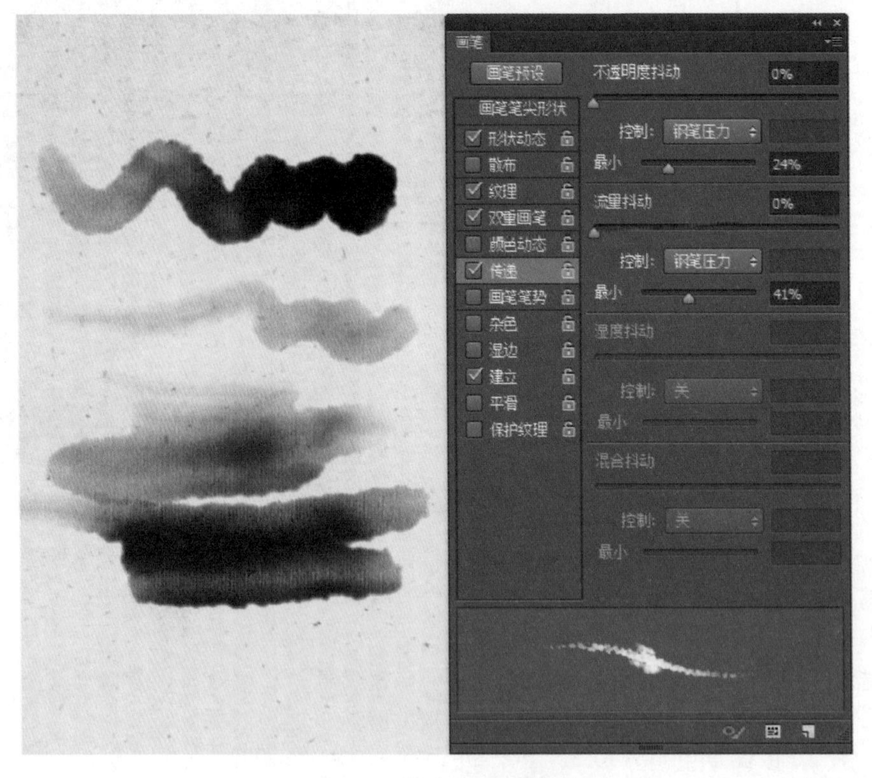

图 6.3.10 “传递”选项参数设置

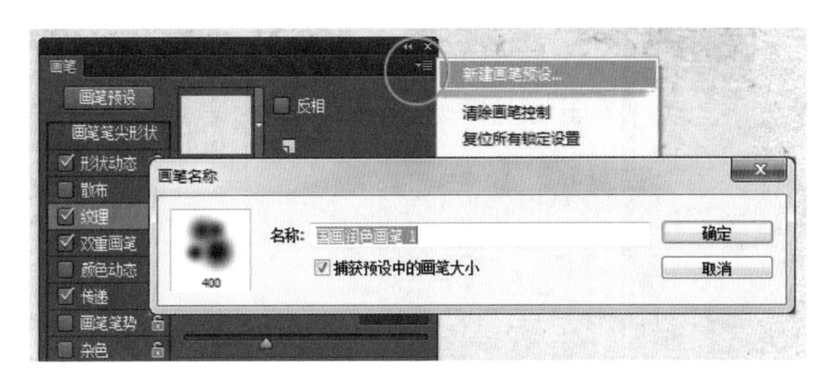

图 6.3.11　“新建画笔预设”命令

按照“国画润色画笔”的创建思路，可继续创作类似国画绘制中枯墨、焦墨等笔触效果，创建方法与之前讲授的“国画润色画笔”非常相似，通过不断调整参数，观察实际效果的变化，对学习者深入理解掌握“画笔”面板基本操作能起到很好的提高作用。在此基础上可不断延展笔刷创建的思路，力求做到活学活用，用自己创建的笔刷效果绘制有意思的写意小品练习(如图 6.3.12 所示)。

图 6.3.12　创建丰富的国画笔刷效果

6.4　外挂插件笔刷及相关应用

6.3 节深入讲述了“画笔”面板主要选项的参数设置，绘画经验较为丰富的艺术家常使用“画笔”面板制作自己得心应手的定制绘制笔刷，但对于初学者而言，“画笔”面板的熟练掌握则需要一定的时间过程。在数字绘画实践中，外挂插件笔刷应用较为广泛。所谓外挂插件笔刷是指 Photoshop 系统自带笔刷以外的各种风格笔刷类型，网络上可找到的笔刷资源非常丰富，通过将外挂插件笔刷文件下载至计算机硬盘，在 Photoshop 进行数字绘画创作过程中可根据实际需求随时调用不同笔刷类型，使画面表现更加丰富，绘制效率也得以明显提升(如图 6.4.1 所示)。

确保当前工具为画笔工具，在画布上单击数位笔功能键或鼠标右键会自动弹出笔刷选择弹出菜单。单击“设置”按钮，在弹出的下拉菜单中选择“载入画笔”命令，找到计算机中存储的外挂插件笔刷路径闭并选择载入即可，常规笔刷文件类型为 ABR 文件。当载入笔刷较多时，不便于绘制者寻找选择，可单击“复位画笔”，此时笔刷选择列表中可自动恢复为系统自带的常规笔刷(如图 6.4.2 所示)。

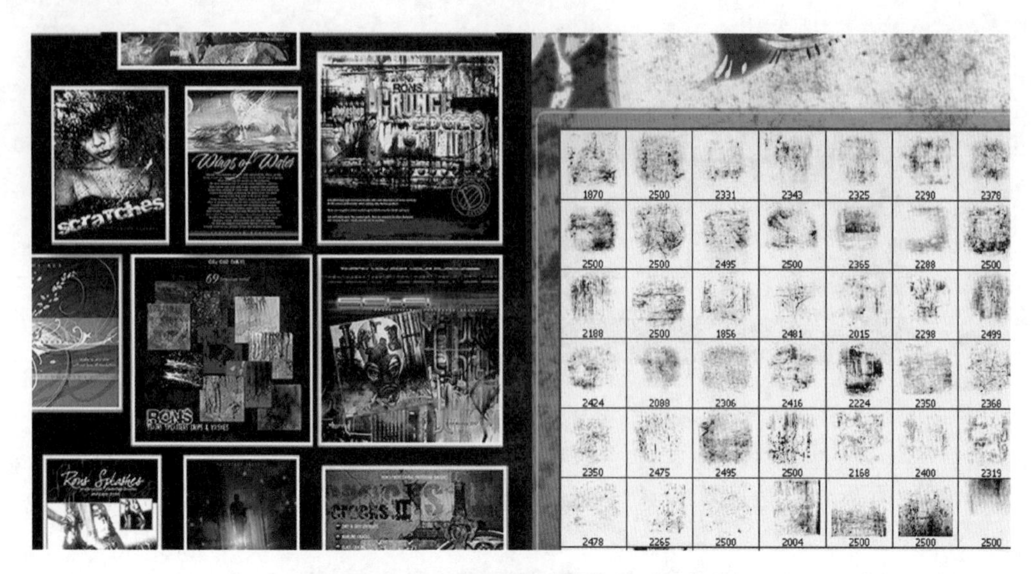

图 6.4.1　不同风格主题的笔刷类型

图 6.4.2　“载入画笔”与“复位画笔”

在众多风格的画笔类型中，可按照绘制方式将笔刷大致分为以下两种类型。

(1) 适合“点绘”式绘制的笔刷：这种笔触所呈现的造型效果相对明显、独立，在实际绘制中，往往采用“点绘”方式，即使用数位笔单击画布即可完成效果绘制，做到一到位，绘制过程更像现实生活“按图章”的过程。常规反复行笔绘制往往会弱化笔触的造型特性。这种类型的笔触效果非常适合素材拼接绘制，将笔触本身也作为画面素材(如图 6.4.3 所示)。巧用“点绘”式类型笔刷可提高绘画效率，起到四两拨千斤的画面效果，图 6.4.4 中天鹅周围水生植物的绘制借助了几种类型的素材类笔刷，充分利用图层的前后关系进行绘制，整体效果丰富细腻、浑然一体。图 6.4.5 中巧妙使用气泡纹理笔刷，快速为原图像添加啤酒气泡效果，极大提升了绘制效率。

图 6.4.3 “点绘”式笔刷类型

图 6.4.4 素材类笔刷在植物绘制中的高效率运用

图 6.4.5 巧用气泡素材笔刷绘制效果

(2) 适合“涂抹”式绘制的笔刷：这种笔刷类似于肌理类笔触效果，行笔方式多以往复绘制为主进行画面表现，与现实绘画的运笔方式更加接近(如图 6.4.6 所示)。

绘制者可将当前外挂插件笔刷作为基础，根据实际绘制需求，继续使用“画笔”面板对不同选项的参数设置进行深入调节，灵活应用于画面表现。对于调节效果不错的笔触，也可按照之前章节相关内容进行整理保存。

外挂插件笔刷资源非常丰富，需要不断收集，绘制者可通过制作“笔刷图谱”的方式对不同

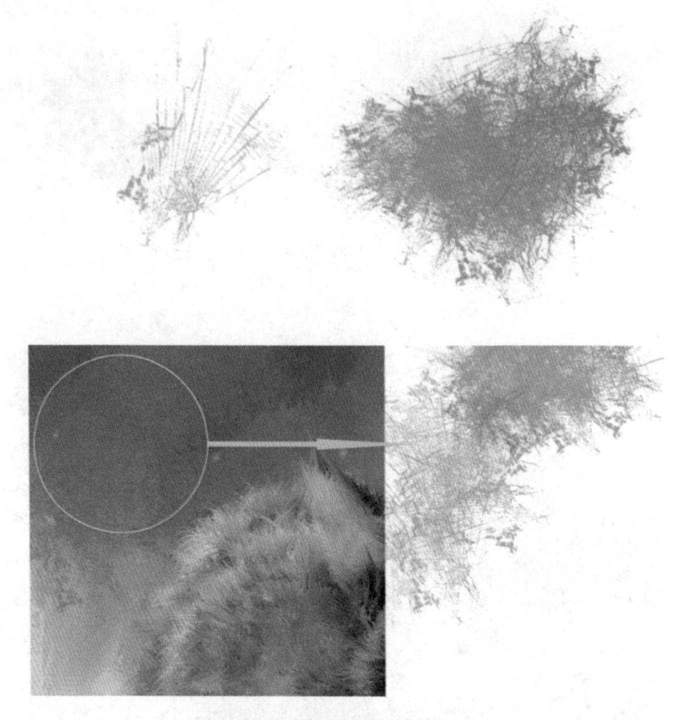

图 6.4.6　涂抹式笔刷在实际绘制中的应用

笔刷的绘制特性和画面效果进行较为直观的整理。对于一些印象深刻的笔刷效果也可做重点标注，以便于在实际绘制中及时应用（如图 6.4.7 所示）。

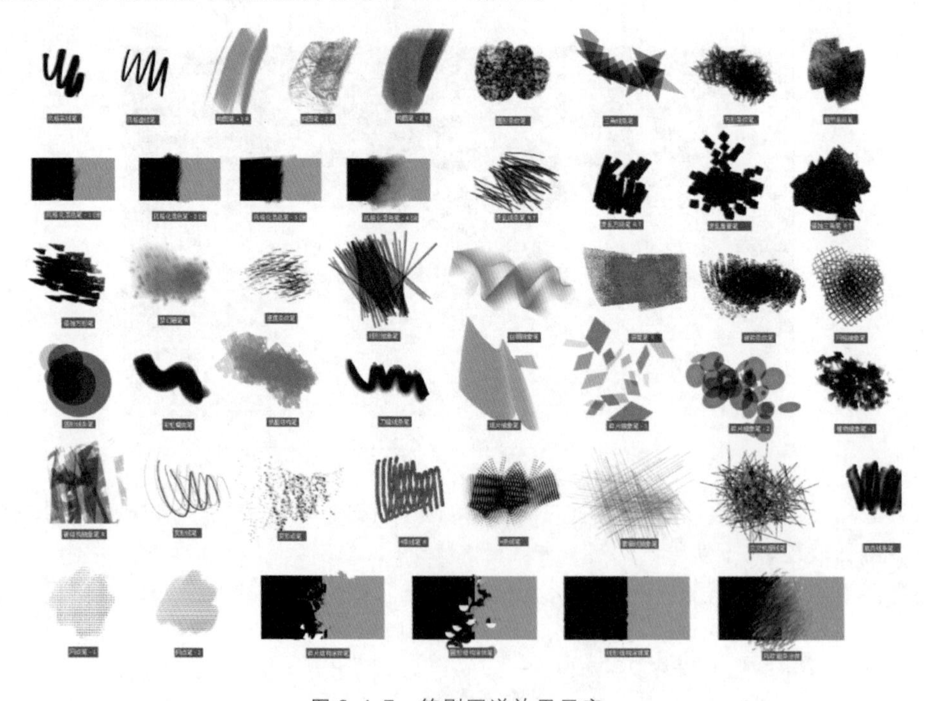

图 6.4.7　笔刷图谱效果示意

与此同时，还应当积极了解其他绘制软件的笔刷特性，如 Painter、Sai 等，世上无难事，只怕有心人，将这些软件的各类型笔刷逐一尝试，并按类型绘制笔刷图谱，对不错的笔刷效果要做重点标注。例如 Painter 有非常丰富的厚涂、微粒、毛发等各种类型细分的笔触效果，当绘制者对相关软件笔触特性有所了解后，会在 Photoshop 的绘制中做到有的放矢、有所预留，将过程文件适时放置在 Painter 等软件中继续绘制，做到软件特性的充分利用，为画面表现起到积极的推动作用（如图 6.4.8 所示）。

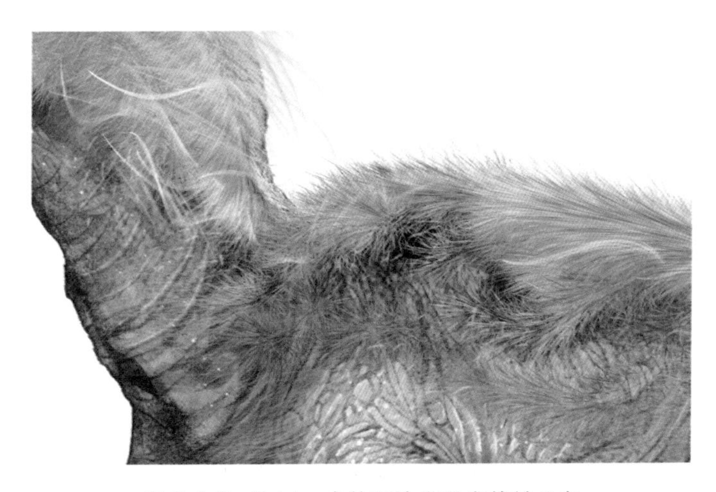

图 6.4.8　Painter 中的厚涂和毛发笔触示意

本节小结

本节重点讲授了基于 Photoshop 第三方外挂插件的类型和基本用法，分享了笔者整体收集笔刷的经验。绘制者要在反复实践中多多体会，并结合 Photoshop“画笔”面板对相应插件笔刷进行参数调节，逐步整理出适合自己绘画表现意图的得力绘制工具。

本节作业

- 组织大家收集相关的绘制笔刷，并分组进行笔刷图谱制作。
- 课上组织学生进行笔刷使用体会的分享交流活动。

ANIMATION

第7章 点吸式绘制技法

在数字绘画的众多技法中，点吸式绘制是使用效率较高的基础画法之一。数位笔通过配合相关快捷键操作点击画面特定位置，将接触点像素的色彩信息迅速转化为 Photoshop 前景色，随即松开取色快捷键并快速展开绘制。这种使用数位笔快速吸取像素色彩并展开绘制的技法被形象地称为点吸式绘制技法。它打破了绘画者在传统绘画中常规的调色盘取色习惯，将画面中现有的画面色彩体系作为传统的调色盘，直接在画面取色、画面绘制。基于较为成熟、和谐的色彩体系，点吸式绘制充分协助绘制者更加顺畅地进行绘制操作，大大增强了画面色彩的联系性，进而提高了绘制效率。

在 Photoshop 左侧界面的浮动工具箱面板中单击“设置前景色的取色按钮”，弹出“拾色器”对话框，按照常规的取色方式，先选择任一色相(如图 7.0.1 中 a 点示意)，再选取该色相取色范围内的任一颜色(如图 7.0.1 中 b 点示意)，单击“确定”按钮，便完成了一次常规的取色操作。

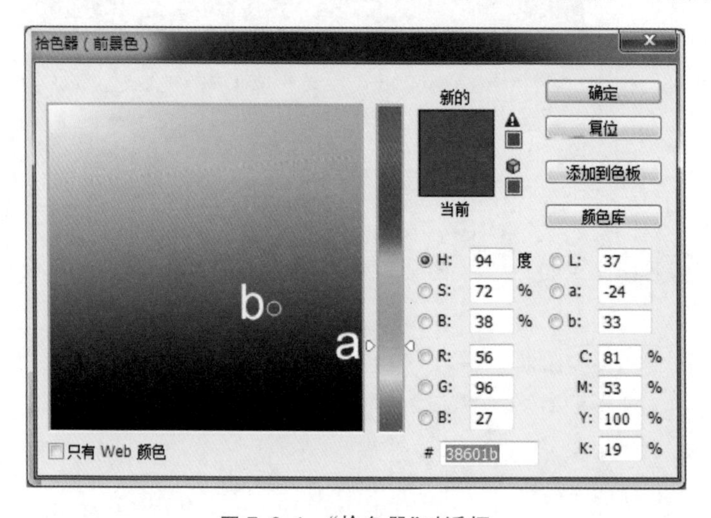

图 7.0.1 “拾色器”对话框

上述常规的取色方式，操作步骤看似相对简便，但如果在绘画性较强的数字绘制操作中，色彩斑斓的画面表现需要大量的取色工作，这种每次单击“设置前景色取色按钮”的取色方式就显得有些麻烦。同时，常规取色方式的取色范围非常广泛，绘画者需要在全部的色相信息中挑选颜色，需具备一定的用色主观性和经验性，这个过程需要绘画者付出更多的思考、观察和判断，如同面对传统概念的调色板(如图 7.0.2 所示)。

图 7.0.2　传统油画绘制时用到的调色板

点吸式取色绘制是对常规取色方式的有力补充，Photoshop 中所有绘制类工具都可以使用点吸式的取色操作来变换前景色（如图 7.0.3），取色操作的过程是完全一致的。画笔工具是使用效率最高的绘画工具，与点吸式取色操作的结合也最为紧密。

图 7.0.3　“画笔工具”选项

在 Photoshop 中打开相关画面，确定当前工具为画笔工具，选择一款具有绘制感的笔刷，此时在数位笔光标位置呈现当前笔刷形状，单击 Alt 键，数位笔光标变为拾色器图标，使用数位笔单击画面，会出现一个圆环状的“拾色盘”，由上下两半圆环相接。上半环呈现当前取色采样，颜色会随着数位笔在画面中选择的不同色彩位置而实时变化，取色坐标位于拾色盘内圆圆心位置的像素点，这个像素点的色彩信息与上半环的当前取色信息一致。下半环则呈现前一次取色的色样，上下半环的色彩采样会形成对比关系，有助于绘画者的取色判断（如图 7.0.4 所示）。当数位笔笔尖上提离开画面（数位板感应区），拾色环消失，至此完成了一次点吸式取色操作。

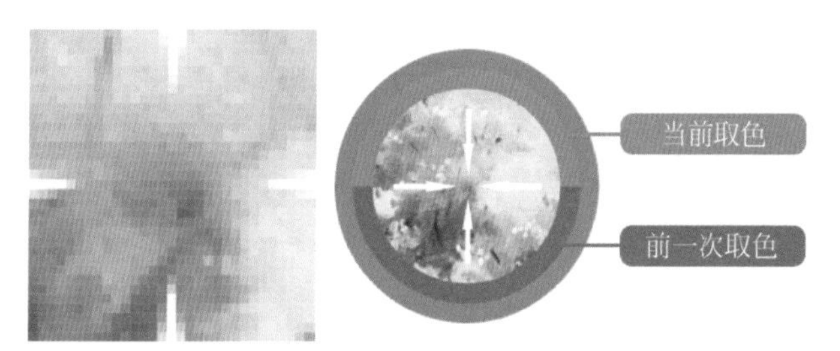

图 7.0.4　“拾色盘”样例

点吸式绘制就是数字绘画者根据画面的实际绘制需求，在点吸式取色后进行特定区域的绘制操作。在图 7.0.5 中，使用画笔工具快速吸取墙体的相应颜色，在门框上方墙体位置进行覆盖式绘制，改变画面的原有内容，从而完成了一次典型的点吸式绘制操作。

在数字绘画中，这种点吸式绘制使用频率较高，力求让画面中的一切色彩因素做到为我所用，通过点吸取色的方式适时变换前景色。若当前画面中没有理想的可拾取颜色时，可单击工具箱中的“设置前景色的取色按钮”，调节想要的前景色，将传统取色的方式作为点吸式取色操作的补充工具。

图 7.0.5　较为典型的点吸式绘制

7.1　原位单层覆盖式点吸绘制

在了解了点吸式绘制基本操作方法后，可进行素材点吸式绘制，这是一种针对性很强的专项练习，通过反复尝试可有效帮助初学者逐步习惯点吸式的基本操作。首先采用原位覆盖的方式以素材图片作为基础参考进行点吸式绘制练习。原位覆盖的方式即点吸取色的位置与随后的绘制位置保持基本一致，以达到覆盖原有画面重新绘制的效果。实际绘制区域可结合物体本身的结构关系相对拓展，绘制时数位笔的行笔、运笔方式可采用单一行笔、往复式行笔或团状行笔方式，也可结合绘画者自身的绘画运笔习惯进行绘制（如图 7.1.1 所示）。

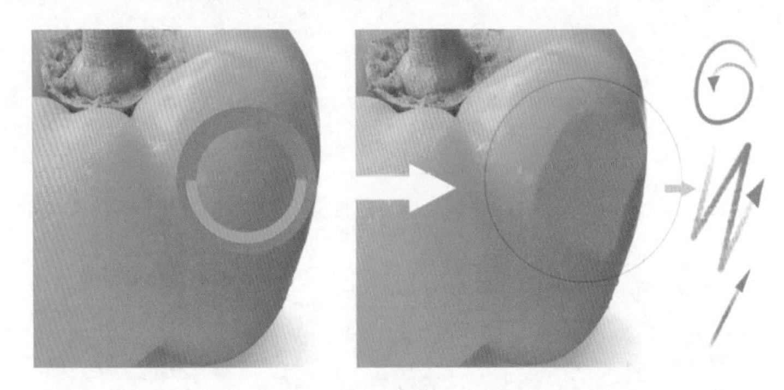

图 7.1.1　往复式绘制

建议初学者在使用画笔工具时选择绘画感较强的笔刷效果，充分结合各自不同配置的数位板反馈感受，力求在原位覆盖式绘制练习中，多将自己真实的绘画体验融入到点吸式数字绘制中。在本例的覆盖式素材点吸绘制过程中，绘画者很容易找到画水粉画的绘制感受，在此基础上尽可能有所发挥（如图 7.1.2、图 7.1.3 所示）。

一般初学者对于覆盖式的素材点吸绘制上手相对较快，由于照片素材所提供的造型和色彩关系相对明确，具有很强的参考性。绘画者可以做到直接取色直接概括塑造，快速将造型简单的照片素材转化成具有绘画风格的数字绘画。在完成了基本的点吸式绘制后，通常对画面进行锐化处理，可执行“滤镜”→“锐化”→“智能锐化”命令，对“数量”“半径”“减少杂色”等常用参数进行调节，观察“预览”视窗中画面的实时变化（如图 7.1.4 所示）。“智能锐化”的滤镜工具可以

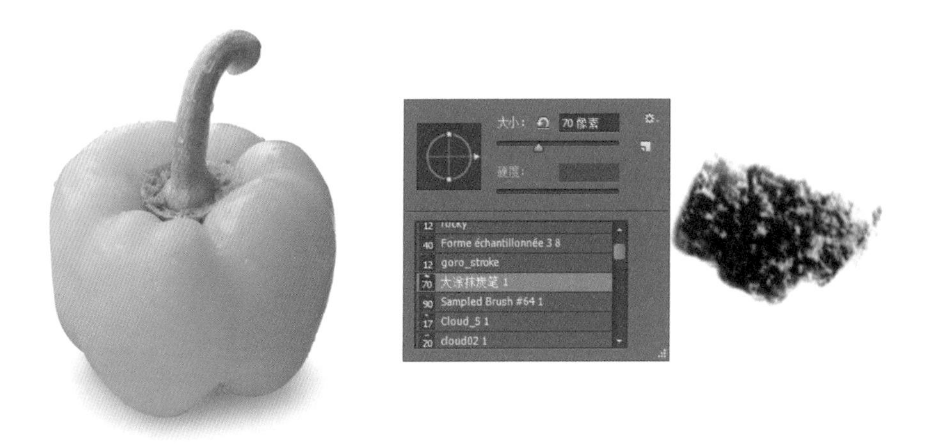

图 7.1.2　绘画感较强的笔触效果

图 7.1.3　在绘制练习尝试水粉画的笔触效果

图 7.1.4　“智能锐化”对话框

强化颜色与颜色的相接效果，增强画面的“颗粒”感和厚重感，更接近真实的绘画效果（如图 7.1.5 所示）。

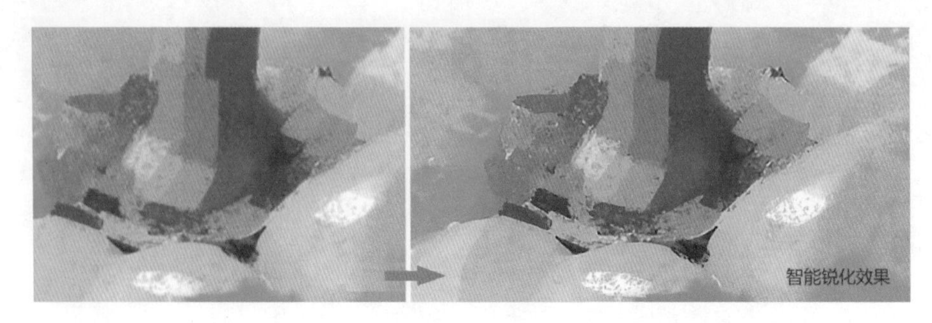

图 7.1.5　局部锐化效果对比

7.2　原位叠层覆盖式点吸与位移点吸绘制

7.1 节案例中，覆盖式素材点吸绘制从始至终都是在照片素材的原始图层上进行的。在实际的绘制过程中可以保留原有素材，点吸式绘制工作可在新建图层上完成，这样更有助于后期的编辑和调整。这种非线性的绘制操作流程也是数字绘画的一大特点。这种保留素材图，在新建图层上对素材进行原位覆盖式点吸绘制的方法叫做原位叠层覆盖式点吸绘制。

在接下来的案例中，同样采用了素材点吸式绘制，在原有的“照片素材”图层上新建空白图层，命名为“点吸式绘制”，在元素材基础上进行原位叠层覆盖式点吸绘制（如图 7.2.1、图 7.2.2 所示）。绘制操作与 7.1 节相仿，在实际绘制过程中，点吸式绘制不应被动参考素材，让素材资料“为我所用”，绘制中有一个去粗取精的过程。颜色、笔法力求做到概括提炼，对于参考素材中某些无关主题的部分，要敢于覆盖。

图 7.2.1　素材图和最终绘制效果对比

图 7.2.2　“图层”面板

在“图层”面板中单独显示“点吸式绘制”图层，叠层中的点吸式绘制仅仅是画面的一部分，最终画面呈现的是照片素材与原位覆盖式点吸绘制重叠后的效果。将点吸式绘制图层内容变为黑色显示，从画面面积上看，点吸绘制部分占据了画面面积的绝大部分，小面积白色区域则是照片素材层能够透过的可视部分。当点吸式绘制的面积大于原素材的面积时，画面效果会逐渐由照片素材的视觉意向向绘制风格倾斜。实际绘制中，绘画者应做到心中有数，将以上绘制原则作为画面分析的手段之一，牢牢把握画面绘制风格的走向（如图 7.2.3、图 7.2.4 所示）。

图 7.2.3 点吸式绘制单层图像及黑白效果

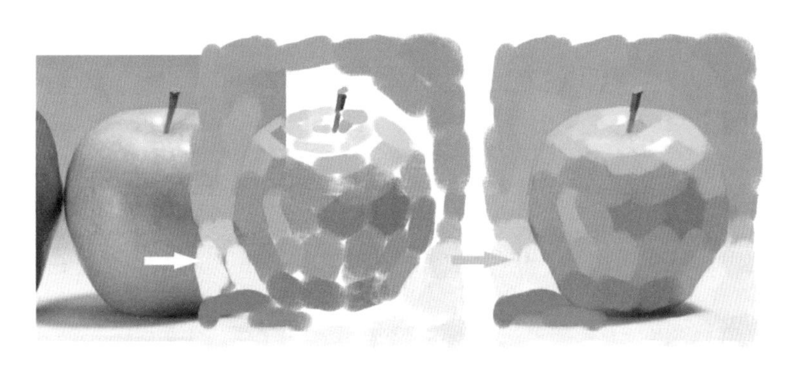

图 7.2.4 素材与点吸式绘制相结合的最终效果

事实上，之前所讲的原位单层覆盖式点吸绘制在实际绘画中也未必做到 100%覆盖，同样是遵循上述面积先导的理念。点吸绘制的部分仅仅是绝大部分，最终的画面效果同样是素材与点吸式绘制相结合的画面印象，二者在画面组织中互有穿插、相互借力。面对最终的画面效果，欣赏者会依稀注意到照片级的局部呈现，但眼睛的余光又会看到周围绘制感十足的点吸式绘制，从而产生逼真的绘画印象，从而达到四两拨千斤作用。一些将明星、伟人肖像作为素材基础的覆盖式点吸绘制的数字绘画作品，点吸绘制的笔触往往会在人物眼睛或重点五官的局部位置非常谨慎甚至有所保留，有意让原素材部分依稀呈现出来，并与整体点吸绘制充分融合，形成绘制感十足且人物生动传神、画工精湛的感觉。

点吸式绘制基本完成后，合并所有可见图层，选择工具箱中的混合器画笔工具，选择一款线条感较强的笔刷效果，对现有颜色笔触及小面积的原素材画面局部进行混合绘制，将两者更加紧密地结合。一般类似的混合绘制往往在画面明暗交界线或亮部的位置展开，形成“素描式”的过渡效果，使原有画面效果更加细腻(如图 7.2.5、图 7.2.6 所示)。

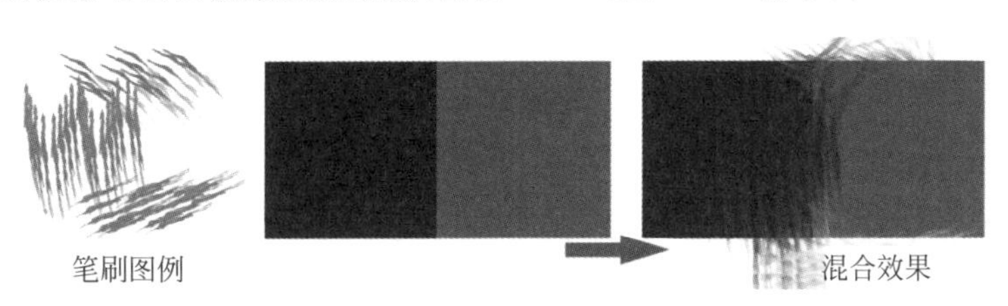

图 7.2.5 混合绘制效果示意

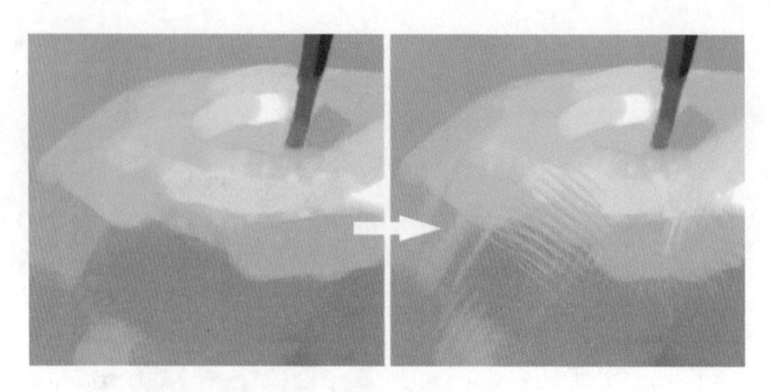

图 7.2.6 混合绘制效果对比

使用工具箱中的涂抹工具，选取一款类似油画笔刷的笔触，对现有画面中苹果的边缘位置做宁方勿圆硬边涂抹，有意带出笔触感、打破原有素材剪影式的边缘效果，将背景色与苹果更加紧密地衔接，增强图面的绘制感(如图 7.2.7、图 7.2.8 所示)。

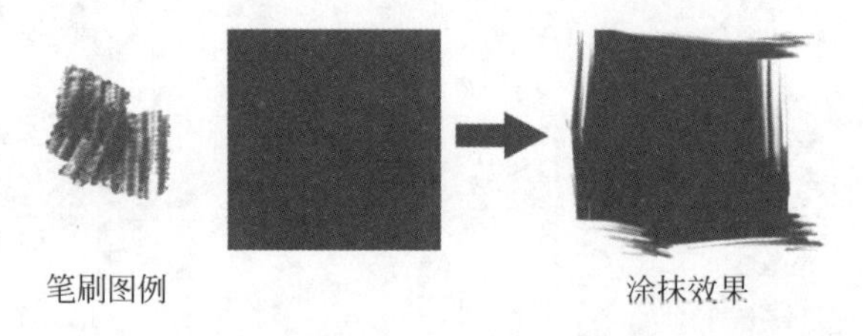

图 7.2.7 边缘涂抹效果示意

图 7.2.8 边缘涂抹效果示意

使用画笔工具，选择常规的椭圆形压力笔刷，通过工具箱中的“设置前景色的取色按钮”，分别为苹果选择反光和环境色，并在相应位置进行绘制(如图 7.2.9 所示)。

继续执行“滤镜”→“锐化”→“智能锐化”命令，对现有画面进行处理，增强绘画的厚重感，至此原位叠层覆盖式点吸绘制的案例绘制完毕(如图 7.2.10 所示)。

相对于在素材图片上单层覆盖式的点吸绘制和叠层点吸绘制，移位点吸式绘制则更加考验绘画者的造型组织能力。绘制位置则脱离原有素材，使绘画者在作画过程中由之前的画面完善状态转为写生临摹状态。在下面的案例中，点吸红辣椒基本色彩信息，在其一旁进行临摹绘制，这是一个典型的移位点吸式绘制练习(如图 7.2.11 所示)。

图 7.2.9　当前绘制效果示意

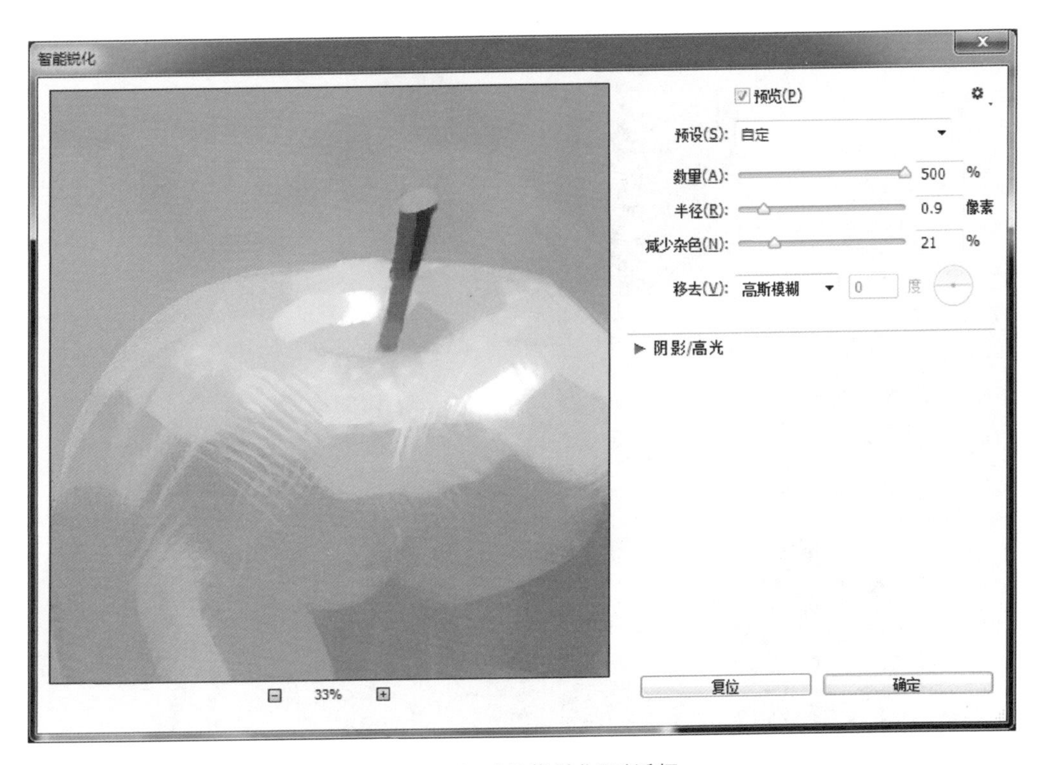

图 7.2.10　“智能锐化”对话框

在综合性较强的数字绘画创作过程中，绘画者往往采用一定的素材资料组织画面内容。素材资料受角度或姿态等诸多因素影响并不能做到尽善尽美、天衣无缝，绘制者不能简单以拿来主义的态度直接进行覆盖式点吸绘制，可将其作为参考基础，点吸其丰富的色彩信息，在相应的位置进行造型上的再创造、再提炼，从而达到画面深入的效果。这种基本的点吸式绘制不仅基于现成的素材吸色绘制，在阶段性的绘制基础上都可以灵活运用，在实际绘制中可在新建图层上操作，便于后期的调整处理。点吸式的拾色绘制操作在当下较为流行的绘制中广泛适用，多数软件的快捷键应用都延续了 Photoshop 的操作方式，绘制者可结合相关软件特有的笔刷特性

图 7.2.11 移位点吸式绘制练习

尝试，不断拓展丰富自己的绘画表现。图 7.2.12 以鹰为主体的绘制中，点吸绘制阶段就是在 Painter 中操作的，具有较强的手绘表现效果。

图 7.2.12 通过移位点吸式绘制进行物体的塑造和提炼

7.3 点吸式绘制的笔触、色调衔接技术

在真实素描绘画中，绘画者多采用铅笔“排线”的表现方式对现有画面色调进行微妙的衔接过渡处理。在油画、水粉绘制过程中，将调节好的中间色调笔触绘制在色调与色调的衔接位置

以达到色调间过渡的效果；也可采用添加调色油或水等介质来稀释颜料密度，方便画面笔触、色调的融合。在数字绘画中，点吸式绘制作为基本的绘制技法，同样也是画面笔触、色调之间的衔接绘制最为基础的实现手段。无论是最初的概念构思还是绘制中后期的形体塑造，点吸式绘制都贯穿于数字绘画创作过程的始末，是数字绘画最为基本的绘制技法之一，是数字绘画造型绘制表现的重要手段之一，应用范围非常广泛。暂且撇开色彩因素，从单色绘制的角度更深入的剖析点吸式绘制的特点，有利于让初学者了解数字绘画的基本绘制方法和操作技巧，具有较强的代表性。

在衔接绘制的过程中，点吸取色环节的基本操作要领保持不变，重点在于绘制环节的多样性呈现，这种绘制效果的多样性源自于用数位笔的压感特质和画笔属性的丰富变化，让绘制笔触的明度维度尽可能地延展开来。点吸纯黑色作当前色，数位笔压感的变化绘制出一条由浅入深的波浪线条，绘画者可以在握笔、行笔轻重缓急的手感中不断地体会（如图 7.3.1 所示）；点吸纯黑色作当前色，通过快捷键迅速调整画笔的“不透明度”属性，绘制出明度丰富的斑斓笔触（如图 7.3.2 所示）。

图 7.3.1　数位笔压感和运笔速率的变换形成的丰富笔触效果

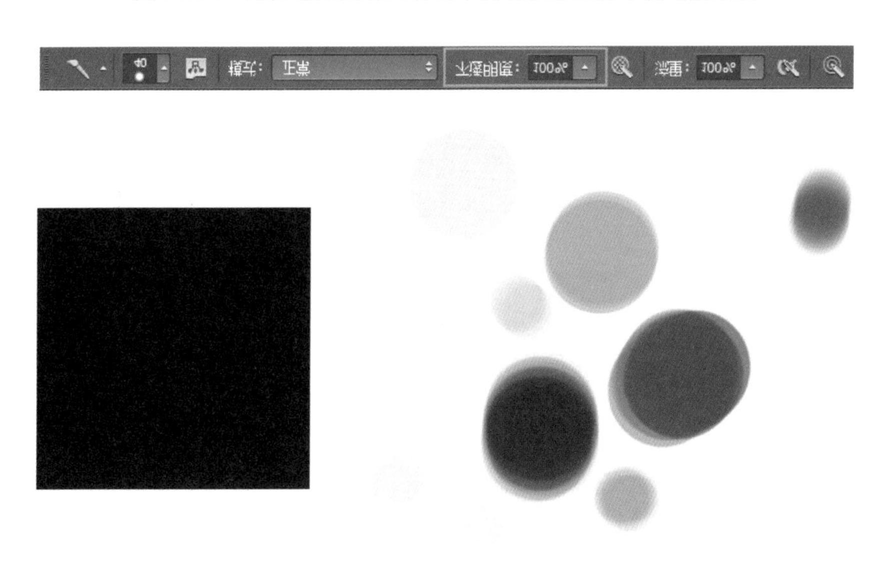

图 7.3.2　调节画笔“不透明度”参数的丰富笔触效果

色调之间的衔接练习是数字绘画的基础练习，黑、灰色块的衔接具有一定的代表性，在这个色调衔接的范例练习中，充分应用数位笔不同的压感变化来调整画笔笔触的明度关系，通过衔接绘制以达到色调过渡的效果，如图 7.3.3 所示。

（1）将黑、灰两色块放置于画面左右两边，之间保留一定距离，方便随后的衔接绘制。

（2）使用画笔工具，选择具有一定肌理感的笔触效果，以点吸式基本操作分别向黑、灰两色块取色，在临近原色块位置绘制笔触 a、b。绘制新笔触时需适当减轻数位笔压感，让临近色块与新绘制笔触之间呈现一定的过渡效果。

（3）点吸笔触 a，继续降低数位笔压感，在笔触 a、b 之间绘制衔接笔触 c，笔触 c 的明度介于

a、b之间，画面中形成了初步的过渡关系。

(4) 按快捷键“[”适当缩小画笔笔刷的大小，按照第(3)步的同样方法，点吸邻近的深色，适当降低行笔压感，在笔触a与c之间、c与b之间继续绘制过渡笔触e、f，使过渡效果更加细腻。

(5) 使用矩形选框工具，对现有绘制的多余部分进行选择，执行删除，整理出相对完整的矩形过渡效果。至此，通过数位笔压感变化进行点吸式邻近绘制形成过渡效果的绘制案例结束。

在实际过渡衔接的绘制中，新绘制的笔触效果不一定做到一步到位，可采用原位置重复叠加绘制的方法，或适时调整数位笔行笔压感，做到一切从实际效果出发。这种绘制体验更接近于真实绘画中反复描摹的过程。图7.3.3和图7.3.4模拟了数位笔压感相同、叠加绘制次数不同的明度对比效果。

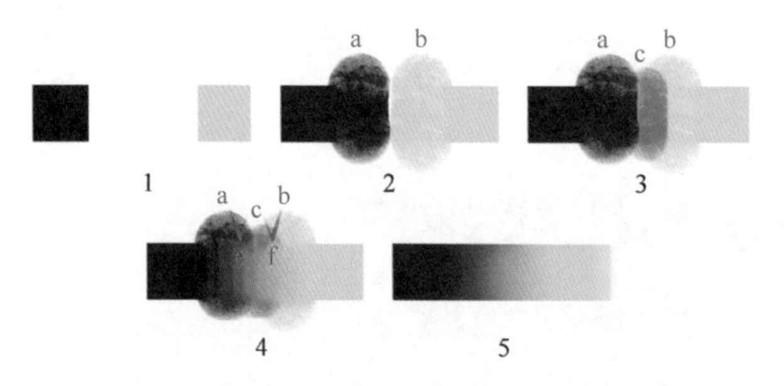

图7.3.3 通过数位笔压感变化进行点吸式邻近绘制形成过渡效果

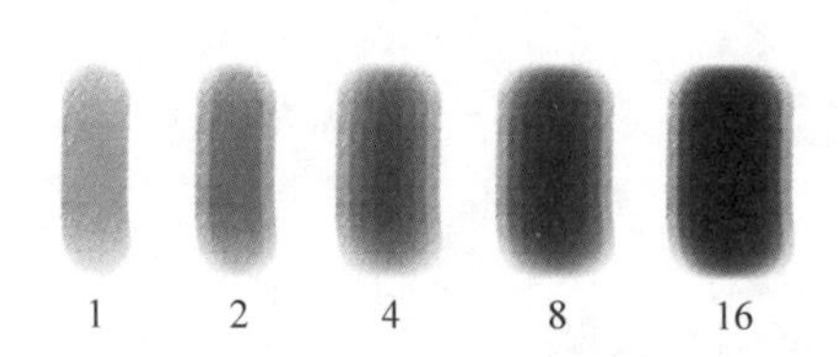

图7.3.4 数位笔压感相同、叠加绘制次数不同的明度对比效果

在进行点吸式衔接绘制过程中，在熟练掌握基本操作的前提下，要不断尝试各种笔触，产生丰富的色调衔接效果，这在综合性较强的数字绘制画面表现中具有现实意义(如图7.3.5所示)。

图7.3.5 不同笔触的色调衔接效果

除了通过数位笔压感变化进行衔接绘制外，画笔“不透明度”的丰富效果也会为笔触及色调衔接提供高效便捷的操作。选择画笔工具，分别按数字键1、2、3、…、9，画笔工具属性栏中的

"不透明度"参数也会实时变化。例如按数字键 1,画笔不透明度为 10%,连续按两次数字键 1,其不透明度变为 11%。这种快速变化画笔工具不透明度的快捷方法是数字绘画中使用频率较高的绘画操作,结合色块衔接的基本方法,在点吸取色的环节结束后,适时将画笔压感变化与不透明度变化结合使用,会使色调过渡衔接的绘画表现更加得心应手(如图 7.3.6、图 7.3.7 所示)。

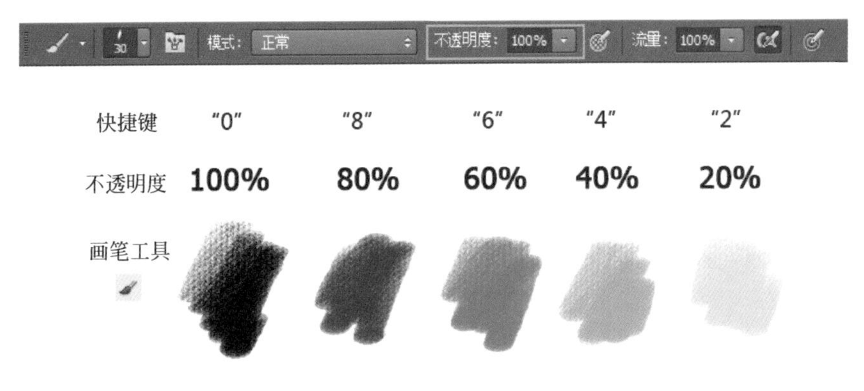

图 7.3.6 "不透明度"参数变化与笔触效果

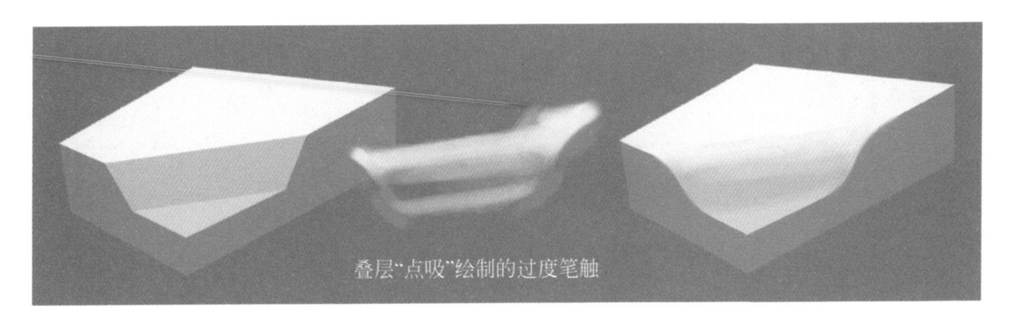

图 7.3.7 画笔压感与"不透明度"变化相互配合的画面衔接效果

7.4 点吸式叠加绘制技法

前面讲授了有关素材与点吸式绘制相结合的技法,这是基于素材资料现有造型和色彩信息的整合式数字绘制,这种绘制流程改变了传统绘画线性的绘制流程,通过数字化的方式进行逆向绘制,充分提高了绘画效率(如图 7.4.1 所示)。

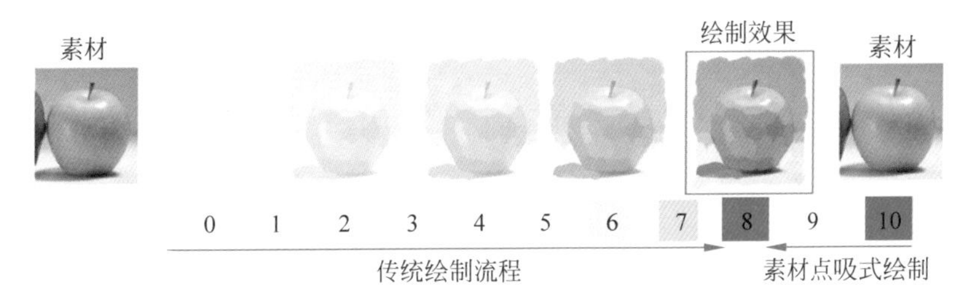

图 7.4.1 高效的逆向绘制

逆向绘制仅是数字绘画的一种创作思路和实现手段,在数字绘画创作中,素材的应用虽非常高效但也有一定的局限性,绘画者掌握基本的线性绘制技法,可将其作为素材相关绘制的有益补充，这会使创作过程更加自由。点吸式绘制可以充分借助图层叠加等相关软件技术的辅助完成常规意义的顺时针线性绘制，这个过程与真实绘制有相似之处，进一步延展数字绘画绘制思路。在相对复杂的画面表现中，多层叠加的点吸式绘制是一种非常实用的方法。借助图形之间层层叠加覆盖的关系，形成最终的画面效果。

如图 7.4.2 所示，展示了一个由多层叠加的方式进行点吸式绘制的基本流程。图中上面一排分别展示各自图层图像的显示，下面有橙黄色背景的横排是从 1 至 5 的图像序列是立方体绘制的步骤呈现。

(1) 新建图层 1，使用画笔工具，选择常规的压感笔刷绘制正方体纵向两个立面的基本画面意向(绘制时可以适时调整手握数位笔压感，在绘制相对较深的立面时可采用反复绘制的方式)。

(2) 新建图层 2，采用常规变换前景色的取色方式(工具箱面板中单击“设置前景色的取色按钮”)，选择相对浅灰的颜色作为前景色，继续绘制正方体顶部的画面部分。绘制时颜色出现叠加效果，下层图像依稀可见。这种层层叠加的方式使画面明度对比的细节更加丰富。

(3) 新建图层 3，变换前景色，选择较深的颜色，绘制立方体外围背景部分，靠近立方体直线边缘的笔触可同时按 Shift 键进行绘制，画面中加强了立方体的整体边缘轮廓的整体感。

(4) 新建图层 4，使用点吸取色的方式，按 Shift 键，对立方体的内、外结构轮廓型进行直线条的强化绘制，整体形体趋势已显现出来。

(5) 新建图层 5，与步骤(4)相仿，变换前景色，选择较浅的灰白色，提出立方体的高光，继续强化边缘轮廓，基本完成。

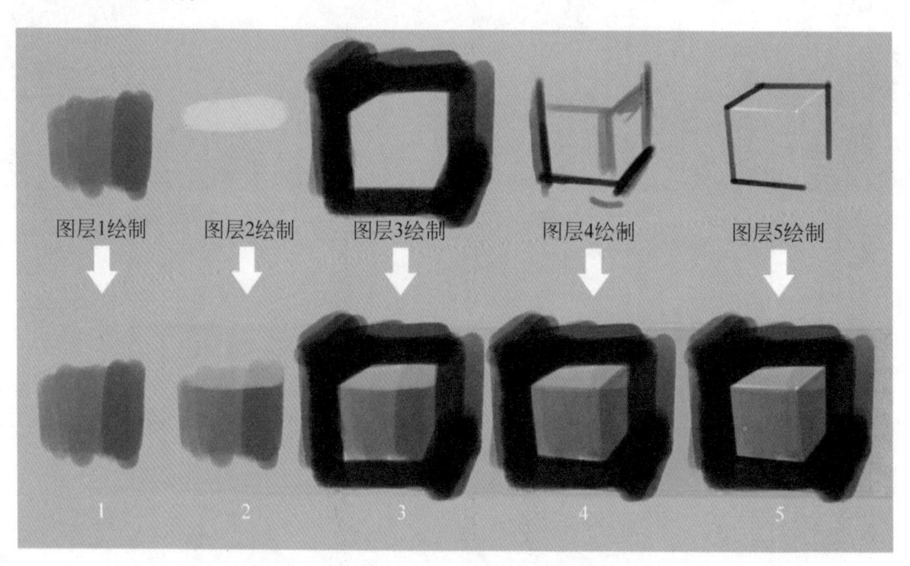

图 7.4.2　立方体绘制案例流程示意图

这是一个非常典型的点吸式叠加绘制案例，在整个绘制过程中，图层的分配各有分工，让绘制过程充满了逻辑性，大大提高了绘画效率。在第一步绘制中要尽可能使用充满“维度感”的笔刷进行绘制，所谓“维度感”，可理解为绘制的层次性尽可能丰富，为后期的点吸式取色绘制提供条件(如图 7.4.3 所示)。拥有图层等可编辑的积极因素，整个绘画步骤力求做到先“放”后“收”，这也是数字绘画的绘画思路之一。

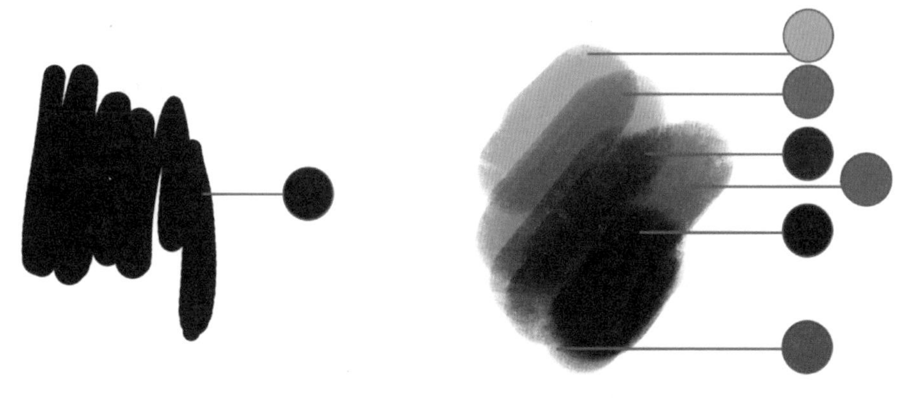

图 7.4.3　右侧的笔触叠加效果产生了丰富的明度对比细节

7.5　点吸式素描综合绘制练习

本节以点吸式叠加绘制的方法为主线，结合部分综合技法，完成人体肩胛骨与肱骨相结合的写生绘制(如图 7.5.1 所示)，这是对之前讲授的技法的综合运用，绘制思路一脉相承。黑白单色绘制更接近于传统绘画的素描练习，以此作为点吸式叠加综合绘制的正式练习，使整个技法流程及特点更加突出，初学者容易理解、便于上手。

图 7.5.1　案例最终效果

在绘制之初，首先要执行“图像”→“调整”→“亮度/对比度”命令，适当降低基础画布整体明度，使画面以浅灰色调呈现。

注意：将众多的绘画及摄影作品在 Photoshop 中打开，执行“图像”→“调整”→“取色”命令，将一个纯白色(R:255、G:255、B:255)图形以浮动图层的方式放置于画面中并移动至画面最亮位置。通过对比，会发现原有画面明度最高的部分其色彩明度也会略低于纯白色，这是一个很普遍的现象。很多的数字绘画艺术家会在绘制之初便适度降低这个画布明度以控制画作的整体黑白关系。同时，这种处理也会使画面和绘制的笔触明度对比相对减弱，使一上来的构思草图更加入调，产生画面的肌理效果，方便绘制者构思（如图7.5.2所示）。

图7.5.2　画面明度关系示意

新建图层，使用画笔工具，选择具有一款具有维度感的绘画纹理笔刷（此类笔刷多为带压感的柔边纹理笔刷），绘制骨骼整体的造型意向，绘制感受接近于真实绘画的草图状态，绘制时让适当降低画笔压感或“不透明度”参数，注重整体把握而不过分拘泥于细节（如图7.5.3、图7.5.4所示）。

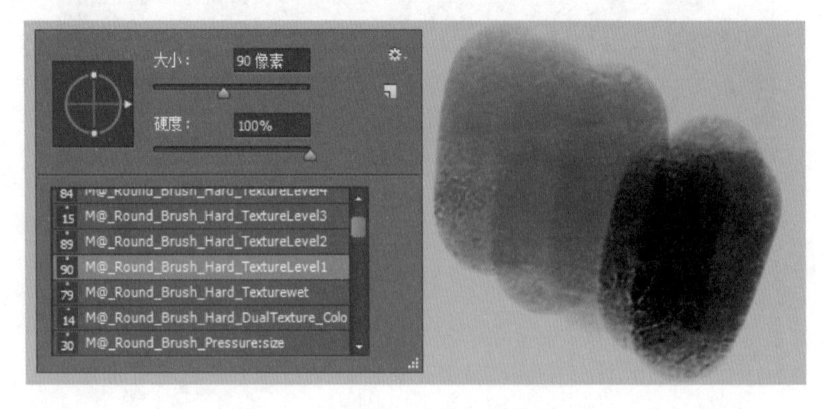

图7.5.3　具有“维度感”笔触效果

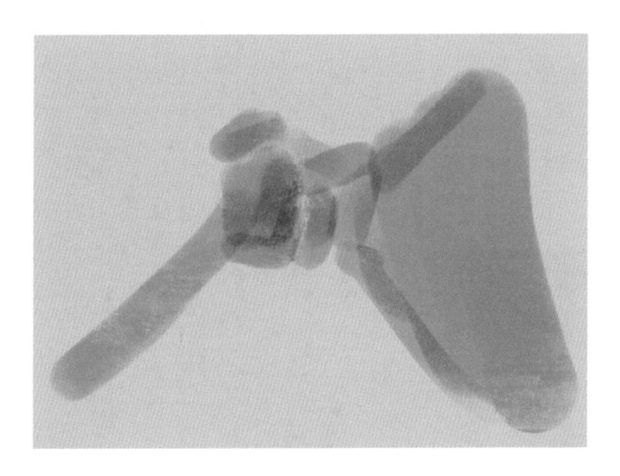

图 7.5.4 绘制骨骼的基本形体关系

继续新建图层，单击工具箱中“设置前景色的取色按钮”调整前景色，调整绘制骨骼背景部分，留意肩胛骨整体边缘剪影造型的走向。画面形成了初步的造型意向，画面中笔触间的明度变化也较为丰富，为后续的点吸式绘制提供了条件（如图 7.5.5 所示）。

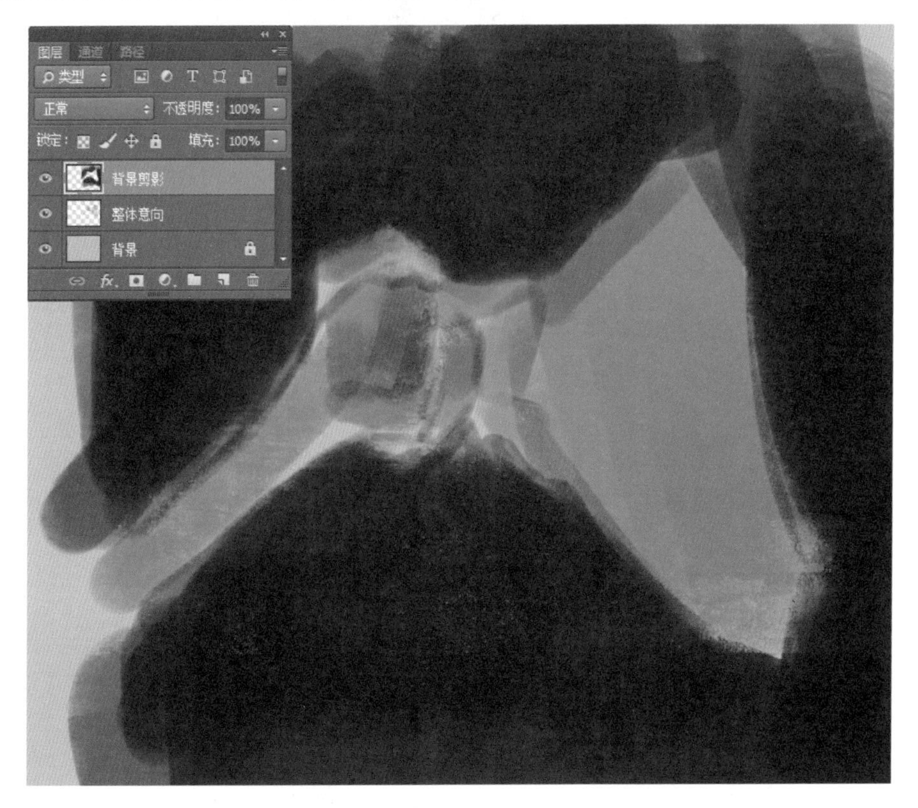

图 7.5.5 背景绘制

新建图层，使用画笔工具，按照传统素描的基本原理，在现有画面基础上对相关具体造型进行点吸式绘制。对于骨骼整体边缘轮廓型不准确的位置，可点吸背景色或物体边缘的颜色进行覆盖式绘制；对于物体表面的色调笔触可根据其结构的变化进行点吸式衔接处理，从而达到造型逐步准确、画面逐步深入的效果（如图 7.5.6 所示）。

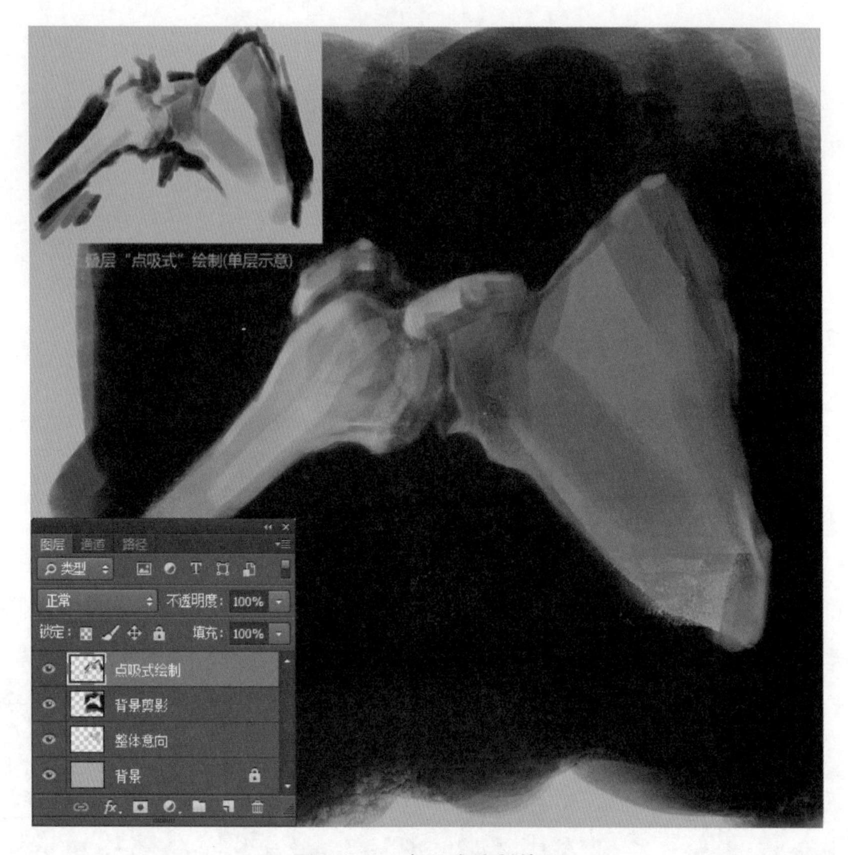

图 7.5.6 点吸式绘制效果

合并全部图层，可命名为"合并层"，使用套索工具 对物体的整体边缘选区进行选择绘制，可参考圈影技法中介绍的选区绘制方法，使用配合 Shift 键加选的方式进行小选区逐个递加，尤其在边缘位置要非常谨慎，多观察原有写生参考资料的基本造型(如图 7.5.7 所示)。这个选区绘制的过程，实质是对骨骼边缘轮廓的进一步提炼，对于边缘型的细节部分要做到精益求精。在完成选区绘制后，按快捷键 Ctrl + C 进行复制，按快捷键 Shift + Ctrl + V 进行原位粘贴，将粘贴的新图层可命名为"肩胛骨剪影层"(如图 7.5.8 所示)。这种将画面前景和背景分离的方法为后期各自图层的深入绘制提供了可行性。

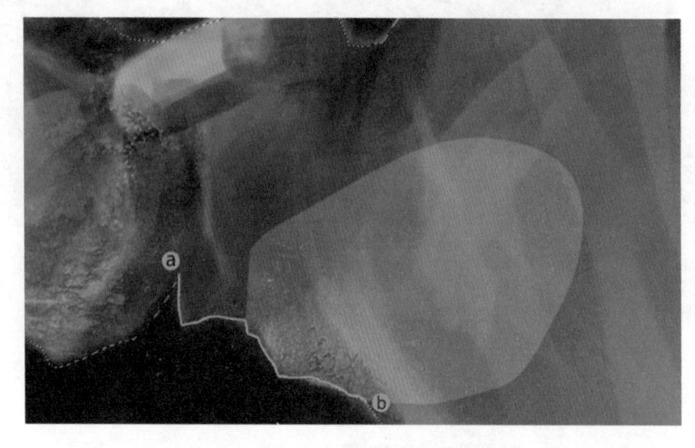

图 7.5.7 小选区逐个加选示意

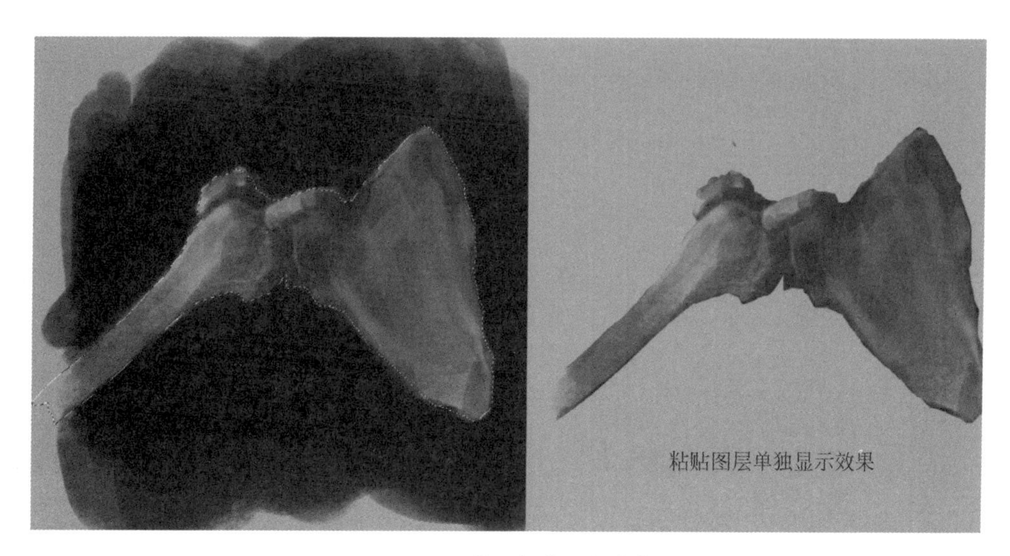

图 7.5.8 前景与背景的分离

在目前的画面效果中，笔触效果相对明显，这种效果更接近于真实绘画的初级阶段，随着不断深入，画面表现也应逐步细腻。使用画笔工具，选择带有肌理效果的笔刷，采用点吸式绘制对现有画面进行笔触衔接处理。在绘制过程中，要适时变换画笔笔触选择，将几种肌理状笔触效果配合使用，使画面衔接效果更加丰富细腻。同时在绘制时，要注重点吸取色后的绘制位置，笔触的衔接仅仅是一个方面，重点是继续深入绘制塑造形体（如图 7.5.9 所示）。

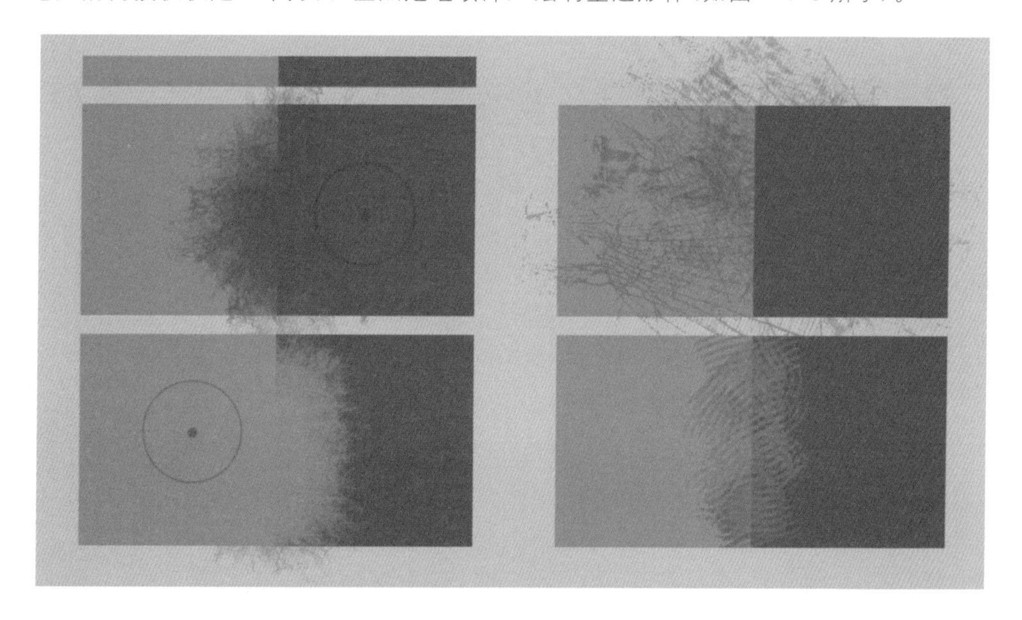

图 7.5.9 点吸式融合绘制

点吸式的笔触衔接按照图层序列关系可分为两部分，在“合并层”（背景）和“肩胛骨剪影层”分别展开。在对“肩胛骨剪影层”进行笔触衔接绘制的过程中可以将该图层的“锁定透明像素”功能激活，确保在剪影形的有效范围内进行相关绘制操作（如图 7.5.10 所示）。

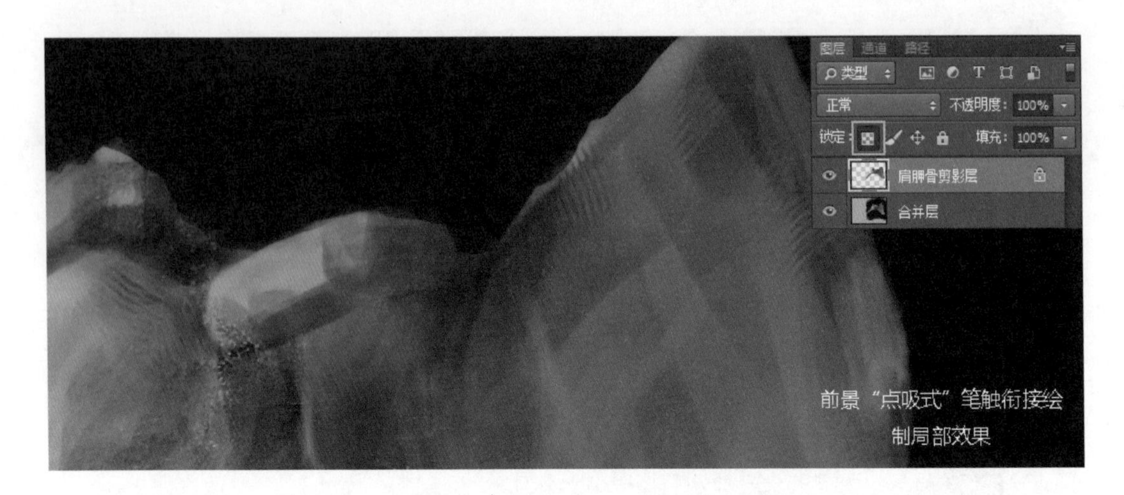

图 7.5.10　骨骼图层上的初步衔接绘制效果

点吸式笔触衔接绘制时需有几点注意：

（1）笔触衔接一定要注重物体形体自身的变化趋势，例如在骨骼上面的笔触衔接就相对谨慎，采用了类似素描"排线"的笔触效果，过渡色调时贴合结构本身。

（2）笔触衔接要遵循"宁方勿圆"的基本原理，笔触衔接不应"过油过腻"，适当保留原有笔触硬朗的衔接效果。

（3）有些画面的笔触位置与结构关系联系一般，如图 7.5.11 所示背景部分，类似的衔接绘制就可以有所发挥，更多地体现画面风格。

图 7.5.11　不同笔刷的反复衔接绘制效果

根据实际绘制需求，继续将骨骼的两个局部进行选区绘制，并执行复制、粘贴命令分离出两个独立的剪影遮罩图层，两个图层有相互叠加的位置关系。激活图层的"锁定透明像素"功能，分别在两个局部图层进行点吸式笔触衔接和深入绘制（如图 7.5.12、图 7.5.13 所示）。

根据实际主光源方向，将当前颜色调整为白色，使用画笔工具，选择 Photoshop 默认的"柔边圆压力透明度"笔刷，有雾气蒙蒙的画面表现，适合做光线的熏染绘制，分别对锁定不透明度的"肩胛骨剪影层""遮罩 1"层和"遮罩 2"层进行局部的局部熏染，营造光线效果，熏染过程点到为止，起到强化画面光感的作用即可。在整体把握光源方向和强弱的基础上，熏染过程要在三个骨骼图像图层逐层进行（如图 7.5.14 所示）。之前在绘制之初降低画布明度的做法也是为此时光照效果的熏染环节打下伏笔，画面中整体的灰度效果可以与光源方向的局部形成自然的对比关系。

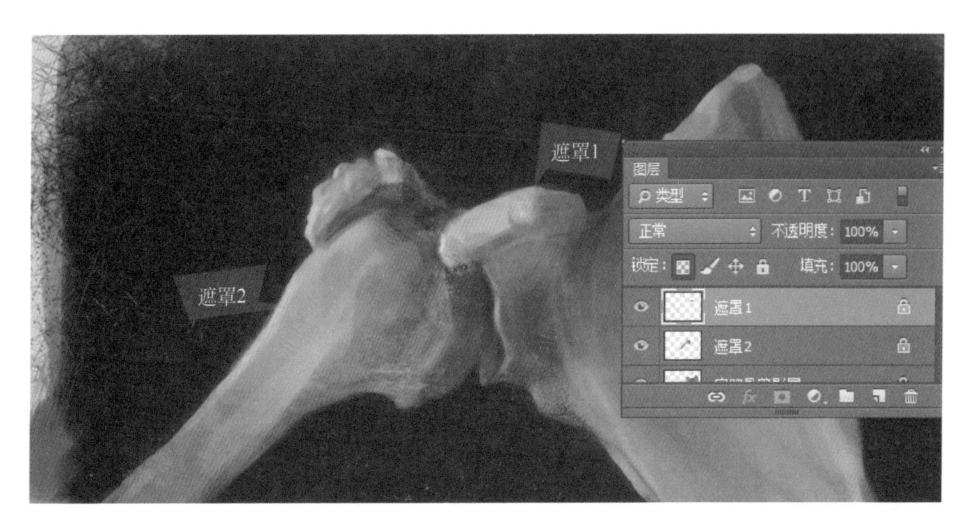

图 7.5.12　图层细分示意

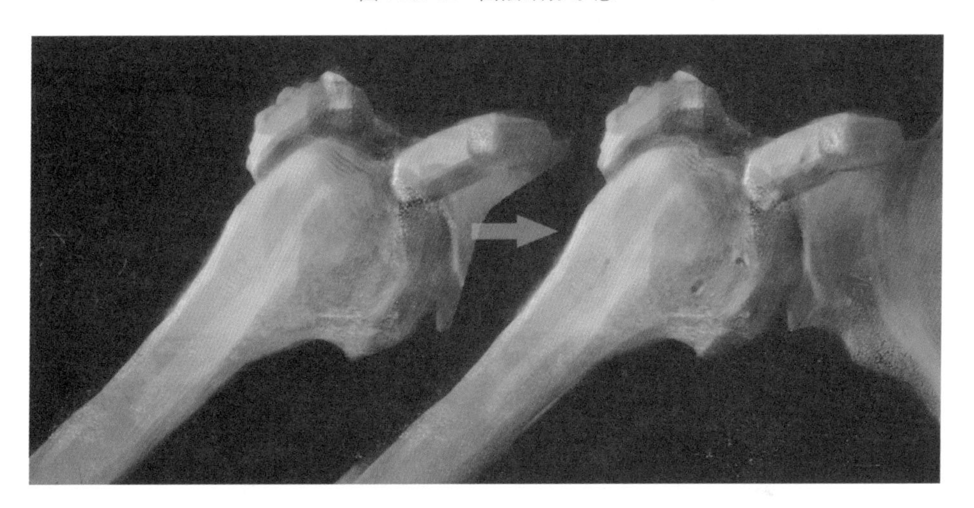

图 7.5.13　在细分图层中进行点吸式深入绘制

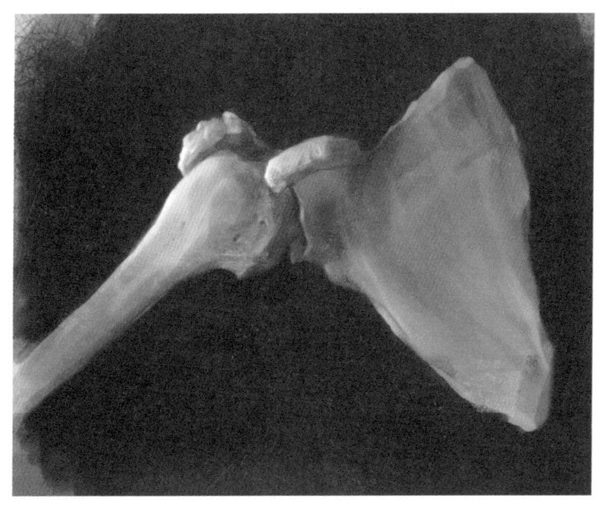

图 7.5.14　当前画面效果

新建图层，进行画面调整和深入工作，还可借助叠层点吸式绘制的方式进行细部刻画，比如高光或其他结构上的细节处理，做到画面的精益求精。对骨骼边缘进行局部的点吸式绘制，弱化之前剪影化的硬边界效果，让边缘处理有虚实对比变化(如图 7.5.15、图 7.5.16 所示)。

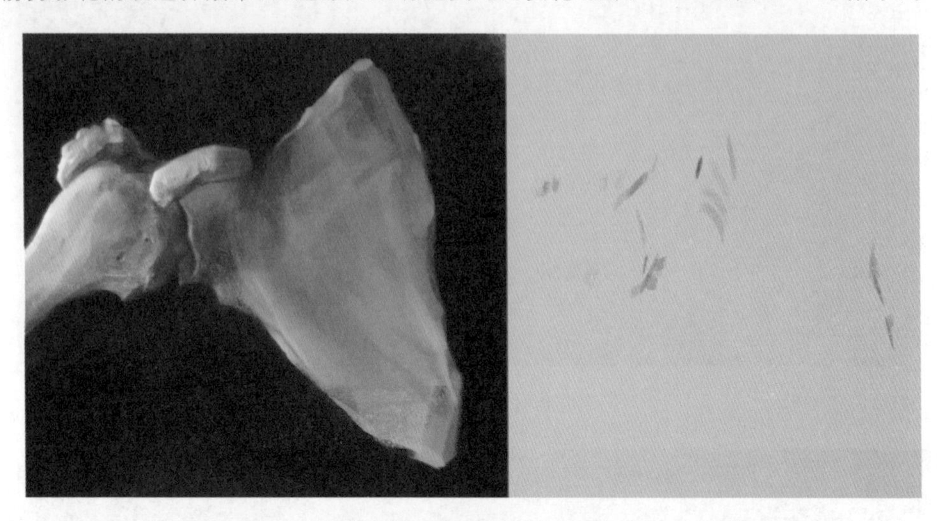

图 7.5.15　当前画面效果及点吸式绘制笔触单层示意

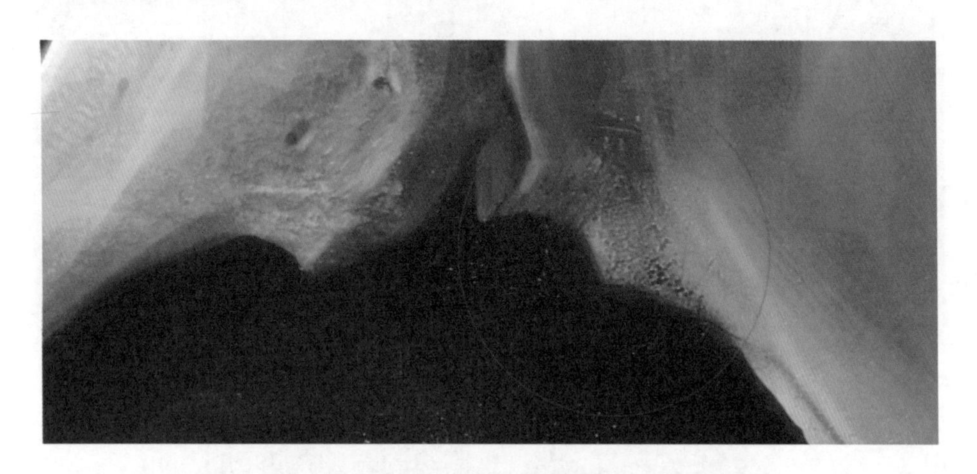

图 7.5.16　骨骼边缘位置的点吸式绘制

单击“图层”面板下方的“创建新的填充或调整图层”按钮，在弹出的菜单栏中单击“曲线”命令，双击曲线调整层缩略图，在弹出的调节面板中适时调整画面 RGB 通道的曲线变化(如图 7.5.17 所示)。

合并全部图层，执行“滤镜”→“锐化”→“智能锐化”命令，对完成的画面进行锐化处理，增强画面的颗粒感和厚重感，至此绘制完成(如图 7.5.18 所示)。

本节小结

点吸式绘制是数字绘画综合运用中最为基础的技法。通过对本章的学习，可使读者对于点吸式绘制的基本原理和操作，以及在实际绘制中的灵活应用都有全面的认识。希望大家在不断的专项训练和尝试中多多体会、有所收获。

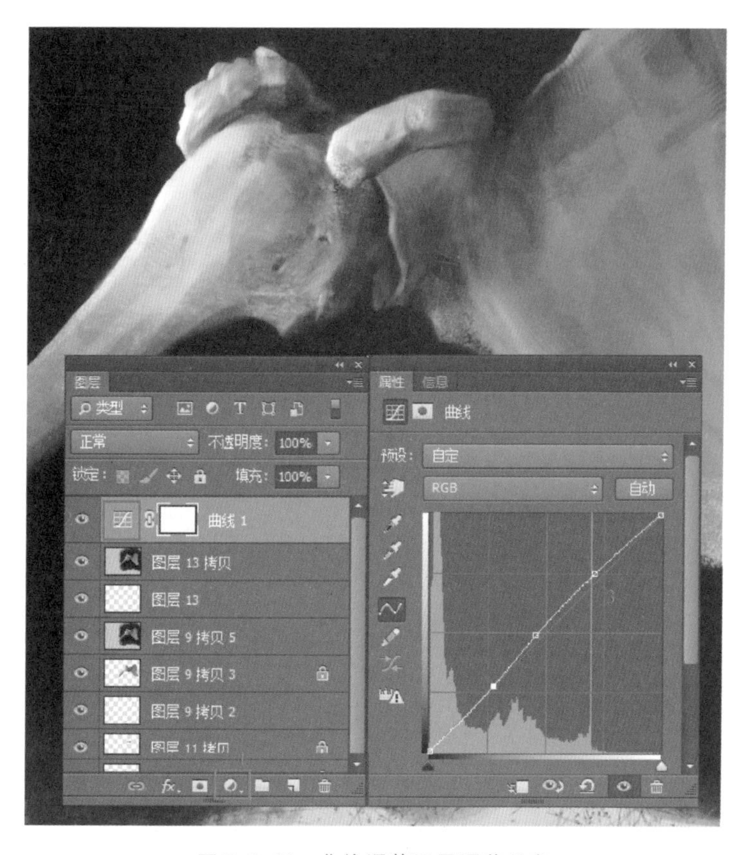

图 7.5.17　曲线调整图层调节示意

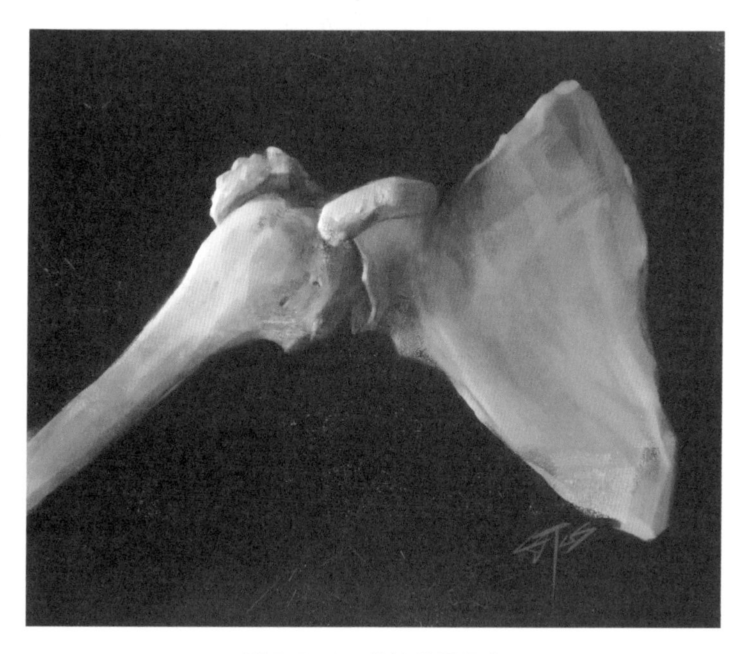

图 7.5.18　最终效果示意

本节作业

- 使用叠层点吸式绘制的方法绘制静物照片素材，需注重笔触与物体形体的结合，注重质感的区分与表现。
- 收集相关素材资料，使用移位点吸式绘制法，绘制一幅数字化风景写生，侧重整体画面艺术风格的展现。

- 以点吸式素描综合绘制相关讲授为参考，进行石膏像数位写生练习。

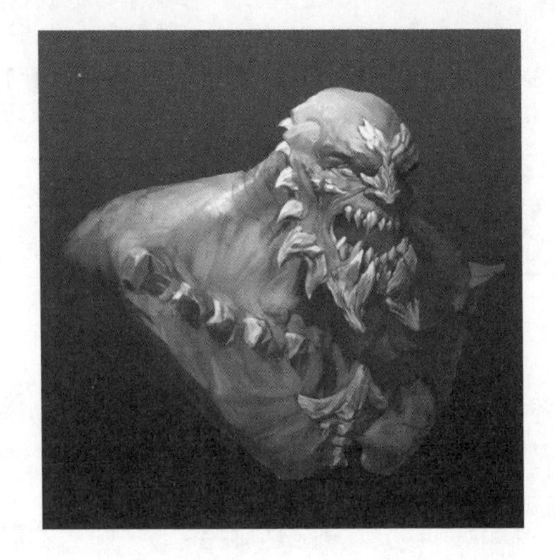

第8章 广义画笔意识的养成

在传统的油画创作过程中，艺术家为了表现画面优秀肌理质感，同时又要延长作品保持年限，常借助石灰粉、沙子、锯末或杂草通过特殊工艺与颜料进行有步骤的混合。现代派画家更注重画面肌理表现，甚至将布片、草根、树叶等实物直接贴于画面之上营建肌理的画面效果，有时为了表现绒毛状画面效果，会在铺好颜色的地方使用小笔杆、硬木棍等点出绒毛状肌理。水彩画未干时通过撒盐吸色的方式，提取散点式的肌理效果。为使素描作品整体效果更加古朴，会在素材绘制之初用浓茶水擦拭纸面并裱在画板上，使画纸有种“做旧”的灰调呈现。软橡皮（俗称为素描橡皮）和纸笔也成了不可或缺的绘画工具，对画面中高光的提炼、调子的调整和衔接都会起到立竿见影的作用。有时为了让画面局部明度更加统一入调，绘画者会习惯性地用手指去蹭一蹭，或用纸巾轻轻擦拭。一些精妙的高光，还可使用尼龙笔沾白色丙烯颜料提一提。这些布片、草根、树叶、盐、纸笔以及手指的涂抹丰富了人们对于传统画笔的想象（如图 8.0.1 所示）。绘画工具广阔的延展性可见一斑，真实的绘画是这样，数字绘画更是如此，绘制者要在反复实践中不断拓展更加广义的画笔应用。

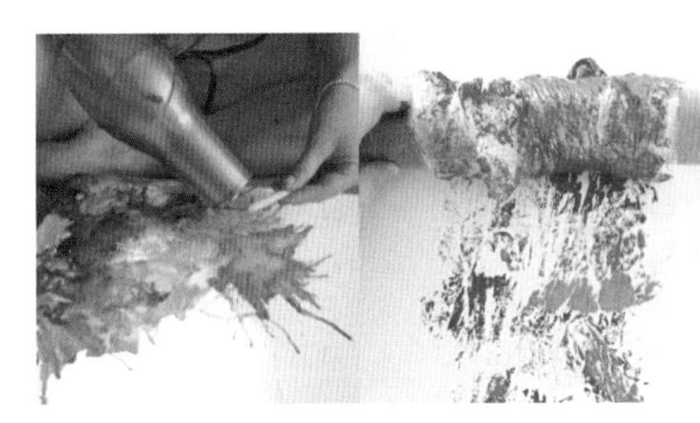

图 8.0.1　**糖画**

8.1 涂抹绘制技法

涂抹绘制技法是广义画笔的重要组成部分，在数字绘画表现中应用比较广泛，尤其在素材综合绘制技法中起到了至关重要的作用，对素材画面现有像素组织关系重新布局，对画面色彩之间的衔接处理都有恰到好处的应用效果，为画面增添了较强的绘制感，充分提升了画面品质（如图 8.1.1 所示）。

涂抹工具 是涂抹绘制技法的主要使用工具，该工具需基于一定的色彩基础进行涂抹绘制，可迅速将画面素材特定区域的色彩进行过渡、融合，起到了很好的衔接作用。与画笔工具一

图 8.1.1 以涂抹绘制技法为主要画面表现的数字绘画作品

样可以选择不同绘画效果的笔触丰富画面效果。

确定当前工具为涂抹工具，可在界面上方的属性栏单击“画笔预设选区器”按钮或单击数位笔功能键，弹出笔刷列表菜单方便选择。伴随笔触效果的多样性，涂抹融合的效果也会随之丰富，或块面交错融合，或以点团的方式融合，或以模糊式的渐变融合。绘画者可以在当前图层创建两个邻近的矩形色块，用以实现不同笔触的涂抹融合效果。这是一种非常不错的感受笔触效果的练习方式，伴随数字绘画者实践经验的不断丰富，一些有代表性的笔刷涂抹效果要熟记于心，便于使用时随时调用(如图 8.1.2 所示)。

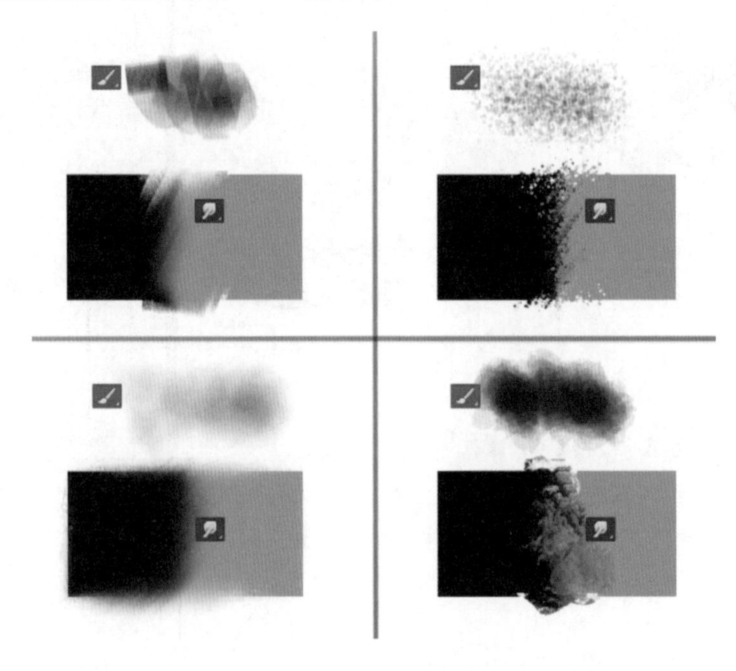

图 8.1.2 基础色块涂抹练习示意

为使涂抹绘制的效果更加明显，可将工具属性栏中的“强度”数值调整为 100%。涂抹工具的“强度”数值很好理解，类似于画笔工具的“不透明度”和“流量”的效果，数值越高，涂抹效果越明显。与真实油画绘制相结合，“强度”数值越高，涂抹效果更类似于掺色量较大的干画法；“强度”数值越低则更接近使用调色油较多的润色画法。在当前工具为涂抹工具时，按数字快捷键 1、2、3、…、0 可迅速调整“强度”数值（如图 8.1.3 所示）。

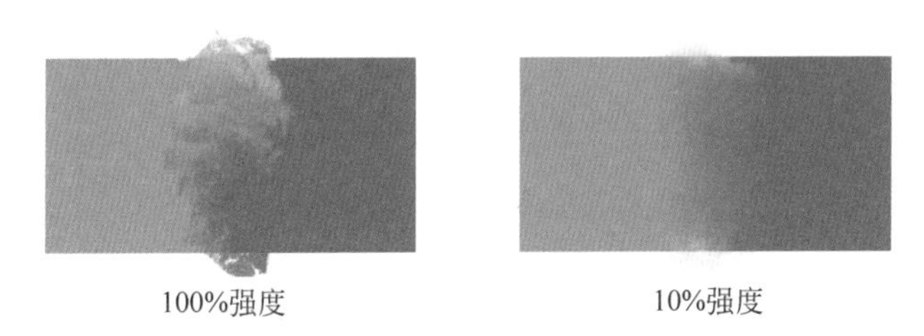

图 8.1.3　涂抹工具“强度”参数对比效果示意

单击涂抹工具属性栏中的“切换画笔面板”按钮或按快捷键 F5 弹出画笔属性调节的浮动面板，这与介绍画笔工具时提到的属性面板非常相似。绘制者可按照原有“画笔”面板的知识结构在笔刷选择不变的情况下适时调节相关属性、参数，实时观察涂抹融合效果的变化，这是在常规涂抹效果基础上的细分调整，使涂抹效果更加得心应手（如图 8.1.4 所示）。

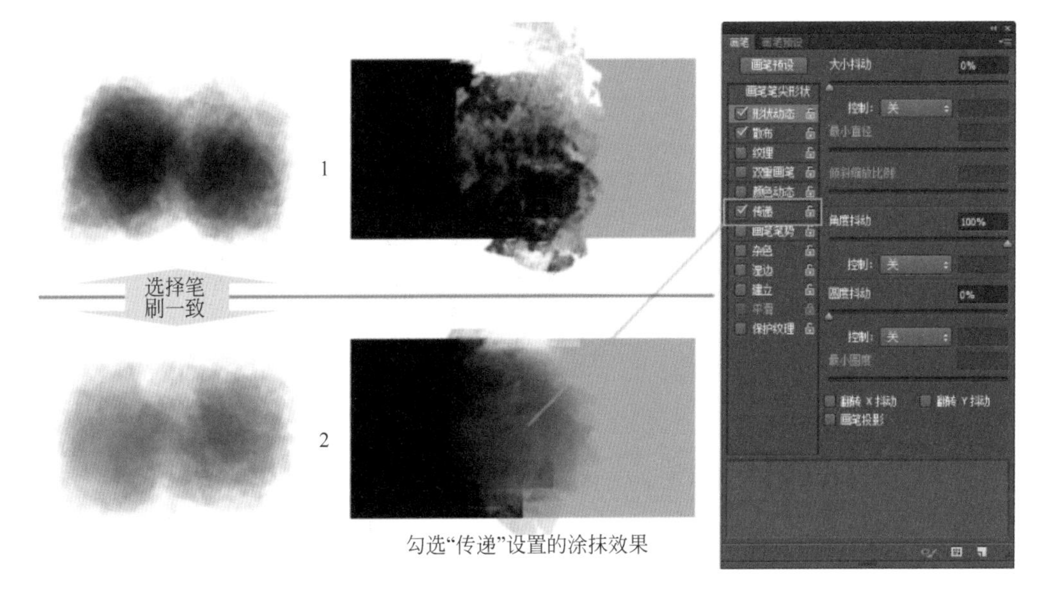

图 8.1.4　设置“传递”选项的涂抹效果示意

在涂抹工具属性栏中有关于绘画模式选择的下拉菜单。该功能可将涂抹工具自身的色彩因素融入涂抹绘制的过程，使得涂抹效果在原有色彩的基础上更加丰富，可根据实际的绘画需求，选择不同的色彩绘画模式。

在实际涂抹操作中，应注重运笔、行笔的方向，这直接影响到数位笔落笔位置色彩的融合方向。图 8.1.5(a)是两个邻近的灰蓝色和灰紫色的矩形色块，数位笔在涂抹时可在灰紫色块位置落笔涂抹至灰蓝区域，此时颜色涂抹的主导色就是灰紫色，反之则效果相反。这个细微的变化是涂抹工具使用时的一大特性，便于绘制者更主动地利用现有的素材色彩，把握涂抹的色彩走向，在绘制中非常实用。

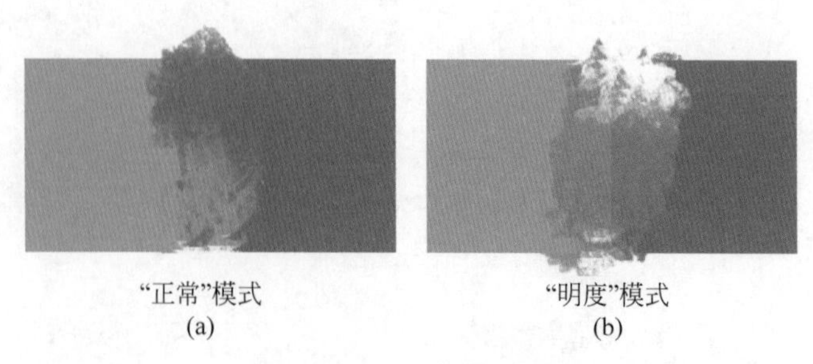

图 8.1.5 涂抹效果示意

涂抹工具属性栏中有一个"对所有图层取样"的勾选框,默认是未勾选状态。勾选该选项,涂抹效果作用于所有可见图层,涂抹画笔所到之处,会将不同图层的相关图像进行涂抹融合(图 8.1.6(a)所示)。当"对所有图层取样"为未勾选状态时,涂抹效果只作用于当前图层(如图 8.1.6(b)所示)。

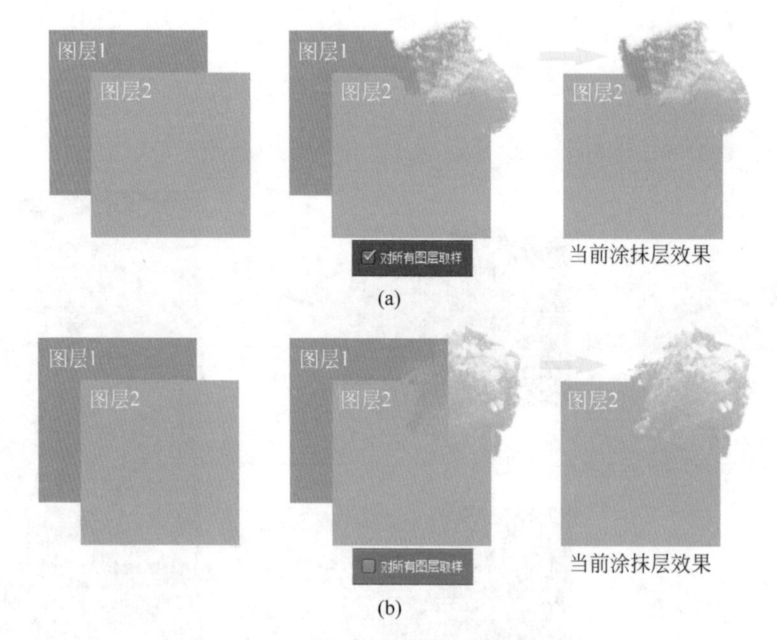

图 8.1.6 对所有图层取样涂抹效果示意

涂抹工具属性栏中的"手指绘画"勾选框是在原有基础涂抹操作的基础上融入色彩因素,使涂抹效果更加丰富,涂抹融合的色彩以前景色变化为准。如果在画面的空白区域进行涂抹则直接呈现画笔工具的绘制感,像是用手指沾颜色涂抹绘制的画面感觉(如图 8.1.7 所示)。

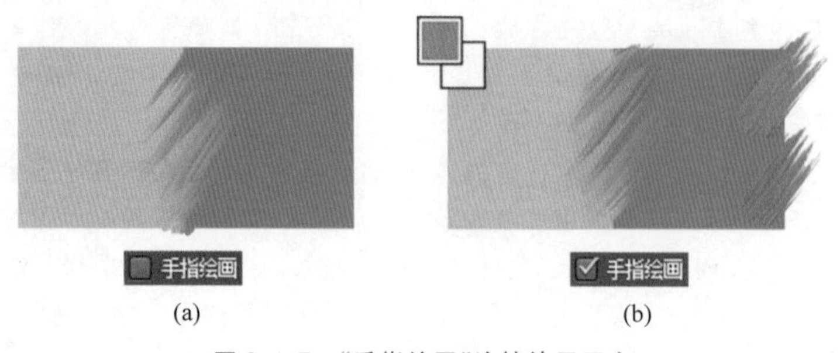

图 8.1.7 "手指绘画"涂抹效果示意

8.2 素材涂抹实例分析

涂抹绘制可基于一定的图片素材或绘制基底，借助其现有的造型和色彩关系，进行模拟真实绘制画面感觉的数字绘制。

使用涂抹工具，选择带有绘画风格的笔触，在现有画面素材中进行涂抹绘制，其运笔、行笔方式与真实油画或水粉画的体验感极为相似，绘画者可按照自己的真实绘画经验，根据画面造型的实际绘制需求采用一笔点绘式涂抹、往复式绘制或同心圆式的转圈行笔绘制等(如图 8.2.1 所示)。

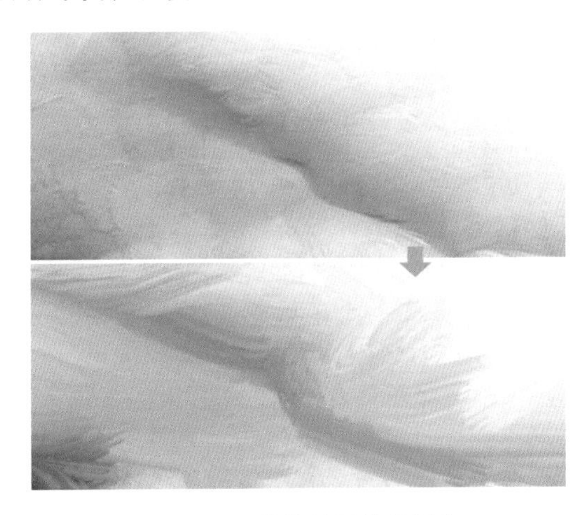

图 8.2.1 涂抹笔触效果示意

在模拟真实的绘制效果时，首先应考虑拟定画布的真实尺度以及与常规画笔笔刷的尺度关系，以常规真实画笔尺度为比例参考，不同大小画布所呈现的笔刷组织关系也不尽相同，这是模拟真实绘画画面感觉的重要前提。涂抹绘制笔刷过小，可以对图面素材的原有像素进行重组，但最终画面的绘制感不够突出，并没有从"照片"意向中脱离出来；涂抹绘制笔刷过大，画面具有一定的绘制感，原图片素材的形体、色彩涂抹过于概括，降低了后续画面深入的可参考性。这种笔刷尺度与画面的比例关系在数字绘画中的应用，不仅适用于涂抹工具，在使用其他相关的绘制工具进行数字绘画时都应注意(如图 8.2.2、图 8.2.3 所示)。

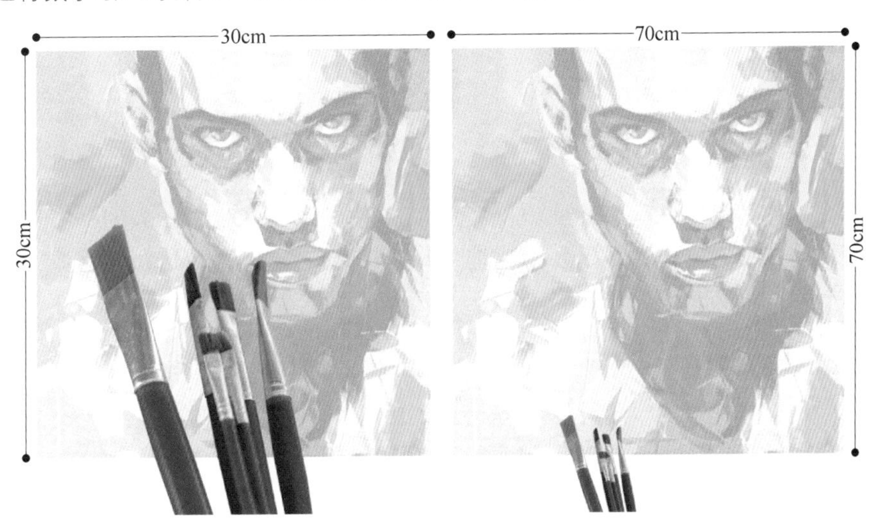

图 8.2.2 真实画笔与画布比例关系

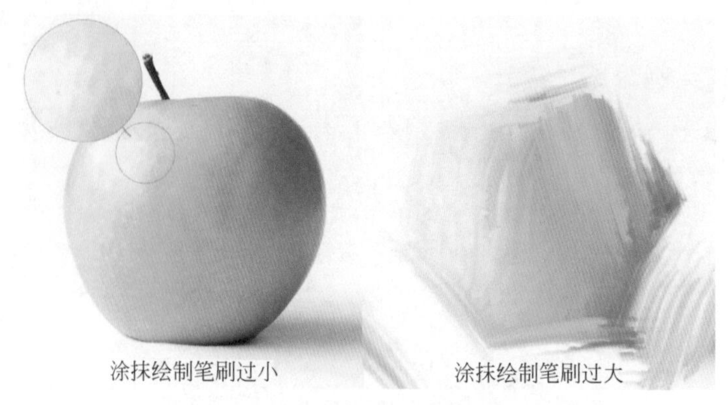

图 8.2.3　涂抹绘制笔刷过小或过大

如果将常规油画、水粉画的绘制步骤细分为 10 个级别或阶段，现有的照片素材的画面效果为 10 级（高度写实、真实），此类笔触过大的涂抹效果基本处于常规真实绘画步骤的初级阶段（第 3 或第 4 阶段），无形中降低了数字绘制效率。结合上述要点，数字绘画通过借助图片素材模拟真实绘画效果一般处于常规绘画第 8、第 9 的绘制级别和阶段，既脱离素材的照片级表现，又要使画面造型、色彩组织相对完整，从而提升数字绘画的画面品质。

在基本理解上述要点的基础上，结合整体画面大小与真实应用画笔笔刷大小的比例关系决定色块组织的尺度，进行涂抹绘制时要做到心中有数（如图 8.2.4 所示）。

使用当前涂抹工具对现有素材图片进行涂抹绘制，绘制过程中需注重原图形的结构变化，注重笔刷大小的实时调节。在涂抹绘制过程中着重感受真实绘画的运笔、行笔感觉，使绘制者的操作过程更加流畅（如图 8.2.5 所示）。

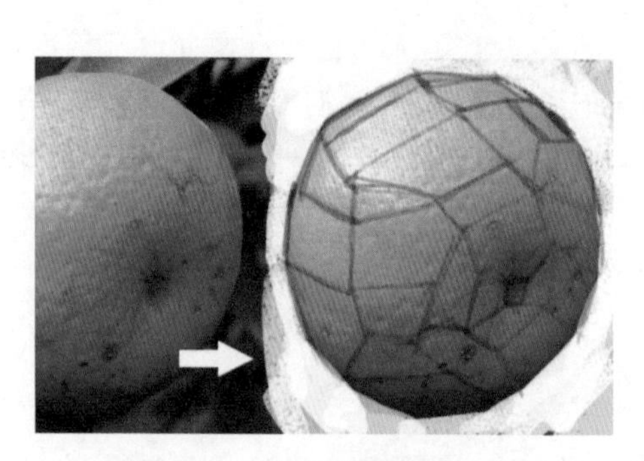

图 8.2.4　画面笔刷组织分析

图 8.2.5　当前涂抹绘制效果示意

涂抹绘制在模拟真实绘画的序列过程中往往处于较为初期的基础绘制阶段，对于造型和意向的画面表达也要根据整体的艺术风格。如图 8.2.6 所示，狐狸的涂抹绘制更注重颜色的感受，并没有完全将形体的块面组织作为涂抹的重点。如图 8.2.7 所示，乌鸦的涂抹充分考虑其瞬间扇动翅膀飞起的状态，不拘泥于细节，更强化视觉意向。

涂抹绘制技法是综合厚涂技法的重要组成部分，在画面完善的过程中需要技法之间的相互配合。在涂抹绘制过程中，会对原有画面结构进行一定程度的弱化，为完善原物体的造型感觉，可新建图层，使用画笔工具通过“拾色器”工具吸取相应画面颜色进行“点”“提”式的绘制。模拟真实绘画的感觉，继续使用绘画笔触效果的画笔工具有意对周围的白色背景进行不均衡绘制，突出有待完善的画面（如图 8.2.8 所示）。

图 8.2.6　涂抹效果示意一

图 8.2.7　涂抹效果示意二

图 8.2.8　"点吸式"绘制对画面造型的完善

一般情况下,涂抹绘制会作为厚涂综合绘制技法的有机组成部分,模拟接近于油画、丙烯画的绘制效果。在画面绘制接近尾声时往往要执行一些锐化滤镜的操作,强化画面的绘制肌理感。可执行"滤镜"→"锐化"→"智能锐化"命令,在弹出的对话框中参见预览效果调整相应数值,为当前画面效果增添锐化效果,使现有图像像素进行一定的色彩分离,强化了画面的颗粒质感。"智能锐化"对话框对没有颜色差别的图像没有任何作用,这也是之前有意将原有纯白色背景绘制成有待完成状态的一个原因(如图8.2.9、图8.2.10所示)。涂抹绘制只是阶段性的绘制操作,并不应将此技法在实际绘制中一以贯之,否则会出现单调的画面表现。

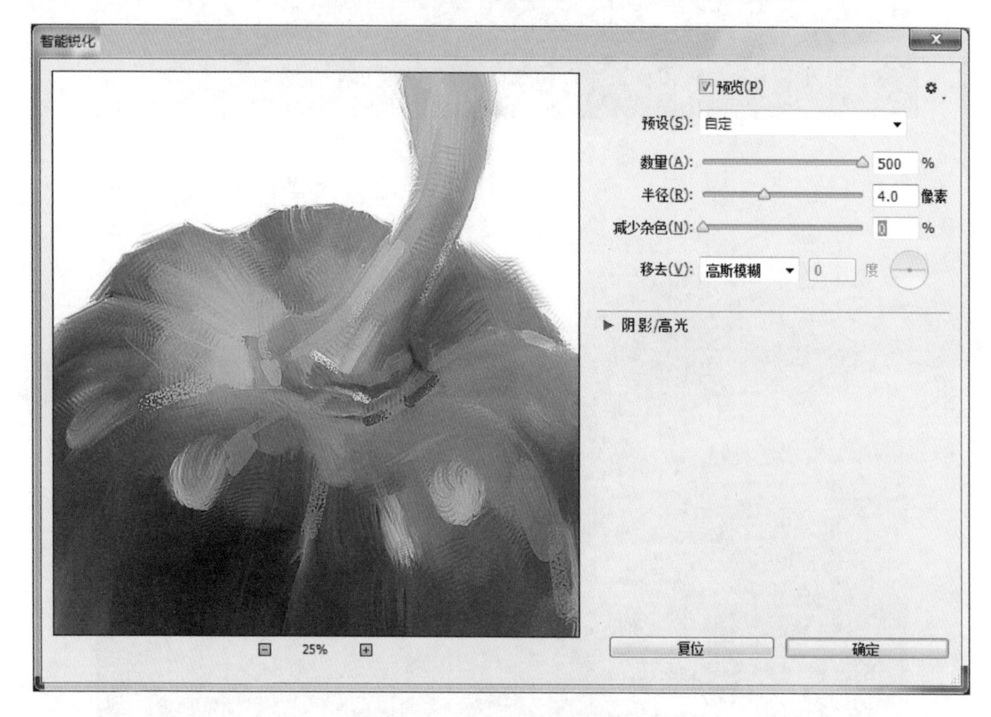

图8.2.9 "智能锐化"对话框

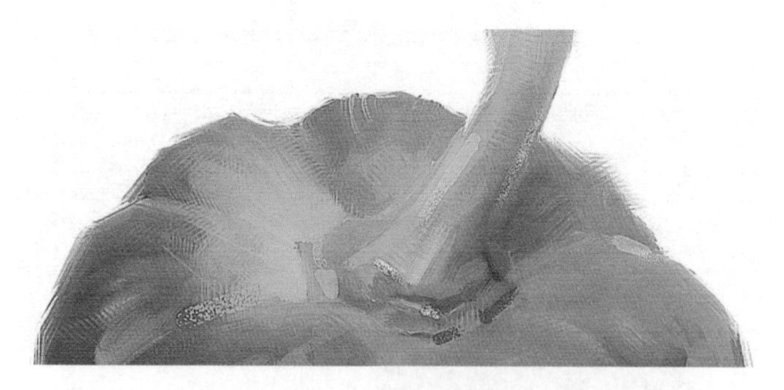

图8.2.10 局部效果示意

8.3 毛发绘制实例

巧妙利用涂抹工具的绘制特性,灵活安排涂抹绘制时的行笔方式,使该工具在毛发绘制表现方面具有一定的优势,被广泛运用在动物写实绘制中(如图8.3.1所示)。在接下来的案例中，通过对毛发局部绘制过程的分析，进一步拓展涂抹工具的使用方法。

图 8.3.1　动物毛发绘制效果

使用涂抹工具，选择绘画质感的笔刷（笔刷效果类似于常规油画笔或水粉笔的鬃毛笔刷效果）（如图 8.3.2 所示）。

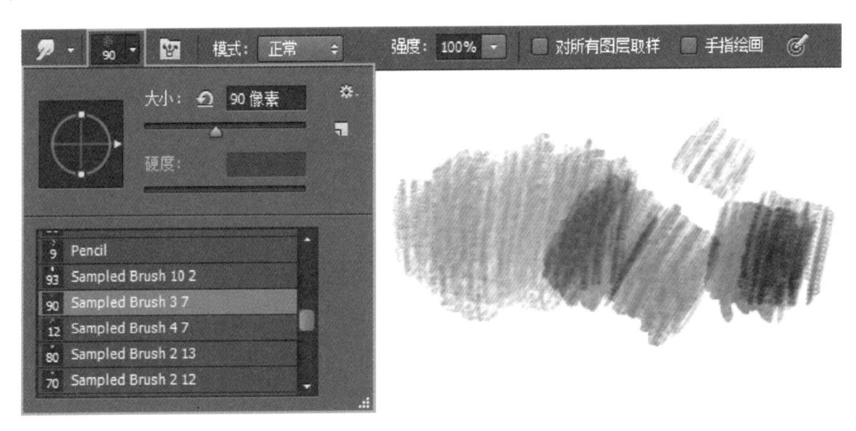

图 8.3.2　画笔笔刷示意

在原有色彩图像的基础上，自下而上进行点提式涂抹，运笔、行笔方式需做到干脆果断，切忌拖沓（如图 8.3.3 所示）。

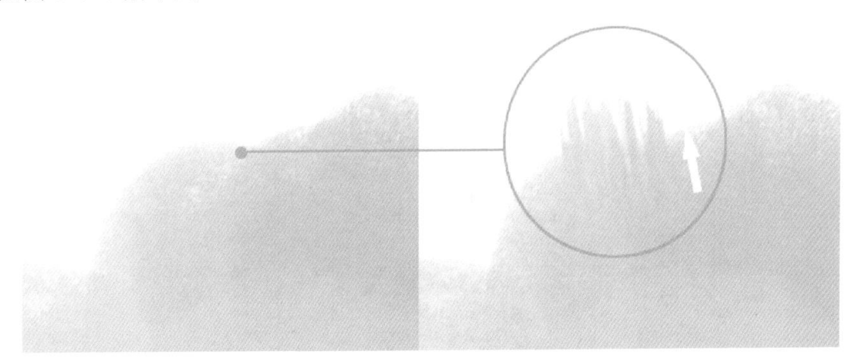

图 8.3.3　当前涂抹效果

在毛发涂抹的过程中，要注重物体结构走向，注重绘制的层次性。如图 8.3.4 所示，采用单排涂抹的方式从后向前层层推进，每一笔避免笔触方向一致，力求在统一中求变化。

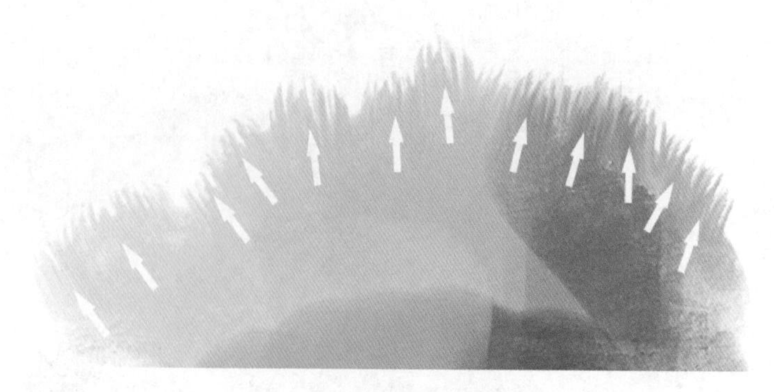

图 8.3.4　单排涂抹效果

毛发涂抹绘制一般采用由外向内的方式进行逐排绘制，可以产生层层叠加的效果。结合当前涂抹方法不难理解，在进行涂抹环节之前的上色过程中，要注重颜色明度、纯度的微妙变化，毛发涂抹可借助微妙的色彩变化"搓"出层次感。反之，基础色调过分单一，会为后期的毛发的层次涂抹表现带来一些难度(如图 8.3.5 所示)。

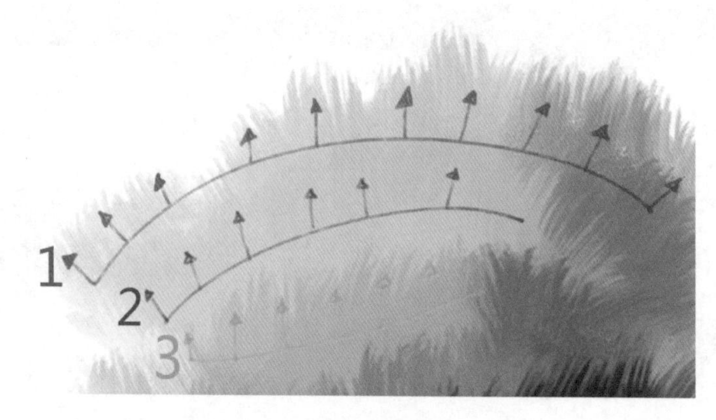

图 8.3.5　涂抹行笔方向示意

可使用涂抹工具，进行团簇式涂抹绘制，可根据实际的画面需求和色彩关系拟定某个点位作为中心，涂抹绘制时由此点进行发散式涂抹绘制，形成团簇式造型。可以一个团簇毛发作为基本单位，在某个局部进行相互组合式的绘制，这种方式可与之前逐排递增式的"搓"毛效果形成呼应，从而丰富细节变化。至此画面中毛发效果的整体走势基本完成(如图 8.3.6 所示)。

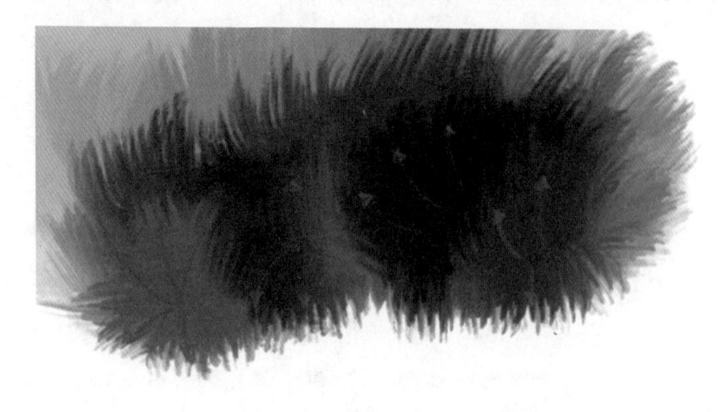

图 8.3.6　涂抹行笔方向示意

在毛发涂抹绘制过程中，依然可采用复合式绘制的方式，即相同工具、不同笔刷的叠加效果，使毛发效果既统一又富于变化。使用涂抹工具，选择类似线条风格的笔触，对画面局部点提式绘制（如图 8.3.7、图 8.3.8 所示）。

图 8.3.7　线条风格的笔触涂抹效果

图 8.3.8　当前效果示意

使用混合器画笔工具，选择类似素描“排线”式的笔刷，对现有毛发尤其是在黑白相接的位置进行适度混合，打破原有毛发的局部走势，使画面更加细腻。在不断细化的过程中，越到收尾阶段越要细致入微，谨慎落笔（如图 8.3.9 所示）。

合并全部图层，执行“滤镜”→“锐化”→“智能锐化”命令，对现有画面进行锐化处理，让画面像素自动分离细节色彩，产生颗粒效果，提升画面的厚重感和精细度（如图 8.3.10 所示）。

执行“图层”→“新建调整图层”→“色彩平衡”命令，分别调整现有画面“阴影”“中间调”和“高光”的色彩倾向，形成亮部偏暖、暗部偏冷的总体色彩趋势，至此毛发绘制局部完毕（如图 8.3.11、图 8.3.12 所示）。绘制者可在本案例的主体绘制思路基础上，选择更丰富的笔触效果，不断摸索，延展更为丰富的毛发表现手法。

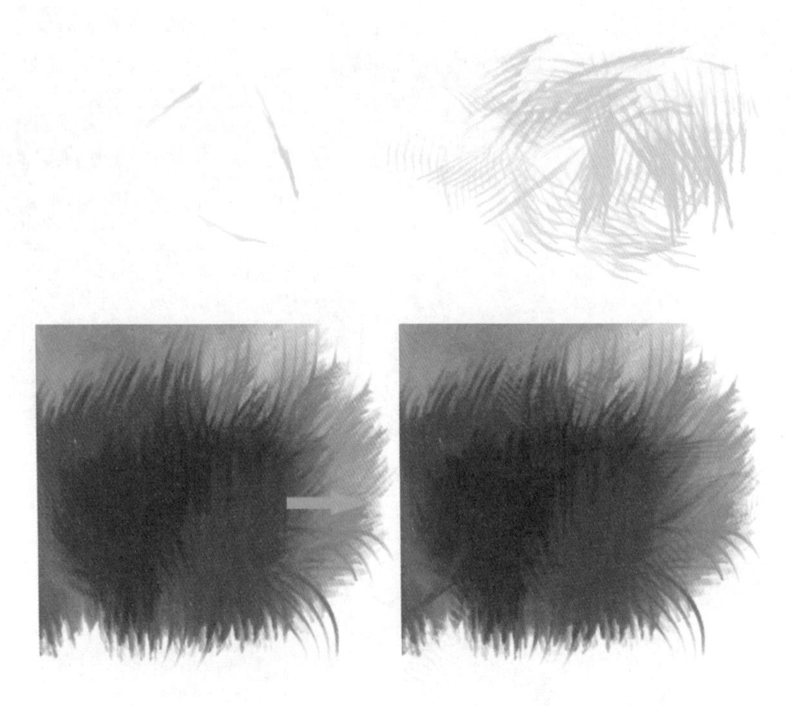

图 8.3.9　混合画笔工具绘制效果

图 8.3.10　“智能锐化”对话框

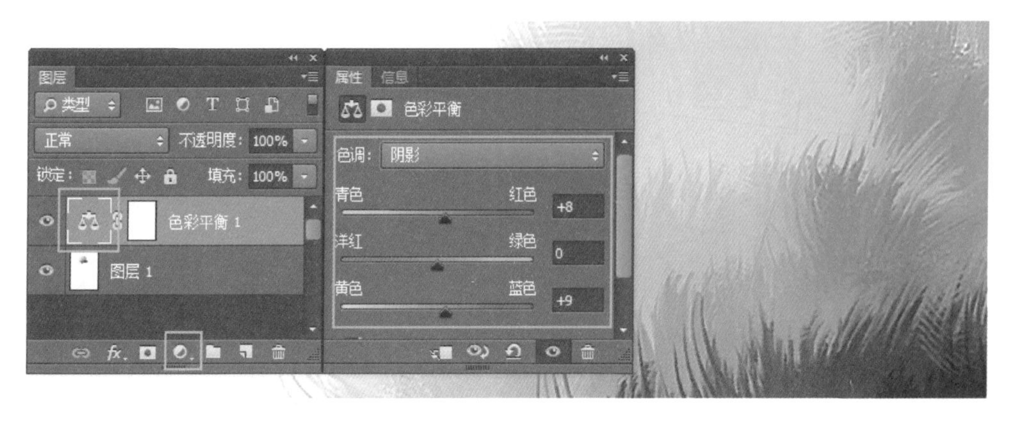

图 8.3.11　色彩平衡调整操作示意

图 8.3.12　最终效果示意

8.4　混合绘制技法

混合绘制技法是数字绘画厚涂系列技法的重要组成部分，与涂抹绘制技法有一定相似性，实际操作方面具有较强的灵活性，在模拟真实绘画表现方面具有得天独厚的优势。

混合器画笔工具是广义画笔中具有代表性的一个，可在一定的素材图像或基础绘制的基础上，通过混合绘画的方式模拟真实绘画画面表现，目前已成为数字绘画过程中不可或缺的重要环节（如图 8.4.1 所示）。

分别单击混合器画笔工具属性栏中的“画笔预设”选取器和“切换画笔”面板，可以分别弹出相关下拉菜单和浮动面板，对于笔触的选择及相关笔触调整的方法与画笔工具的常规操作保持一致（如图 8.4.2 所示）。单击混合器画笔工具属性栏中的“当前画笔载入”按钮，会弹出调整混合器画笔颜色的拾色器，选择任意颜色在画面中随意绘制，效果与常规画笔的着色平涂效果相近（如图 8.4.3 所示）。

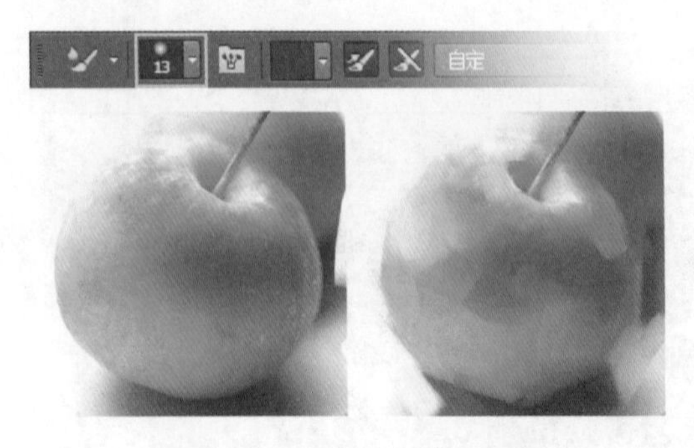

图 8.4.1　混合绘制效果示意

图 8.4.2　混合画笔工具属性面板示意

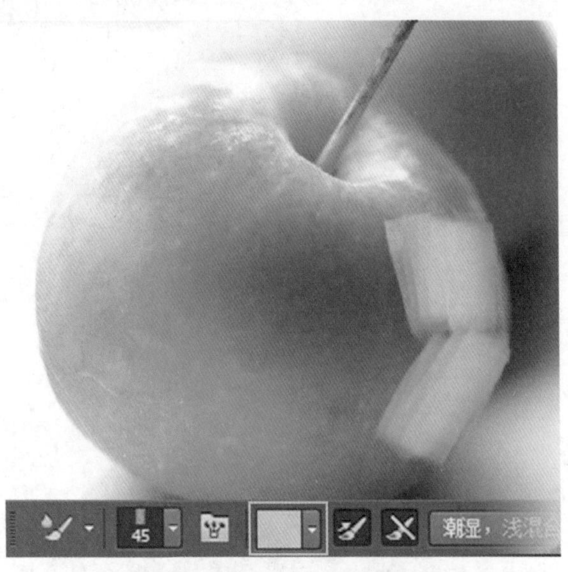

图 8.4.3　“当前画笔载入”纯色混合效果示意

确定当前工具为混合器画笔工具，按快捷键 Alt，数位笔光标则显示为取色状态。任意单击画面相应位置，属性栏中的“当前画笔载入”按钮的预览框则显示为数位笔单击位置相应位置的区域图像，形成混合器画笔笔触的基本色彩构成，以点绘的方式在空白区域点击绘制，实际效果与属性栏中“当前画笔载入”图像基本一致；以线条方式进行拖尾绘制，绘制笔触中基本体现了原有“当前画笔载入”的色彩构成。激活属性栏中的“每次描边后载入画笔”按钮，在图 8.4.4 苹果素材中任意位置进行绘制，“当前画笔载入”的色彩构成会在每次绘制中得到“载入”，使用该功能时可尝试选择椭圆形或扁平形状的笔触，模拟油画绘制的刮刀肌理效果。

将混合器画笔工具属性栏中的“每次描边后载入画笔”按钮恢复为未激活状态，使用常规同位点吸式绘制方式对现有素材图像进行绘制（每一笔绘制的区域要与每一次点吸式拾色的相应位置基本一致），与常规点吸式绘制的效果基本一致（如图 8.4.5 所示）。

混合画器画笔工具与常规画笔工具的点吸式拾色器操作基本一致。但前者拾取的是相应区域的色彩信息，后者拾取的是数位笔与画面接触位置特定点的单一像素颜色，这就使得混合器画笔工具的点吸式绘制效果更加细腻生动，色彩信息相对丰富，结合模拟真实绘制笔触的选择以及相仿真实绘画的行笔、运笔方式，使整个混合器画笔绘制更接近于真实（如图 8.4.6 所示）。结合素材图像的基本形体结构，借助真实的色彩组织关系，可进行快速的画面绘制表现（如图 8.4.7 所示）。

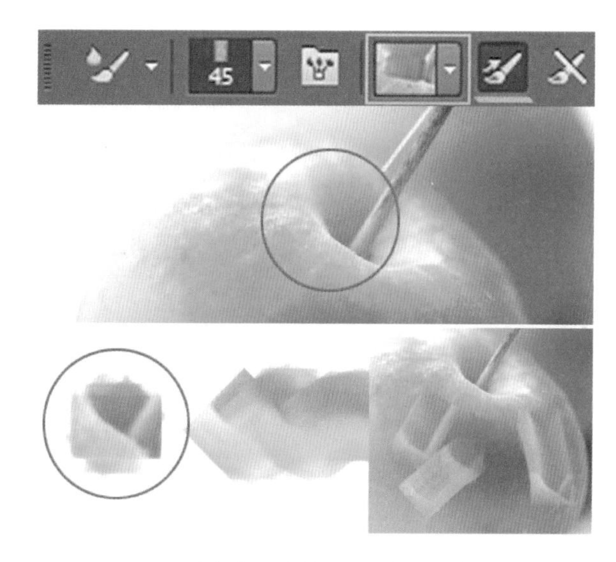

图 8.4.4　“当前画笔载入”图像混合效果示意

图 8.4.5　同位点吸式混合绘制

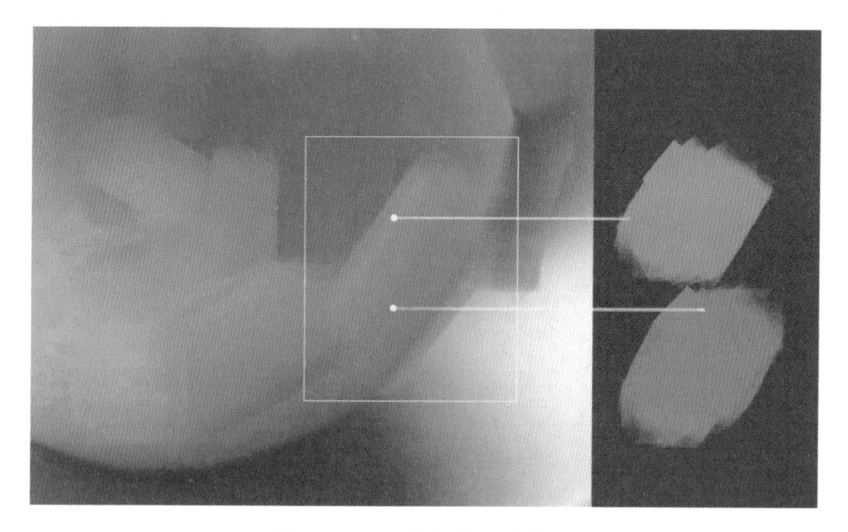

图 8.4.6　细节颜色混合效果

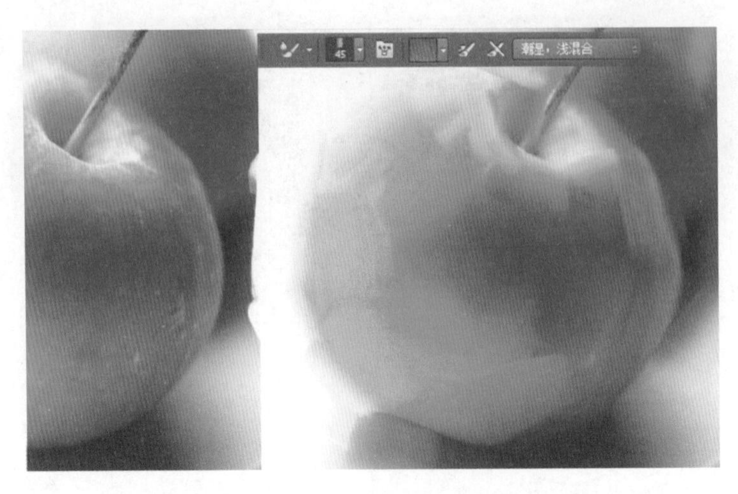

图 8.4.7　按照物体基本结构进行笔触组织

混合器画笔工具属性栏中“每次描边后清理画笔”工具，可在每次绘制后将“当前画笔载入”状态变为透明状态，单击按钮，混合器画笔工具将没有任何绘制效果。单击“混合画笔组合”下拉菜单，软件模拟真实的绘制效果预设了类似“干燥”“湿润”“潮湿”等众多绘制模式，选择其中任意模式，属性栏中的“潮湿”“载入”和“混合”三个参数都会发生相应的实时变化。一般情况下，“混合画笔组合”下拉菜单中的可选模式已可满足常规绘制需求(如图 8.4.8 所示)。若单独调整“潮湿”“载入”及“混合”任意参数，“混合画笔组合”当前模式则变为自定义状态。调整混合器画笔工具属性栏中的“流量”参数，可调整混合绘制效果的强度，模拟油画绘制时调色油的润彩绘制(如图 8.4.9 所示)。

图 8.4.8　“混合画笔组合”模式选择

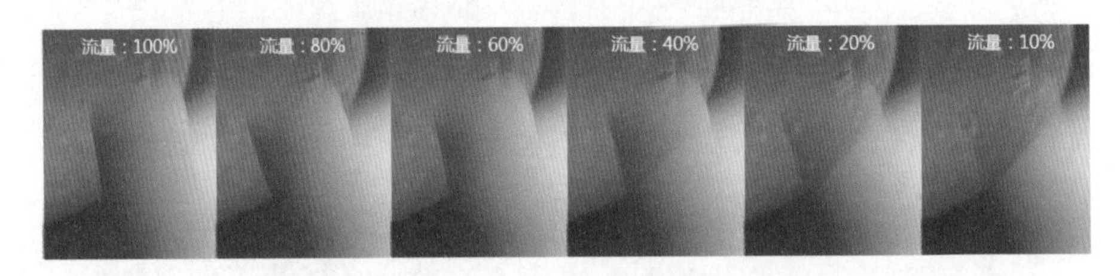

图 8.4.9　“流量”参数效果对比示意

现有基础图像素材对混合画笔工具的绘制起到了非常重要的作用，它直接影响到混合画笔的采样效果。在模拟笔触感较强的数字绘画时，往往先对画面进行一些富有肌理感的基础绘制，并进行适度锐化，使其现有图像像素进行一定的色彩分离，强化出画面的颗粒质感。颗粒点的采样会使混合画笔绘制出类似真实油画笔触的感觉，适时调整画笔角度，把握一定的行笔速率和压感，效果会更加丰富(如图 8.2.10 所示)。

将点吸式绘制的方式引入混合画笔的绘制使用中，进程中的画面成为一个非常优秀的采样板。采样时可充分考虑采样点的色彩变化，比如纯色采样、渐变色采样或是有相关色彩倾向的采样。同时要打开“画笔”面板，随时配合调整笔触的落笔角度和圆度，可直接使用数位笔在“画笔”面板的笔触预览框中直接调整，非常灵活。通过这样的应用，混合画笔工具的笔触效果更加

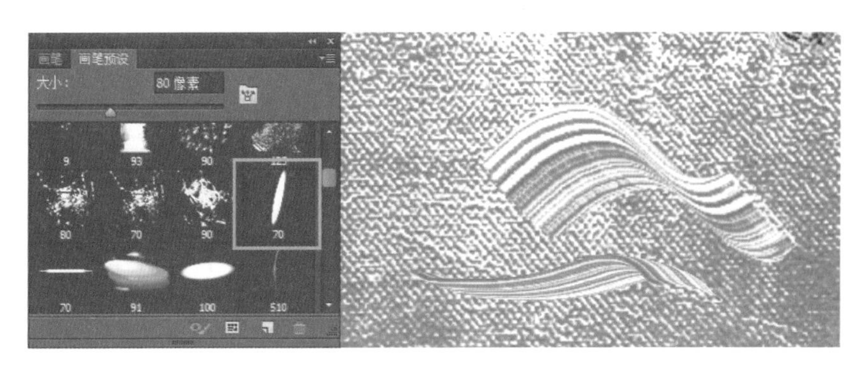

图 8.4.10 混合画笔工具模拟效果示意

丰富，成为富有活力的绘制工具，这是常规画笔工具并不具备的绘制效果，从而为数字绘画模拟真实绘画提供了又一种可能。在本例中仅仅使用了椭圆形的压感默认笔刷，绘画者可不断尝试更多的笔触类型（如图 8.4.11、图 8.4.12 所示）。

图 8.4.11 点吸式混合绘制效果示意

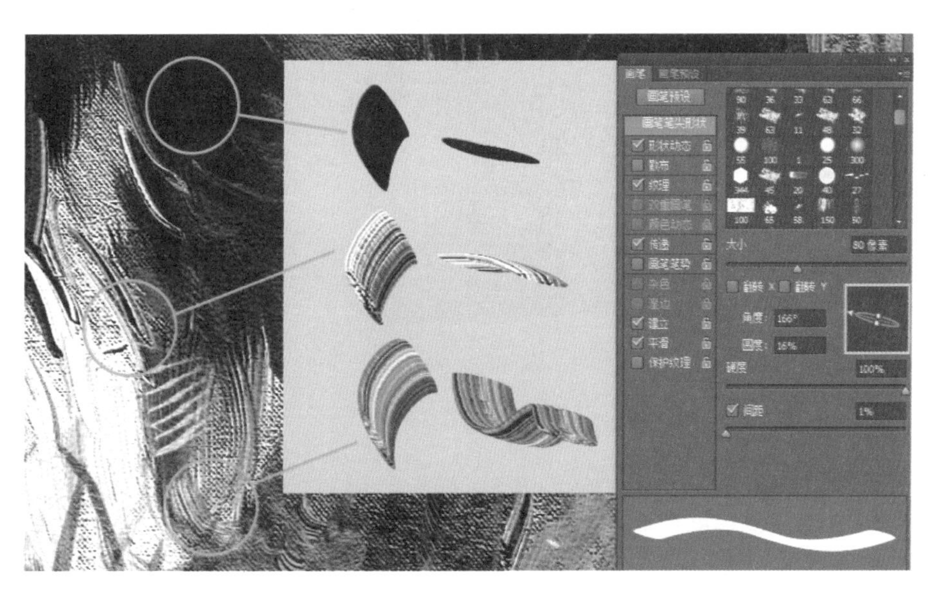

图 8.4.12 充分借助现有色彩信息产生不同的绘制效果

绘制者在尝试混合画笔点吸式绘制时，笔触行笔的方式、速率等绘制感受应尽可能贴近真实绘画，落笔大胆、敢于尝试，通过大量练笔、反复实践，会达到与真实绘制感受共通的境界（如图 8.4.13 所示）。

图 8.4.13　遵循真实绘画感受

8.5　广义画笔综合绘制案例分析

在实际绘制中，混合器画笔工具往往和涂抹工具、画笔工具等各尽其长、相互配合。本案例基于素材来模拟真实绘画的综合绘制，重点讲授素材绘制应注意的前期准备、初期绘制的层次序列关系、涂抹环节中对于改变像素组合方式的绘制、涂抹及混合绘制叠加丰富效果的方法、点吸式传统绘制的整合提炼作用、对于传统版画、油画意向在实际数字绘画过程中的变化和结合、整体画面中后期的调整处理等相关知识点（如图 8.5.1 所示）。

图 8.5.1　最终效果示意

使用涂抹工具，选择一款块面融合度较高的笔触，直接对当前素材进行涂抹绘制。如果在涂抹过程中过分拘泥于细小造型的表现，运笔、行笔过程会略显局促，使笔触混合涂抹的效果比较僵硬、不够自然。反之，若以画面最终的涂抹效果为重心，运笔、行笔过程行云流水，但又会将画面物体某些关键造型囫囵吞枣。

使用涂抹工具时不要过犹不及，充分利用 Photoshop 中的图层特性，按照一定的层次序列关系组织涂抹绘制。通过特定的操作过程，将涂抹绘制中的肌理表现和形体表现适度分离，从而达到各尽其长的效果，所以在涂抹绘制之初要对画面中的素材资料进行分析并采用分层布局的方法。

素材资料中，深灰色的背景部分是相对平面化的肌理效果，而前景的绿色瓶子作为画面主体，造型变化较为丰富。使用套索工具将素材图片中的瓶子和桌面进行选区绘制，并分别复制粘贴到各自独立的图层中(如图 8.5.2 所示)，使背景和前景的瓶子、桌面物体进行分离。采用分层绘制的方式可以确保绘制过程中阶段性的相互独立、互不干扰，这样就可以在背景层的涂抹绘制中不影响前景物体的边缘造型，充分实现其特有的绘画效果。

图 8.5.2 图像整理示意

原背景层有绿色瓶子的色彩因素，在涂抹绘制中，绿色与深灰色相互混合，这样的效果与实际的绘画愿景相悖。将绿色瓷瓶的选区载入并填充灰色，将桌面选区载入并填充深灰色，使背景的整体色彩相对统一，更符合真实的色彩关系，便于后续的涂抹处理(如图 8.5.3、图 8.5.4 所示)。

图 8.5.3 笔刷选择类型

图 8.5.4　涂抹绘制前期准备

真实的油画绘制常借用肌理来充分表现物体的外在特征。肌理能使画面产生可触摸的特殊艺术效果，是平涂着色难以达到的，它包括画布的纹理、粗糙的底子、笔触的变化、刀法的应用以及添加物的使用。这就要求在数字绘画中，使用循序渐进的序列步骤来模拟类似的画面效果。

可先选择以面与肌理相结合的笔触进行涂抹绘制，模拟油画的干笔触铺色，绘制中要认真观察分析原素材资料的色彩关系和变化，笔触直径不宜过大（如图 5.5.5 步骤 1）。采用复合笔刷反复叠加涂抹效果的方法，使画面效果更加细腻并富于变化。在图 8.5.5 步骤 2 中，选择一些较为柔和的涂抹笔刷进行局部绘制，用以模拟油画过程中添加调色油的润色技法，与之前的干笔触绘制形成对比，作为之前绘制效果的补充。在图 8.5.5 步骤 3 中，选择点状笔刷继续涂抹绘制，使画面形成局部的颗粒感，模拟油画绘制中沙粒与颜料的结合效果，与之前两步的绘制画面形成点与面的结合关系，这种颗粒式的绘制很容易产生“细节”的画面意向。在图 8.5.5 步骤 4 中，使用混合器画笔工具，选择素描排线样式的笔刷，对现有画面进行画面整合式的绘制，在保留画面细节的同时对局部进行融合处理。

图 8.5.5　肌理效果绘制

注意：从步骤 1 到步骤 4，涂抹绘制和混合绘制多以局部点绘的方式，绘制过程中应体会真实绘画的绘制体验，要多观察并谨慎落笔，切忌机械式的平铺绘制，要很敏感地保留某些精彩的笔触效果，以达到逐步递进、不断丰富的画面效果。

结合之前章节讲授的有关像素重组的相关知识，在进行涂抹绘制的过程，一方面要充分考虑真实绘画比触感的再现，另一方面要注重在带有低分辨率模糊感的像素区域进行涂抹绘制，以达到像素重组的作用，使画面效果更加清晰（如图8.5.6所示）。

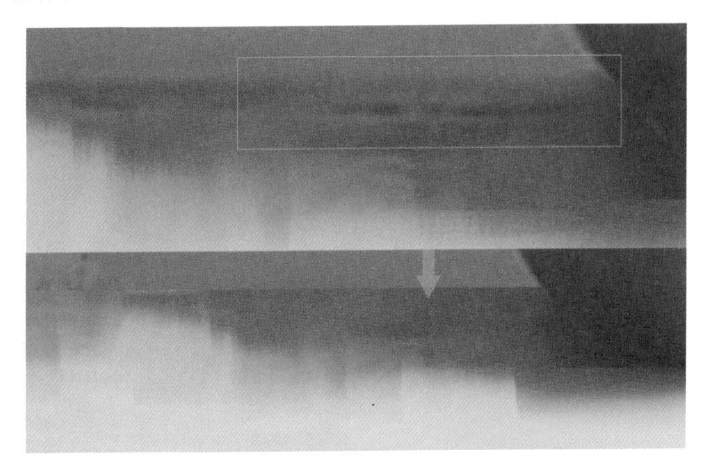

图8.5.6 对低质量像素的涂抹绘制

背景层和桌面层绘制完成后，开始绘制绿色瓷瓶。锁定该层的"透明像素"，使用涂抹工具在整体剪影形范围内进行涂抹绘制。涂抹绘制要依照运笔、行笔的短线原则，绘制笔触不宜过长，按照物体基本造型进行塑造，对于感光等较为明显的笔触，要注重落笔的速度和力道，确保笔触的鲜明效果，起到画龙点睛的作用（如图8.5.7～图8.5.9所示）。

图8.5.7 锁定当前层的有效像素

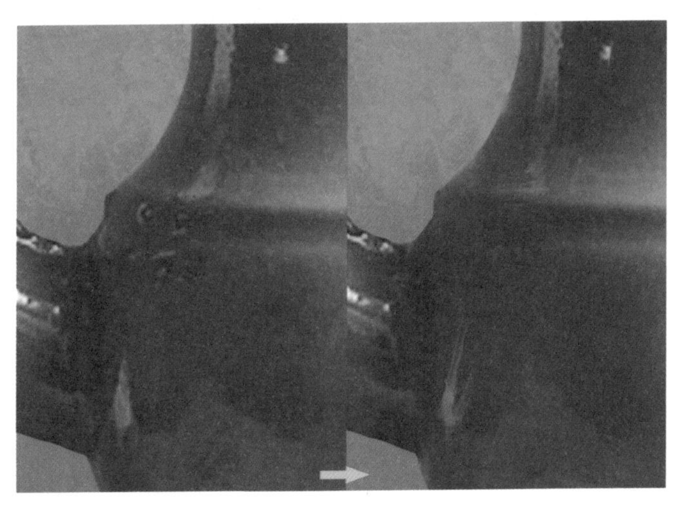

图8.5.8 注重涂抹落笔的速度与力道

绿色瓷瓶剪影形内部画面涂抹绘制完毕后，合并所有图层，使用涂抹工具在瓷瓶与背景衔接的边缘位置进行涂抹绘制，打破原有边缘泾渭分明的效果，增添笔触的虚实变化。在模拟真实绘制的过程中，这个环节比较重要，可通过相关的图层蒙版技术控制边缘造型似有似无的绘制感；也可采用混合画笔工具进行点吸式的绘制，打破原有清晰的边缘效果（如图8.5.10所示）。

图 8.5.9 当前涂抹效果示意

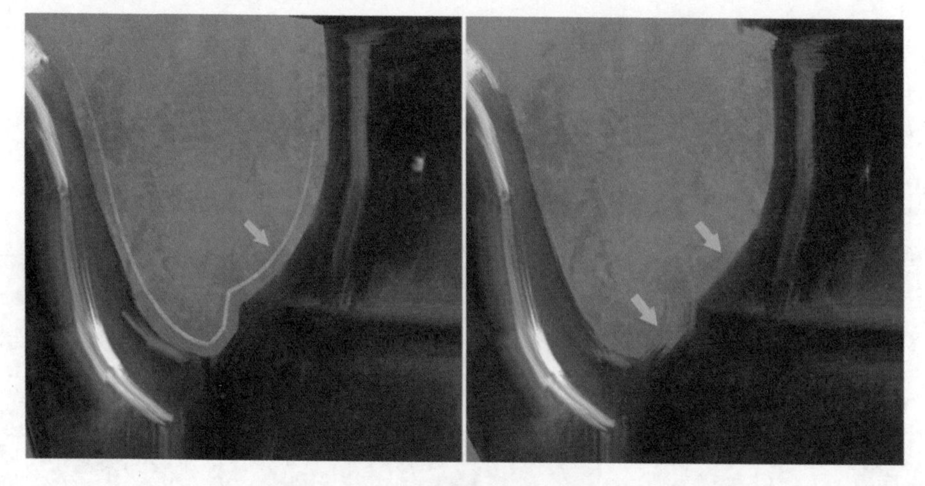

图 8.5.10 主体造型边缘涂抹处理

新建图层，使用画笔工具，采用点吸式绘制方式，继续在画面物体的边缘位置进行绘制，增强画面的真实绘制感（如图 8.5.11 所示）。这种在原有涂抹绘制基础上的点吸式绘制，在数字绘画油画风格的模拟绘制过程中具有一定的典型性。选择块面形式的笔触，可模仿真实绘画中“点”“提”的绘制效果；选择不规则网状的笔触，可有效将现有绘制进行画面衔接（如图 8.5.12 所示）。选择散点状的笔触，可在物体亮部及高光位置模拟出精细的画面意向（如图 8.5.13 所示）。

整体绘制基本完成后，合并全部图层，执行“滤镜”→“锐化”→“智能锐化”命令，结合缩略图实际效果，对相关参数进行调节，随着原有像素色彩的分离，可适度模拟真实油画绘制中将清洗后的砂子与颜料混合绘制的肌理效果，使画面的颗粒感和笔触的厚重感愈发强烈（如图 8.5.14 所示）。

执行“滤镜”→“滤镜库”命令，选择“纹理”中的“纹理化”效果，选择“砂岩”纹理类型，“凹凸”

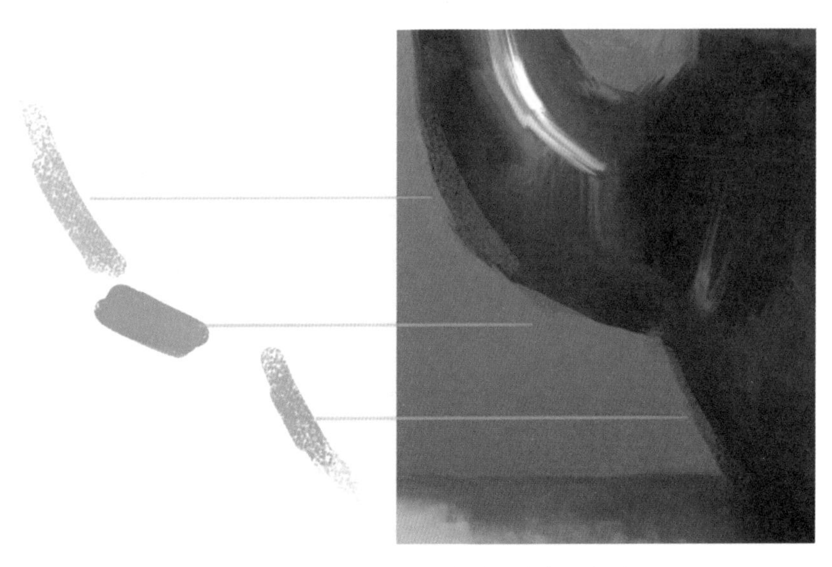

图 8.5.11　点吸式绘制进一步突出真实绘制感

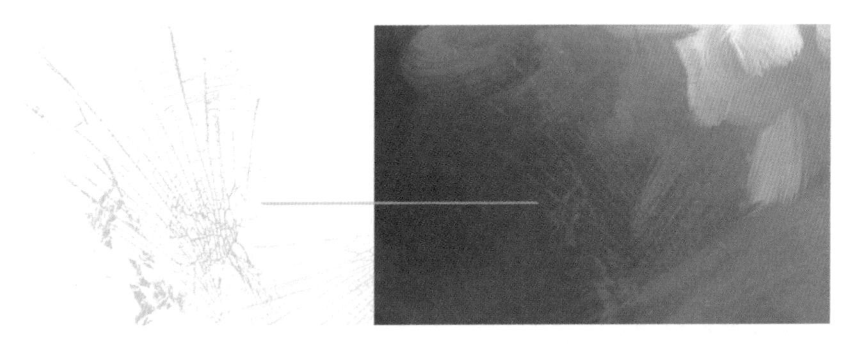

图 8.5.12　网状笔触的衔接效果

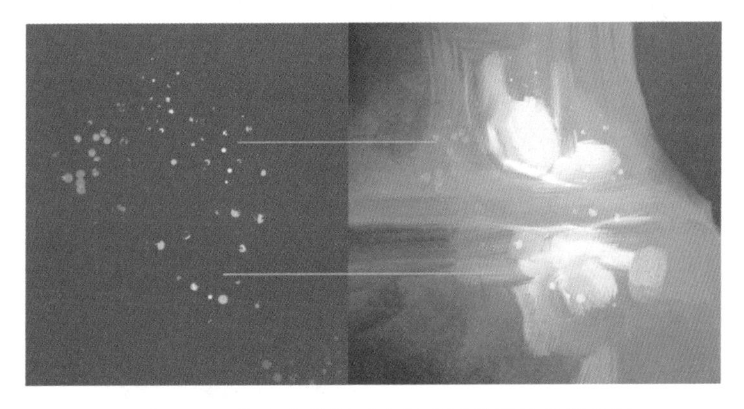

图 8.5.13　散点状笔触对亮部光子效果的模拟绘制

参数不宜过高。继续执行“纹理化”滤镜效果，选择“粗麻布”效果（如图 8.5.15 所示）。这种双重纹理效果的叠加使得画面的画布质感更加细腻。

执行“图层”→“新建调整图层”→“曲线”命令，单击“曲线”调整图层缩略图，在弹出的属性面板中分别对画面的 R、G、B 通道进行色彩调整，丰富画面色彩（如图 8.5.16 所示）。

图 8.5.14 “智能锐化”对话框

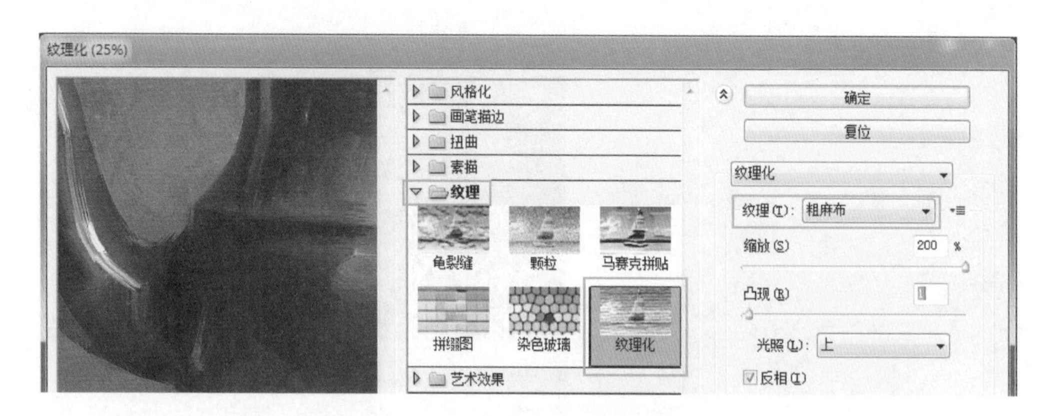

图 8.5.15 多重纹理滤镜添加效果

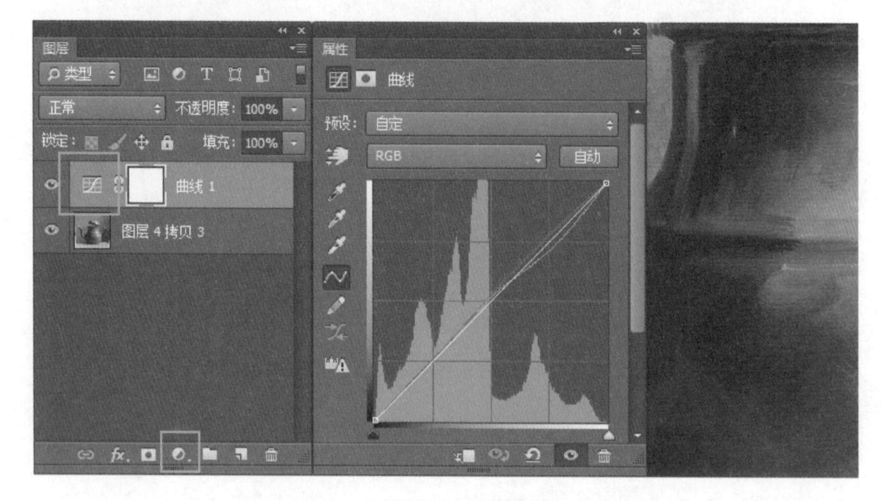

图 8.5.16 当前画面曲线调整操作示意

执行"图层"→"新建调整图层"→"色彩平衡"命令，单击"色彩平衡"调整图层缩略图，在弹出的属性面板中分别对画面的中间调、阴影、高光进行色彩倾向调整。至此，本案例绘制完毕（如图8.5.17、图8.5.18所示）。

图8.5.17 最终画面效果

图8.5.18 局部效果示意

本节小结

通过对本章的学习，使大家掌握了一种新的数字绘画的技法组合方式；延展了绘制者对于传统的绘画工具印象。对广义画笔的运用需尝试多体会，灵活调整各技法间的操作序列，逐步掌握其特有的表现规律。

本节作业

使用教学案例中的相关绘制步骤，临摹绘制一个具有毛发质感的小动物。

ANIMATION

第9章 素材组合式综合绘制技法

在传统绘画中，当绘画者手握画笔面对静物台上的苹果时，不会将苹果瞬间变到纸面上，都会通过对真实苹果的观察，理解它的结构，感受它在光环境下的体量及其与周围空间的关系，一笔一笔地绘制在纸面上。这里提到的“一笔一笔”体现了真实绘画中“线性”的绘制特征，最终的画面效果可以非常客观地表现出每一位画者的“水平”，这是真功夫，来不得半点投机取巧。

数字绘画提供了很多灵活多样的绘制序列，与之前传统绘画中从1到10的线性绘制序列不同，数字绘画带给绘画爱好者无限的可能。绘画者可在软件中完全模仿传统绘画的线性序列完成一幅数位素描或油画创作。在数字绘画领域，绘制过程更像是一个游戏，有各种各样的绘制序列玩法。如果在传统绘画中想要达到阶段8的效果，就必须从1开始做起，1、2、3…直到最终想要的8，这是不可逆的唯一路径。但是在数字绘画的世界，同样是为了能够达到8的效果，绘制者可以像魔术师直接变出10，绘制序列逆向行进，10、9…8，只需两三步即可达到预想的画面效果，这正是数字绘画的魅力所在(如图9.0.1所示)。

图9.0.1 数字绘画作品与参考素材的对比

有很多数字绘画爱好者使用非常高端的数字化设备，但观念依旧是传统的绘画理念。大家经常会讨论“这幅画是画的吗？还是PS的？”每一次看到类似的质疑，我的内心就会反问“你在PS里画画，一切行为不都是在‘P’吗?!”二维绘制软件最大的魅力就是图层，图层为非线性绘制序列的任意组合提供了无限的可能，笔刷和相关绘制工具的灵活运用则为你以假乱真的绘制效果插上了穿越的翅膀。

数字绘画虽然与传统绘画在绘制序列的概念方面存在一定的差异，但并不意味着最后的效果会大相径庭。例如用数字绘画的方式去绘制油画或是素描，即便绘制过程各有千秋，尽显数字风流，但最终的效果还是会回归绘画感的本来面目。以油画或水粉为例，那种特有的笔触感及绘制的气息要尽显无疑，给人一种回归绘画本身的亲切感。条条大路通罗马，尤其是类似体现绘画风的数字手段，最后的效果都要有所回归，只不过这种回归感要更有效率。CG绘画的技法，正是要解决各种有效的技巧和途径，当一位绘画者掌握了几种基本的数字绘画技法后，伴随每个人经验养成的过程和感受的不同层次的理解，加上自己日积月累的尝试和探求，技法和技法之间又会任意组合，达到意想不到的效果，从而派生出更多的画法来(如图9.0.2所示)。

图9.0.2　素材拼接综合绘制实例

9.1　常规的素材组合式绘制

数字绘画给很多职业绘画设计师带来了更多的可能性，在大大提高绘制效率的同时，也让每一位绘画者展示了自己在绘画方面的“超能力”，在不断提升软件操作能力的同时，也在不断完善自己的数字绘画意识，注重绘画技法的活学活用。

在数字绘画技法中，素材组合绘制技法具有高效率的创意绘制能力。做到了创意为先，天下素材为我所用。结合自身创意，迅速进行素材拼接，并在此基础之上继续深入绘制，同时素材和素材之间相互叠加而形成的“肌理印象”以及拼合的造型印象，也促使绘画者继续拓宽创意想象的维度。

素材组合式绘制技法是一套综合的绘制技法，在概念设定、广告创意、插图绘制、动画美术等前期思路拓展绘制方面非常实用。

实际绘制中，绘制操作往往要经历大致4个绘制阶段：①素材收集(构思阶段)；②素材拼接(构思整理阶段)；③通过综合绘制手段进行统一整理绘制；④整体画面的调节。

设计师根据一定的创意需求和较为意向的想法，借助互联网或相关资源寻找创意灵感素材或应用素材，创意素材与设计师主观想法之间产生积极的互动，画面元素不断构筑，整体想法也逐步清晰起来。

素材拼接环节，就技法本身来看操作流程较为常规。使用套索工具并结合一定的选区羽化命令，或使用相应的图层蒙版技术，将原素材图像中有价值的部分呈现在画面组织中，利用前后图层的序列关系，进行拼接处理。素材拼接过程重在画面内容的组织，设计师会根据创意、构图、透视等综合因素不断做出调整，这是作品创意构思的重要环节。通过类似的操作步骤，创意理念被逐步梳理，画面整体意向也达到一个相对满意状态（如图 9.1.1、图 9.1.2 所示）。

图 9.1.1　图像素材组织示意

图 9.1.2　素材绘制最终效果示意

适当降低构思草图的不透明度，按照整体的创意、透视关系以及对现有素材的综合分析，使用套索工具，将素材资料的可用部分进行选择，复制粘贴在画稿的相应位置，可按照实际需求适当调整其大小，拼合过程未必非常精细，点到为止（如图9.1.3、图9.1.4所示）。

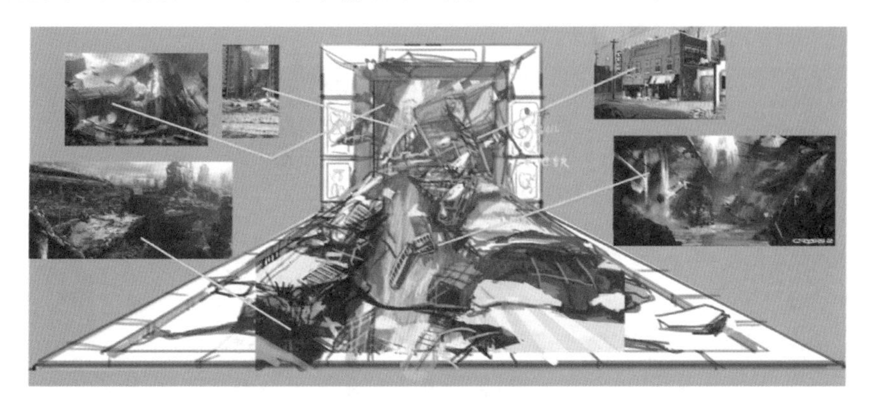

图9.1.3　构思草图示意

图9.1.4　图像素材调整

采用逐层叠加的方式，不断将有效素材进行组合式拼贴。可根据素材之间的衔接关系决定图像剪切时选区羽化的数值变化（如图9.1.5所示）。

图9.1.5　素材组合示意

充分发挥传统数字绘制与素材组合拼接的相互作用，素材组织是画面构成的基本方式，数字绘制作为画面构成的有益补充。在图 9.1.6 中，使用画笔工具，选择与火焰相似的形状笔刷，对现有画面进行营造气氛的效果绘制。在原有素材组合的基础上，使用点吸式绘制对画面进行相对深入和完善（如图 9.1.7 所示）。

图 9.1.6　特效笔刷绘制对素材拼接画面效果的丰富

图 9.1.7　点吸式绘制对当前素材拼接画面的完善

在实际绘制中，形状或纹理类型的笔触效果，往往会起到事半功倍的效果，为后续的素材拼接起到了引领作用。在图 9.1.8 中，立面素材组织的整体边剪影形便巧妙运用了具有破碎效果笔触的局部造型走向。

素材组合式综合绘制，将设计概念快速形成相对具象的画面呈现，为后期设计想法的继续深入打下基础（如图 9.1.9 所示）。

在这个步骤展示了素材组合式绘画的制作思路，通过对有效素材的快速组合可以大大提升绘制效率，做到一切有效素材为我所用。绘画者可在短时间内对整体创意进行快速图形化展

图 9.1.8 纹理绘制笔触对拼贴素材剪影形的引领作用

图 9.1.9 素材拼接构思效果示意

现。案例中展示的仅仅是一个通过素材快速组合并进行简单绘制的草图，也可以按照这种绘制思路拓展下去，结合相关的绘制技法，绘制出完成度较高的数字绘画作品。

素材组合式综合绘制技法提供了一种崭新的创作思路，可帮助艺术家快速确定设计思路中某些大趋势，通过借助素材，使绘制者将更多注意力集中在一些宏观的想法上而不拘泥于局部的某些刻画。图 9.1.10 是通过素材拼接绘制技术表现的电影场景概念设计，建筑主体采用现成的古迹素材，在此基础上拼合了碎石残垣的相关素材，通过点吸式绘制对画面进行有效衔接，统一了空间光线，整合了整体空间意向，突出了人物与建筑主体的空间关系。这种绘制非常高效，多用于电影相关的概念设计，对后期场景、道具等相关美术制作起到很大的指导作用。

图 9.1.10 通过素材组合快速绘制的空间设定

对于素材拼接绘制，示意、展示的作用较为明显。如果方案确定，则会根据其不同的应用形式决定对应的画面完善手段。

9.2 草图快速表现技法

草图所体现的虽不是最终的效果，但是在表现方式上要力求给人以延展性的画面维度，给观者以想象的空间。从某种角度而言，草图是一种沟通的方式，将想法进行快速的图形化表现，帮助绘制者延伸创意构思，在整个工作流程中会充分提高效率。

草图的应用范围非常广泛，包括镜头表现、插图构思、形象设定创意等。本节将介绍一种比较实用的草图快速表现技法，体现数字绘画技法中序列组合的新方式，在实际应用方面具有一定的广泛性，学习者在实践中可以此为借鉴，做到活学活用，结合本例制作思路举一反三(如图 9.2.1 所示)。

图 9.2.1 草图最终效果示意

根据画面表现主题广泛收集相关素材，在收集过程中，应根据有效素材继续优化创作思考，本着以我为主、素材带动的创作思路，使初始想法与实际素材互动结合，从而更好地推动画面表现。使用叠层素材拼接的方式进行画面组织，基于图像素材一定的局限性，可采用片段式的拼贴方法整合画面表现（如图 9.2.2 所示）。

图 9.2.2 素材拼接初步阶段的画面表现

在素材拼接过程中，对画面构图中素材空缺的位置进行点吸式绘制延展，用现有素材画面的色彩关系完善草图的绘制，在一定程度上弱化了草图拼接的画面效果，使整个画面表现具有一定的开放性、完整性（如图 9.2.3 所示）。

图 9.2.3 点吸式绘制对现有画面的完善

在整体画面相对完整的前提下，合并全部图层，继续新建图层，将前景色调整为明度较亮、纯度较低的颜色并进行画面填充，适当调整该图层的“不透明度”，继续弱化素材拼接的画面意向，加强画面整体表现，为后面的线稿草图绘制提供画面基础（如图 9.2.4、图 9.2.5 所示）。

图 9.2.4 “图层”面板

新建图层，使用画笔工具，选择具有绘画感的笔触，进行类似于拓画式的草图绘制，这是一种非常讨巧、高效的绘制手法，线条绘制具有一定的延展性，最终的画面效果既借助了

图 9.2.5　当前画面效果示意

原有图像素材的造型意向，同时又在原有基础上进行了造型抽离，增强了草图表现的效果。在草图绘制过程中无须将每一个细节都画到淋漓尽致、过分细腻。草图线稿绘制以深色线条为主，模拟铅笔绘制效果，可结合点吸式绘制对现有画面进行局部调整。线稿绘制完毕后，可根据画面表现需求适当提高单色平涂层的“不透明度”或删除单色平涂图层（如图 9.2.6、图 9.2.7 所示）。

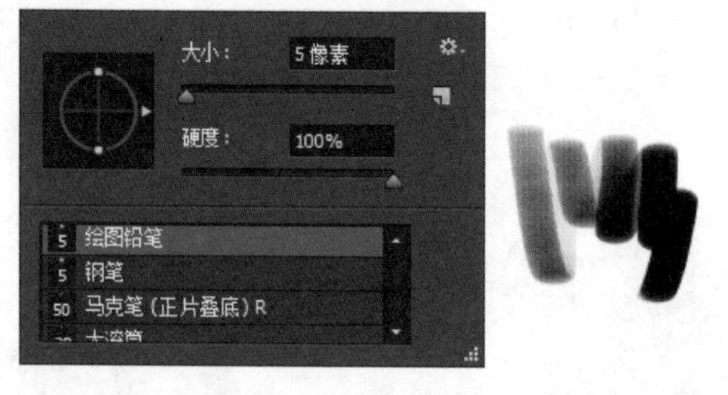

图 9.2.6　带有绘画效果的笔触

图 9.2.7　草图线稿绘制及单层效果示意

将全部图层合并，使用涂抹工具，选择绘制感较强的笔触（例如模拟油画效果的笔触），对现有画面进行涂抹绘制，将之前画面中的线稿和素材两种元素进一步融合，涂抹绘制中要注意整体画面绘制气质的延续性，强化画面的草图意向（如图 9.2.8 所示）。

图 9.2.8　涂抹绘制效果示意

执行“图像”→“调整”→“色相/饱和度”命令，适当降低“饱和度”参数，这种适度降低饱和度的操作增强了画面创意初期“黑白”草图意向，可根据实际绘制需求灵活安排本步骤操作（如图 9.2.9 所示）。

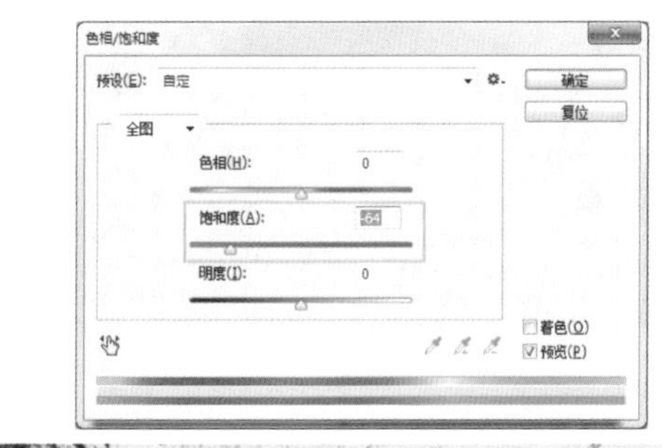

图 9.2.9　当前画面效果示意

执行“滤镜”→“滤镜库”命令，这是一个集成度很高的滤镜包，里面有很多较为实用的滤镜效果。在基本草图风格确立之后，根据画面需求，添加相应的滤镜效果。注意：此类滤镜可作为最终画面的“锦上添花”，效果适中即可（如图9.2.10、图9.2.11所示），千万不要将滤镜的相关属性参数调节过高，避免最终画面“过暴”“过乱”。

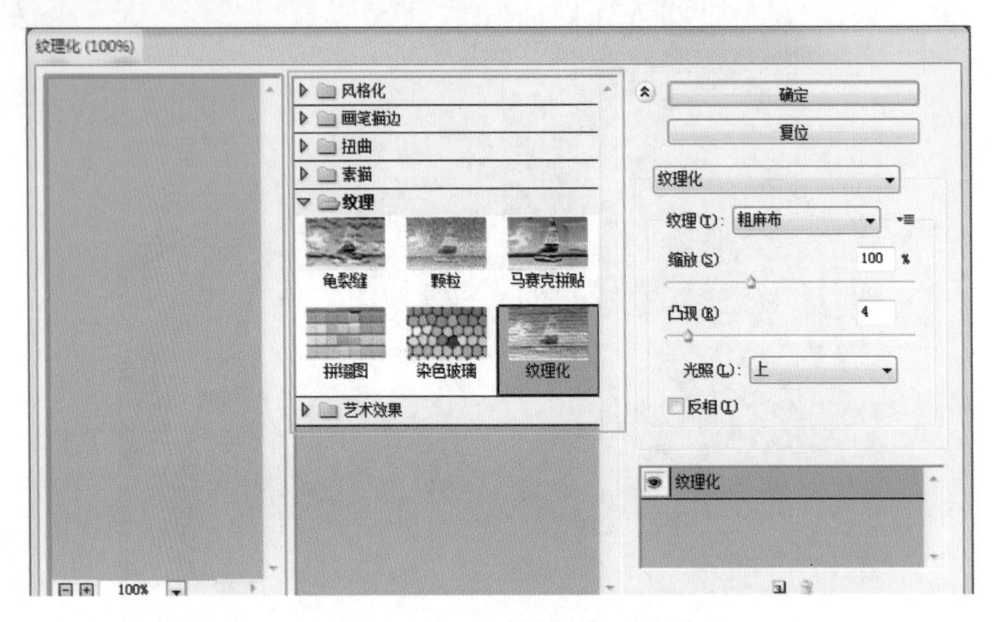

图9.2.10 “纹理化”滤镜命令面板示意

“纹理化”效果　　“色阶”效果

图9.2.11 不同纹理质地滤镜效果对比示意

本节小结

本节重点介绍了素材组合综合绘制中草图表现技法的操作，延展了素材拼接绘制的应用范围，展现了新的数字绘画思路，对于设定类的前期概念化草图或一般构思绘制的画面表现具有一定的参考意义。通过本节的学习，应深入体会各绘制环节相互之间的作用关系，做到举一反三、活学活用。

本节作业

根据自己的构思收集素材，进行“昆虫战士”的概念操作绘制。

9.3　素材组合式概念设定快速表现

素材组合式绘制技术在概念设定快速表现领域常有非常灵活的运用，绘制者可充分根据自己脑海中初步的创意构思，借助互联网搜索图片资源组合拼接整体的概念创意。这种拼接组合的方式是非常高效的，既有的图片素材有时会游离于绘制者最初的构思之外，但这又无形中激发绘制者在画面构思中不断突破，寻求新的平衡，从而不断推进整体的设定进程。在拼接过程中，会通过一些基础的绘制技术作为辅助，用以补充和衔接画面内容，同时要保持画面光线透视的逻辑性，做到整体构思形式上的浑然一体。概念设定的画面要始终保持开敞的推进状态，为最终方案的确定提供想象的空间。这种素材组合式概念设定快速表现技法在构思的画面表现中非常实用。本节重在素材拼接与设定推进的流程演示，学习者要多感受。

新建画布，填充灰色前景色。让整体画面的明度适度降低，有助于拓展技法绘制者的想象，同时为后续构思草图的“不确定性”绘制奠定视觉氛围的基础。

新建图层，使用画笔工具，选择类似铅笔的绘画笔刷，在画面中草图式地绘制构想的场景布局，这种草图式的绘制心态非常重要，侧重于对场景构思的把握，而并非是精美画工的体现。

初步草图结束后，继续新建图层，使用画笔工具，选择一些具有绘画涂抹质感的笔刷效果，对整体空间的光影进行大致的构思绘制，适当降低该光影绘制图层的透明度，以突出线稿层在整个画面中的主导作用(如图 9.3.1 所示)。

图 9.3.1　概念草图绘制

充分利用网络资源，通过互联网搜索引擎进行关键字搜索，寻找适合创意构思的素材资料。可通过按快捷键 Print Screem SysRq 迅速截屏并粘贴至画布图面中。通过简单的整理操作，将素材资料调整至相应的位置。注重素材与空间整体的透视关系，这也是选择素材时需要注意的因素之一(如图 9.3.2 所示)。

这种素材快速拼接的方法，可在画面整合的过程中起到立竿见影的效果。拼合素材的心态依旧是草图化的心态。为了不让素材粘贴到场景中显得突兀，可以适当降低该图层的不透明度，让素材上依稀透着之前的草图绘制痕迹。例如有意降低沙发素材的透明度，让后面的皮箱

图 9.3.2　素材快速拼贴效果示意

和草图痕迹有所体现；有意使用橡皮擦工具，将音箱和座椅素材靠下的部分轻轻做些擦除；椅子素材在最初抠图时，只是简单使用了魔术棒工具，调整后的椅子素材边缘还有很多的锯齿像素的痕迹……以上这些素材处理的细节都是为了与原有画面的草图气质相吻合，关注点侧重整体氛围的营造(如图 9.3.3 所示)。网络找到的素材资料未必尽善尽美，有时也会受到颜色、透视等其他因素的局限，但只要总体方向正确，便可为场景所用。

图 9.3.3　当前画面效果示意

素材可以被充分利用，但是整体的概念构思不能依赖素材，对于那些心中所想的素材无法找到时要做到随手能画，采用简单的点吸式绘制即可，以"达意"为最终目的，绘制风格依旧坚持草图化的绘制，保持轻松的绘制状态(如图 9.3.4 所示)。

在素材拼接组合的过程中，要考虑场景的光源环境，可采用激活图层的"锁定透明像素"的功能，按照整体构思的光源环境，为当前层素材熏染些亮部以示意被光照的方向。例如场景中的画架就做了简单的光照熏染效果(如图 9.3.5 所示)。

在投影绘制方面可采用灵活多样的形式，可以采用之前章节讲授的"圈影"技法，让画面迅速呈现光影效果；新建图层，直接使用矩形选框工具概括圈绘矩形选区，填充阴影颜色，通过对图层不透明度的调节调整阴影效果；直接为图像素材添加图层样式，添加投影效果，比如墙面的

图 9.3.4　点吸式绘制效果示意

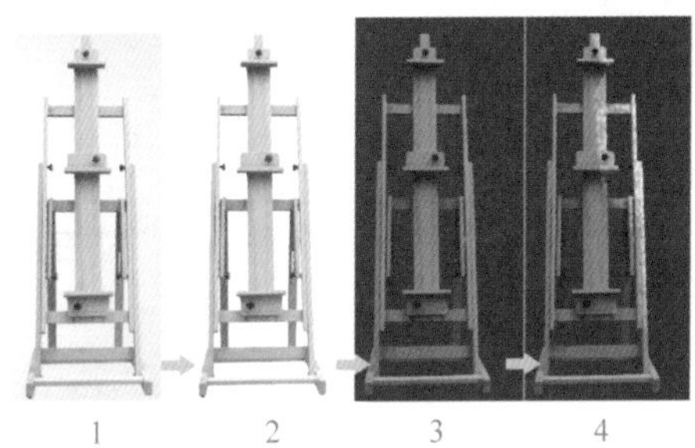

图 9.3.5　快速熏染绘制

壁画(如图 9.3.6～图 9.3.8 所示)。

光影的处理不一定面面俱到,但空间中较大面积的受光物体的光影呈现,往往会帮助空间的概念设定快速营建整体氛围。例如范例中墙体的光影处理,采用的“圈影”技法起到了立竿见影的效果(如图 9.3.9 所示)。

使用画笔工具，选择一些光效笔刷，将画笔工具调整为"颜色减淡"模式，在概念场景的

图 9.3.6　常规"圈影"绘制

图 9.3.7　概括式的矩形选区光影绘制

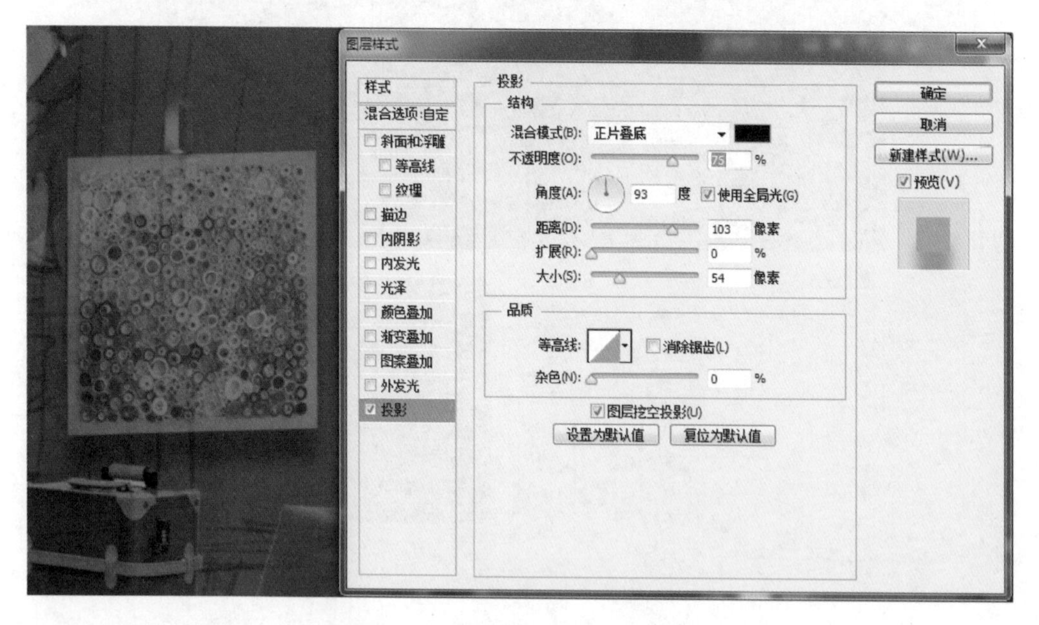

图 9.3.8　通过图层样式添加光影

使用画笔工具，选择一些光效笔刷，将画笔工具调整为"颜色减淡"模式，在概念场景的光源位置，进行熏染或点提的绘制，也可配合多边形套索工具，在特定区域内进行熏染，模拟灯光的照射角度（如图 9.3.10 所示）。

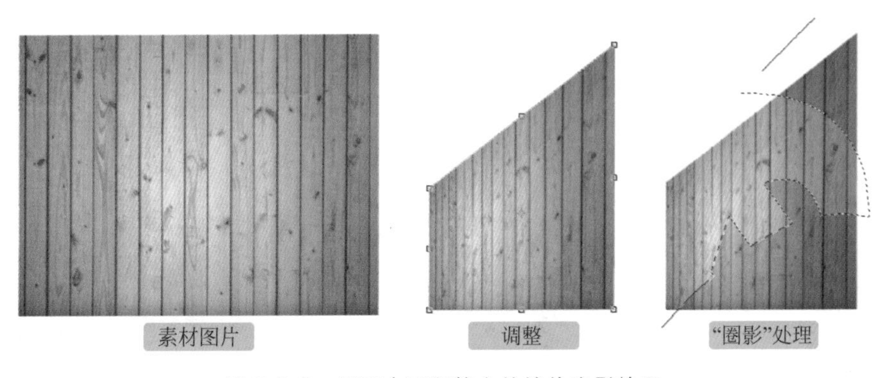

图 9.3.9　画面中面积较大的墙体光影效果

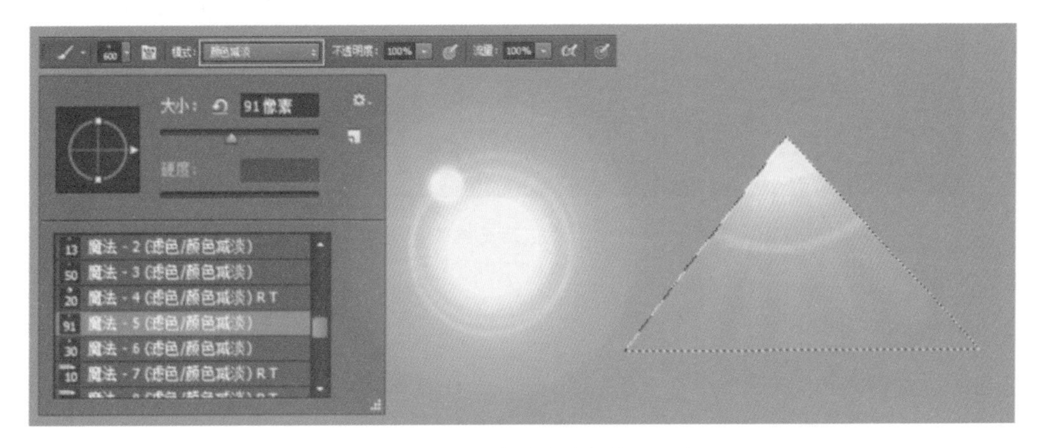

图 9.3.10　光效熏染绘制效果示意

使用"亮度/对比度""曲线"(快捷键为 Ctrl + M)或"色彩平衡"(快捷键为 Ctrl + B)等常规图像调整命令对整体画面进行调整，让画面的色彩因素具有更强的内在联系性，使整个画面浑然一体(如图 9.3.11 所示)。

图 9.3.11　当前画面效果

本案的场景概念设定过程历时 1 小时，正是因为巧用了素材组合的方式，让工作效率得以提升。在此基础上，可以根据实际的修改需求，采用素材点吸式叠层绘制的方式，继续完善设定，其间依旧可以继续使用素材资料，整个过程始终要保持草图时的绘制状态，不拘泥于具体物体的刻画，多从宏观、从氛围、从剧本故事本身想问题，这样才有利于概念设定思路的贯通，为后期动画场景的三维制作起到针对性的引领作用（如图 9.3.12 所示）。

图 9.3.12　空间概念设定及三维模型渲染效果示意

9.4　理解"像素"

在实际的素材组合式绘制过程中，根据不同主题的绘制案例，绘画者往往通过在互联网搜索引擎输入相应的关键字，收集需要的相关图片素材。由于网络媒体的相关技术特性，多数图片资料的分辨率往往局限于 72 像素/英寸，可满足计算机屏幕浏览的需求，但若作为绘制素材，画面质量则表现一般，仅可为绘制者提供造型或色彩方面的"印象"。图像素材的拼接实现了表达方向的图面构思，这只是一个基础，要做到在此基础进行"精度"绘制，就需要对画面基本组织单位"像素"的特性有一定深度的了解，更有助于素材组合式综合绘制技法的掌握。

之前讲授的案例展示了一个素材快速组合并加以绘制的草图表现技法。一般情况，草图画面质量不是很高，但是对于完成度较高的数字绘画作品则必须解决由低分辨率素材到高质量完成度画稿的转化。

像量图片是以像素为基本组织单位所组合而成的图片类型，无论图片素材画面尺寸大小或清晰与否，当使用放大镜工具将图片无限放大时，所呈现的单位像素的罗列方式完全一致。每个像素都是一个单位距离的规整矩形颜色块。

在网络中随意搜索一幅分辨率较低的图片，执行"图像"→"图像大小"命令，在弹出的对话框中显示其长宽尺寸均为 299 像素（如图 9.4.1、图 9.4.2 所示）。

使用放大镜工具🔍对图片进行无限放大，每一个像素清晰可见，甚至可分辨像素块的数量。为了印证这一印象，我们新建了一个图层，在上面做了相关辅助性的说明，可以看到图片中的红色参考色块为 10 个像素宽（如图 9.4.3 所示）。

在图片无限放大观察的前提下，在新建图层中创建 10 个单位像素宽度的红色矩形。执行"图像"→"图像大小"命令，在弹出的对话框中将图片分辨率改为 300 像素/英寸，此时图片文档原宽度和高度没有变化，而宽度和高度的像素数值分别变成了 934 像素和 934 像素。仔细观察之前创建的 10 像素宽的红色参考矩形块发生了微妙的变化。在图片宽度和高度没有变化的

图 9.4.1　由网络搜索到的低分辨率图像

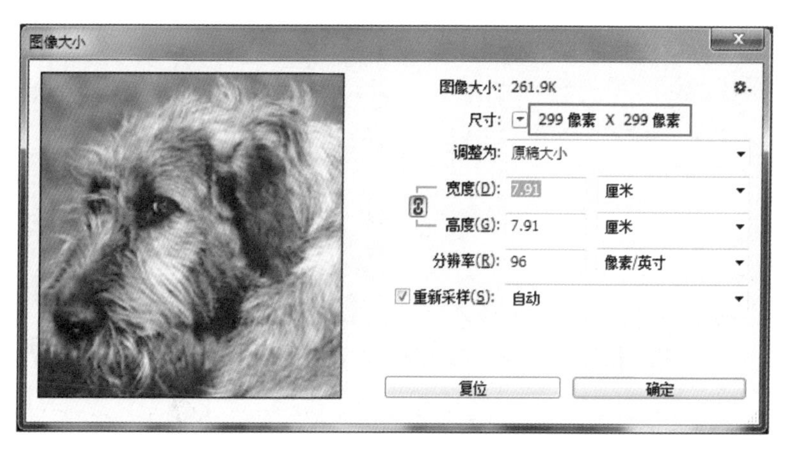

图 9.4.2　图片像素大小

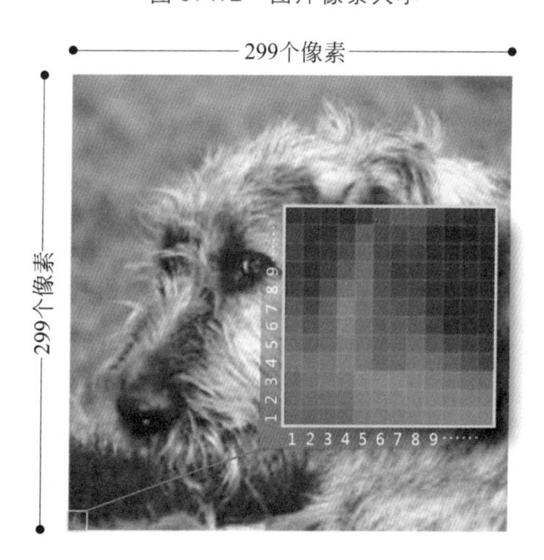

图 9.4.3　图片像素组织示意

前提下，原有像素块进行了细分，原像素之间的颜色形成了渐变式的过渡效果，似乎是模糊了一些，使用放大镜工具继续放大观察，单位像素依旧有规律地排列(如图 9.4.4、图 9.4.5 所示)。

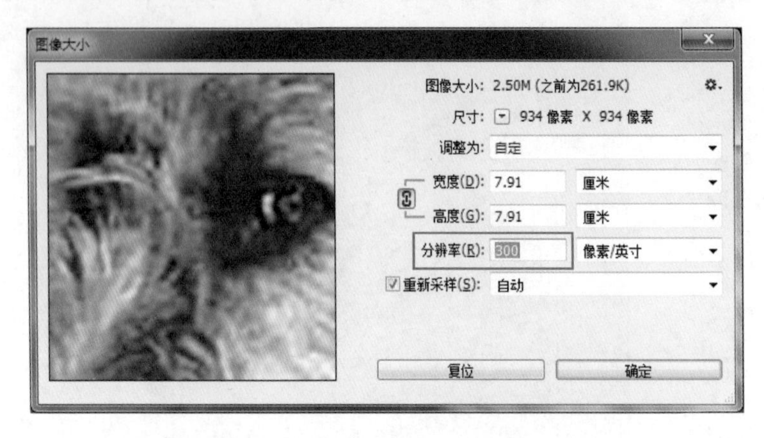

图 9.4.4 “分辨率”提升至 300 像素/英寸

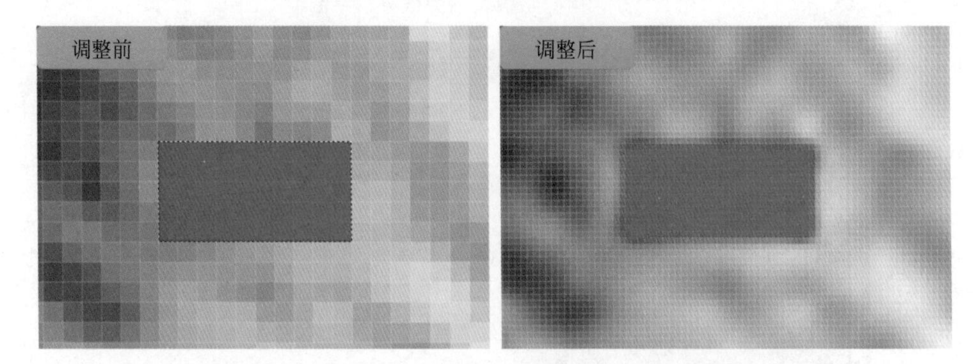

图 9.4.5 细分像素前后的画面效果对比示意

分辨率的提升细化了像素间的色彩分配，细分像素之间有微妙的色彩差别(如图 9.4.6 所示)。继续执行“图像” ➤“图像大小”命令，将图中分辨率提升至 500 像素/英寸。在原图像尺寸不变的情况下，原单位像素被进一步细分，通过调整前后的效果对比，画面精度并没有提升(如图 9.4.7 所示)。

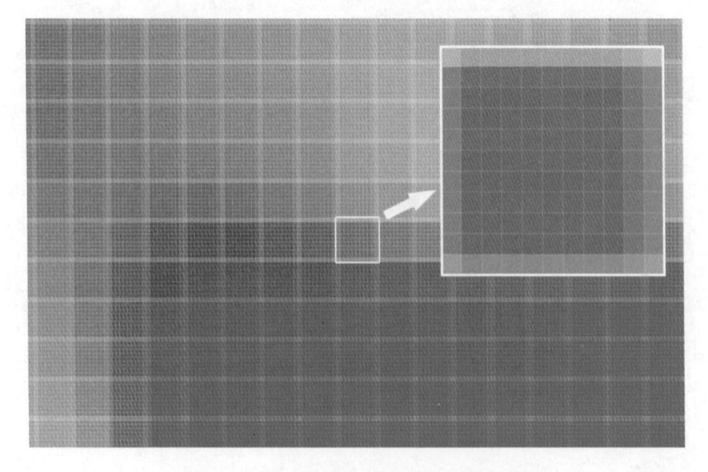

图 9.4.6 像素放大观察效果示意

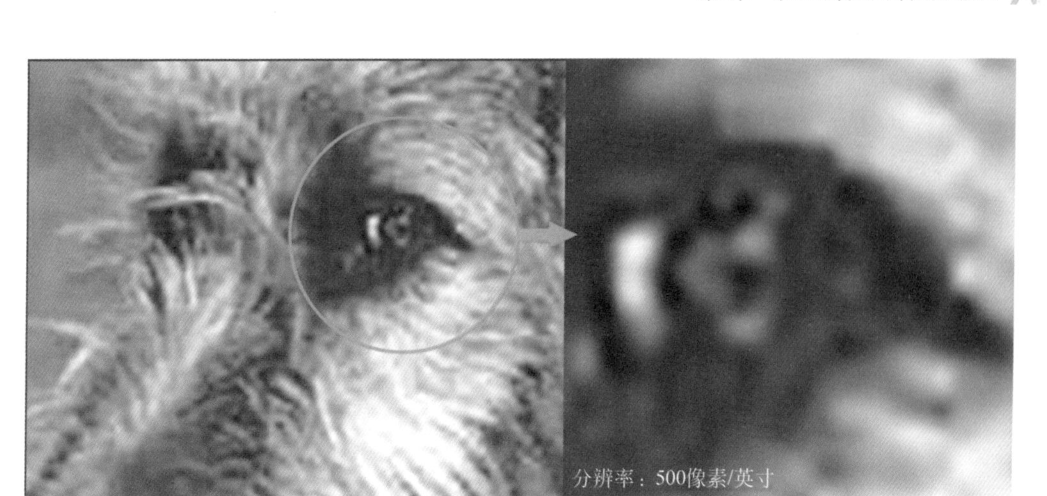

图 9.4.7 “分辨率”调整前后效果对比示意

在“分辨率”保持 500 像素/英寸不变的前提下，将原有图像素材进行一系列数字绘画操作，直观上看，画面精度提升了很多，使用放大镜工具将两幅图片进行同等程度的放大，像素大小和布局完全一致，画面质量的清晰与否，与像素色彩的组织关系密不可分（如图 9.4.8、图 9.4.9 所示）。

图 9.4.8 和原素材图像进行比较

使用涂抹工具或混合器画笔工具在分辨率较低的画面素材进行绘制操作时，虽然图片像素色彩组织关系发生了变化，但单位面积的像素数量较少，不足以承载细腻的笔触变化（如图 9.4.10 所示）。

执行“图像”→“图像大小”命令，在弹出的对话框中将“分辨率”变为 3000 像素/英寸，原图尺寸宽度已达到 8587 像素×6543 像素，图像大小为 160.7MB。同样使用涂抹工具进行涂抹操作绘制，画面的像素色彩关系随涂抹笔触进行重新组合，单位面积的像素数量足以满足细腻的画面表现（如图 9.4.11、图 9.4.12 所示）。

图 9.4.9　像素色彩的不同组合方式

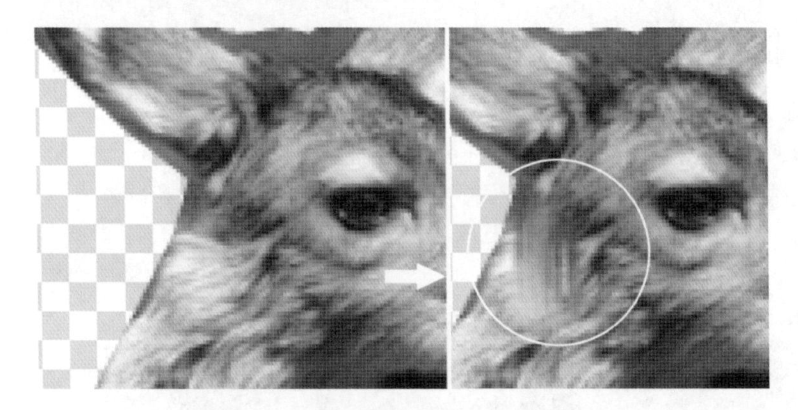

图 9.4.10　低分辨率图像的涂抹绘制效果

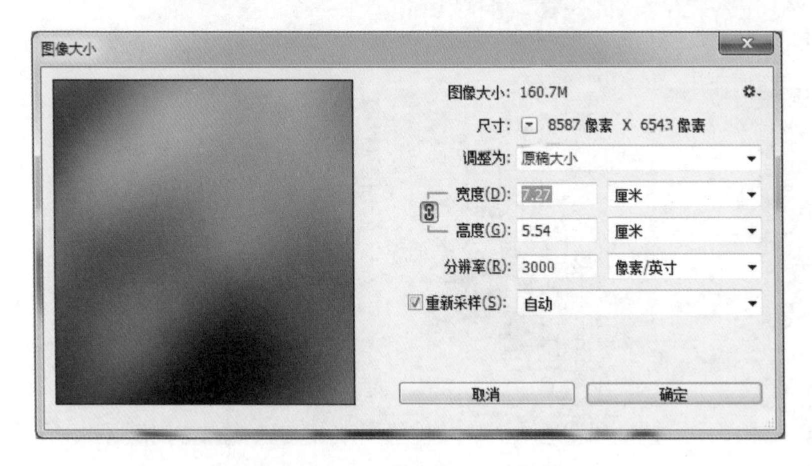

图 9.4.11　“图像大小”对话框

受常规计算机硬件条件的制约，单幅图像文件大小为 100MB 以上时，常规绘制操作尤其是涂抹操作会出现绘制延迟的情况，使绘制手感不够顺畅。一般多采用局部放大——绘制——缩小还原的绘制方法(如图 9.4.13 所示)，详细步骤如下：

(1) 使用矩形选框工具，对当前画面需要细化的部分进行框选，按快捷键 Ctrl + C 进行图像复制。

(2) 执行“文件”→“新建”命令(快捷键为 Ctrl + N)新建文件，此时 Photoshop 会自动创建与第(1)步复制图像大小一致的新建画布。

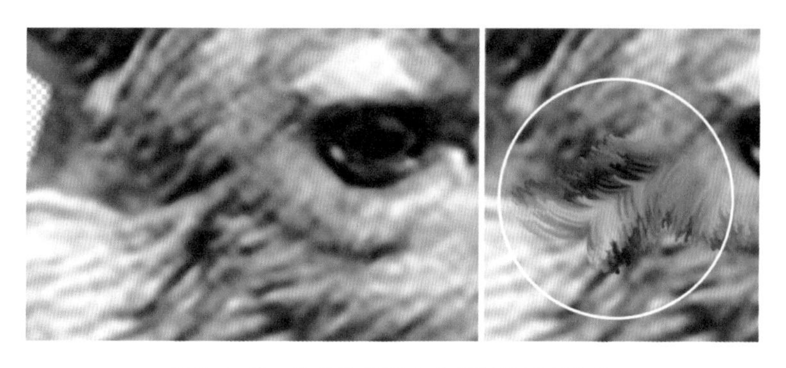

图 9.4.12 涂抹绘制后产生细腻的画面表现

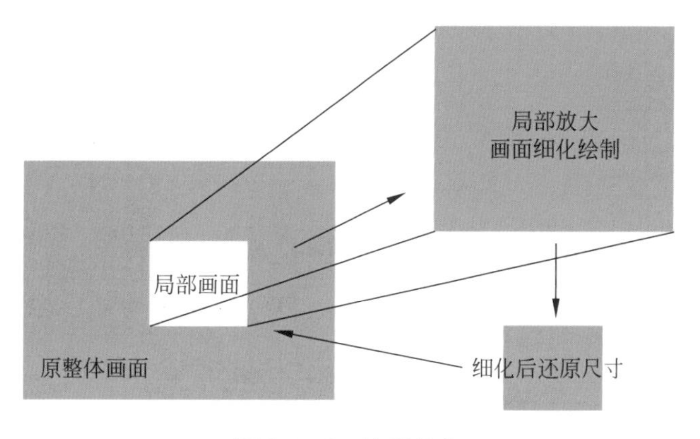

图 9.4.13 流程示意

(3) 按快捷键 Ctrl + V 将复制图像粘贴至新建画布，执行“图像”→“图像大小”命令，在弹出的对话框中提高图像分辨率，图像大小可控制在 100～150MB，在此基础上可进行常规绘制操作。

(4) 细化绘制完成后，再次执行“图像”→“图像大小”命令，将画布分辨率还原至创建初始大小。按快捷键 Ctrl + A 对图像进行全选并复制图像并细化图像，原位粘贴至原整体画布的相应位置。

局部图像虽经历了放大——细化——再缩小的过程，但缩小后的图像精度明显高于细化之前的同尺寸画面，这种绘制方法被广泛应用于写实度较高的数字绘画创作中(如图 9.4.14 所示)。

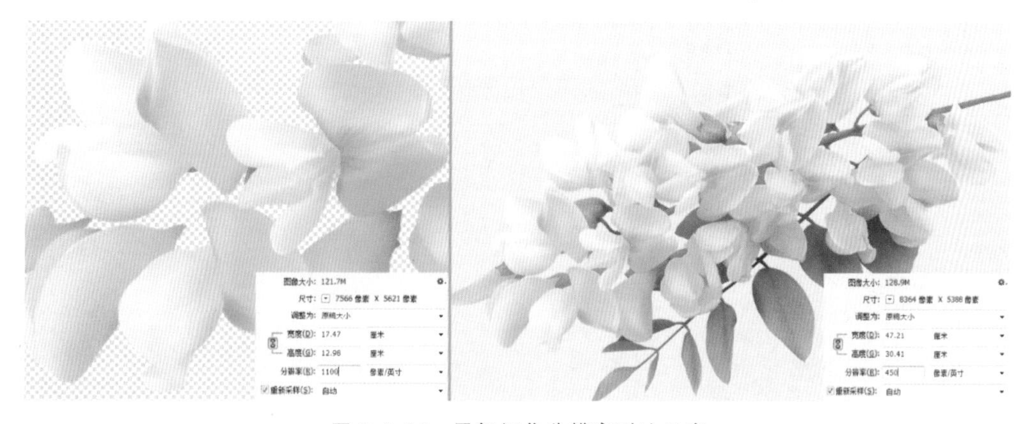

图 9.4.14 局部细化分辨率对比示意

本节小结

本章讲授了素材组合式综合绘制技法的相关概念和应用技法，拓展了绘制者数字绘画非线性的创作思路，重点演示了草图快速表现技法和素材组合式概念设定快速表现技法的绘制流程，深入分析了“像素”的概念、基本组织方式和转换方式，在实际绘制中具有积极的指导意义。

第10章 综合技法实例分析

综合之前章节相关技法要点讲授，本章分享两个比较有代表性的数字绘画表现技法实例：人物速涂综合绘制技法和场景表现技法，在技术应用方面具有一定的典型性，学习者在宏观把握整体绘制流程的同时，要多关注细节的技术处理，领会表现手法的用意以及和后续跟进环节的衔接关系。综合技法实例并没有将所有绘制技法大杂烩式地罗列，依旧是以画面表现为最终出发点，技法的选择也并非是唯一的，绘制者在学习过程中可以辩证地展开思索，可以尝试不同的表现手段，以达到融会贯通的作用。

10.1 人物速涂综合绘制技法

本节以人物肖像绘制为表现主题，通过数字绘画技法的综合运用，巧妙运用技法特性，合理安排操作步骤，达到快速表现绘制效果。通过本例学习，继续延展绘制者的创作思路，从而达到举一反三的效果。

新建图层，将图层命名为“线稿构思”，使用画笔工具选择带有铅笔质感的效果笔刷，按照个人的造型习惯进行构思式的草图绘制。草图绘制力求具有一定的创意延展性，带动后续绘制的画面感觉。在“线稿构思”层之下新建图层，命名为“基础底色”，使用画笔工具选择具有一定纹理效果的笔刷，将前景色调整为皮肤色彩，在脸部区域进行平涂绘制。平涂绘制可尝试行笔的速率及压感变换，有意带有笔触衔接的痕迹，画面绘制较为粗犷，丰富画面色彩，为后续点吸式绘制提供一定的色彩参考。拟定画面主光线的位置，结合人物脸部结构，使用套索工具进行圈影绘制，暗部调节效果适中即可，使画面快速形成人物脸部形体的光影意向（如图 10.1.1、图 10.1.2 所示）。

图 10.1.1 图层序列示意

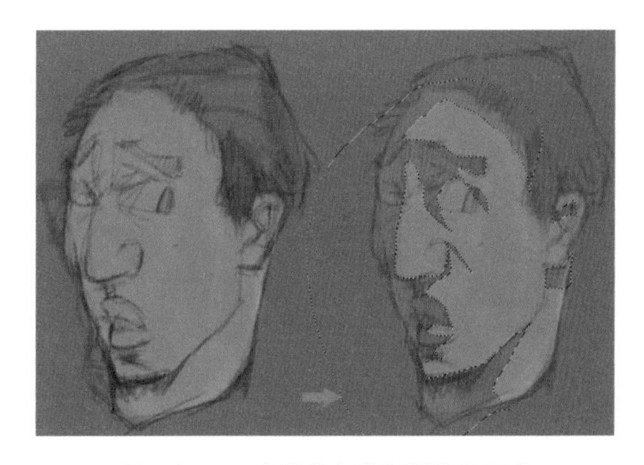

图 10.1.2 当前脸部“圈影”效果示意

使用减淡工具，选择常规压感柔边圆头笔刷，对当前脸部上色图层的亮面区域进行减淡涂抹绘制，强化其光影效果。减淡工具与“圈影”技法的配合使用充分提高了画面成像效果（如图 10.1.3 所示）。

图 10.1.3　当前画面效果示意

执行“图层”→“新建调整图层”→“曲线”命令，根据画面需求对现有画面红、绿、蓝通道分别进行曲线调整，丰富了原有画面色彩（如图 10.1.4 所示）。

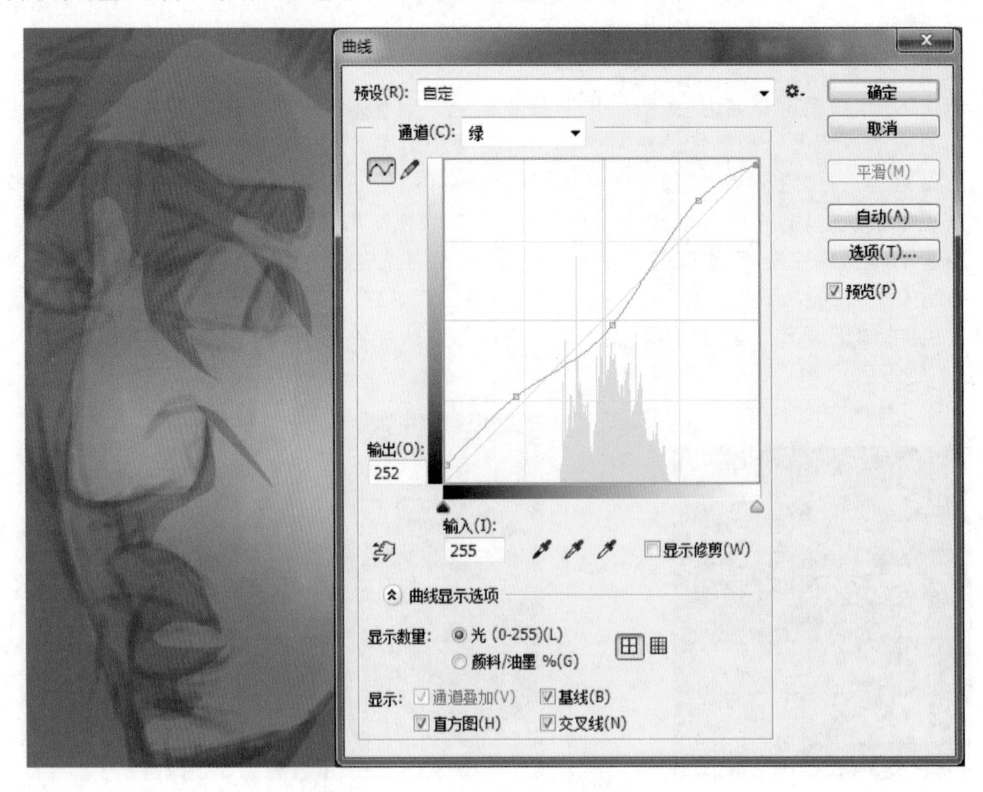

图 10.1.4　“曲线”调整色彩操作示意

执行“图层”→“新建调整图层”→“色彩平衡”命令，分别调整阴影、中间调和高光的色彩倾向(如图 10.1.5 所示)。

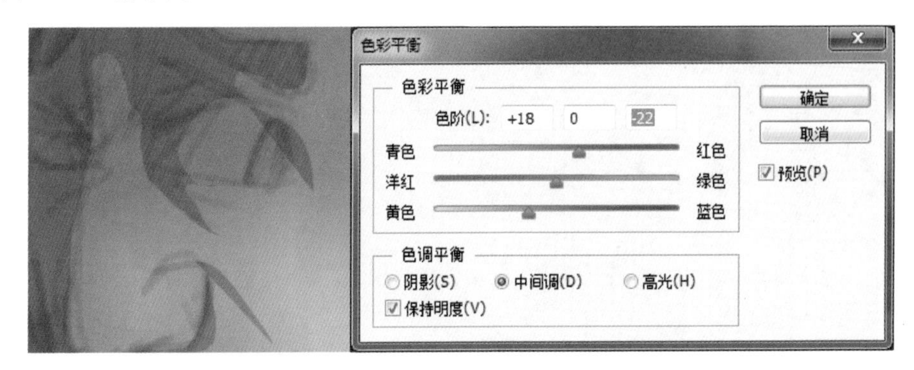

图 10.1.5 “色彩平衡”调整色彩操作示意

执行“图层”→“新建调整图层”→“色相/饱和度”命令，调整脸部图层的整体色彩倾向，适度降低画面饱和度(如图 10.1.6 所示)。

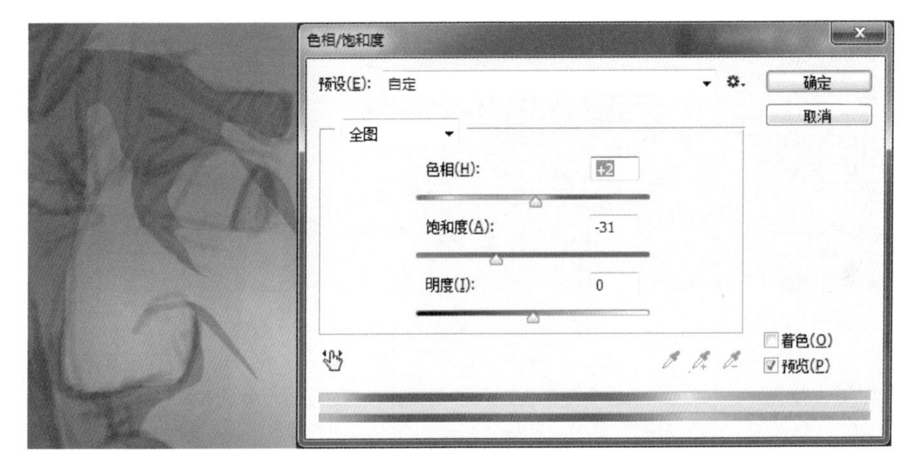

图 10.1.6 “色相/饱和度”调整色彩操作示意

系列调整图层的运用各有侧重，丰富色彩关系、调节各色调及整体画面的色彩倾向和饱和度。使画面色彩快速呈现有规律的变化，这是一种非常快捷的色彩丰富的方法，为后续点吸式绘制提供了很好的取色基础。

执行“选择”→“载入选区”命令，将皮肤上色层的选区范围载入，新建图层，命名为“色彩熏染”，将“图层”模式调整为“叠加”模式。使用画笔工具，选择常规压感柔边圆头笔刷，适时调整前景色，对人物面部的环境色及自身的微妙色彩变化进行熏染绘制，进一步丰富画面色彩。熏染绘制完毕后，将熏染层、线稿层和皮肤层进行合并，保留原有的深色背景层(如图 10.1.7 所示)。

通过一系列的调整绘制，当前画面已经形成了较为丰富的色彩关系，但角色的形体意向相对弱化。使用画笔工具，选择绘制感较强的笔刷效果，通过点吸式吸取现有画面中的重色，并将前景色在现有基础上适度调暗，对人物整体头部造型进一步严谨绘制。注意，造型绘制要本着循序渐进的原则，目前仅做到初步完善，力求与现有色彩效果的完成度达到一致，使整体画面浑然一体，切忌过犹不及(如图 10.1.8 所示)。

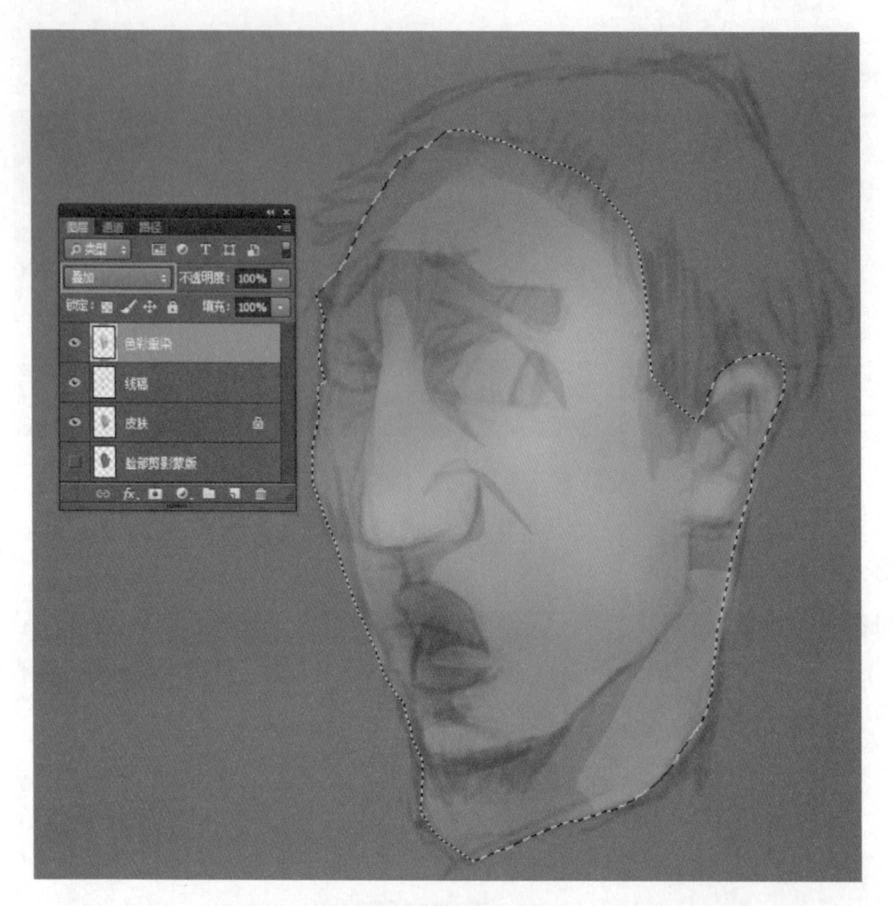

图 10.1.7 脸部色彩熏染

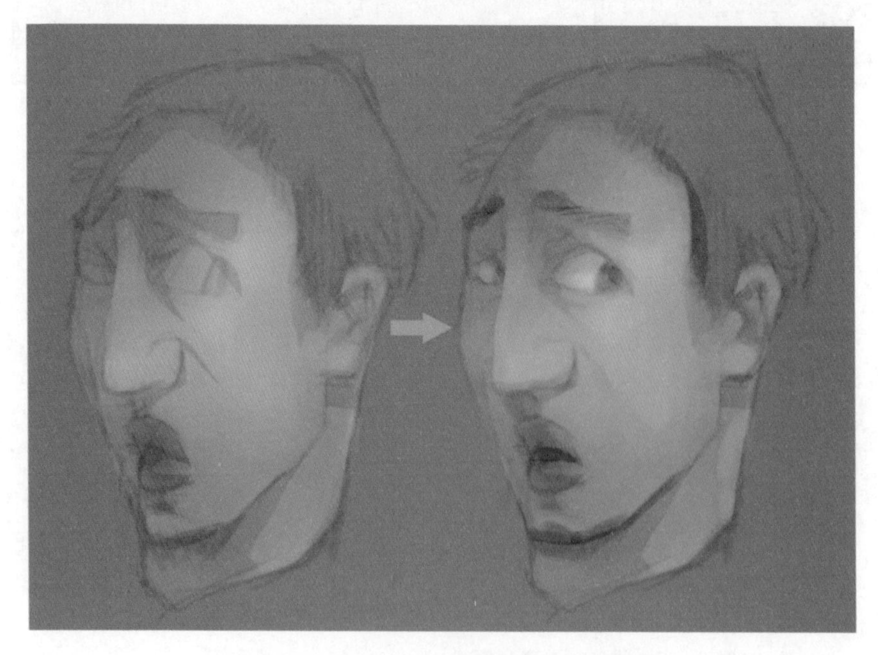

图 10.1.8 通过点吸式绘制完善造型

新建图层，使用多边形套索工具对眼镜选区采用逐步递增的方式进行选区绘制，填充深棕色前景色，制作眼镜剪影（如图 10.1.9 所示）。

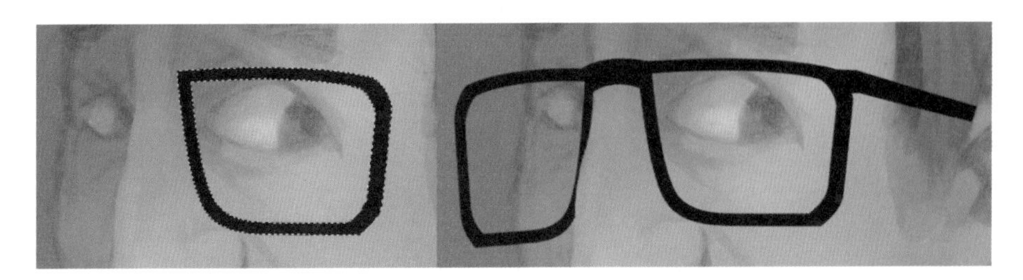

图 10.1.9 眼镜剪影效果示意

将脸部上色层和背景色层进行合并，使用画笔工具，以点吸式绘制角色头发并逐步完善脸部造型细节。执行“图像”→“调整”→“曲线”命令，将现有画面的 RGB 通道进行调整（如图 10.1.10 所示）。

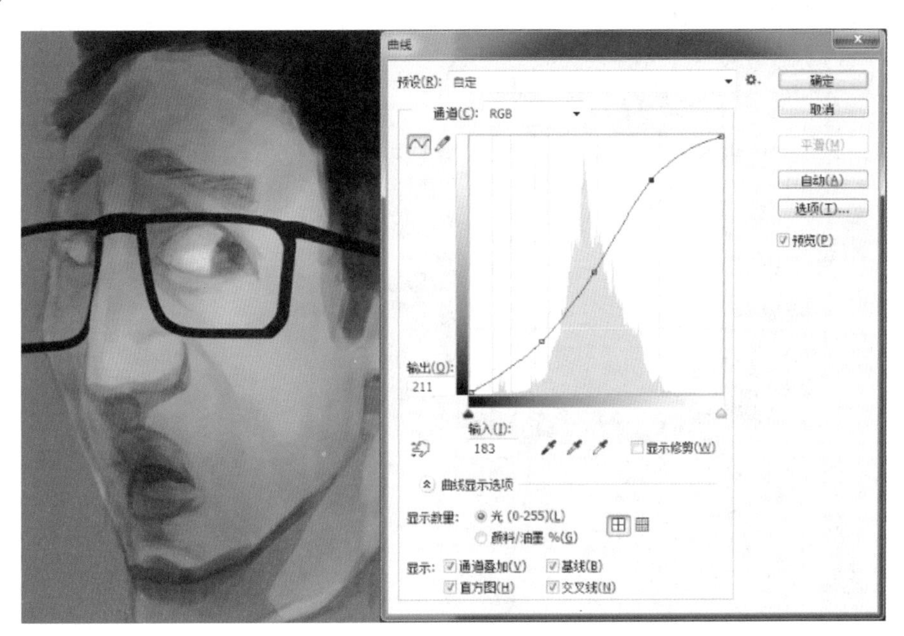

图 10.1.10 “曲线”命令面板操作示意

新建图层，使用画笔工具，选择绘制感较强的笔触效果，点吸画面中的深色，以线条方式绘制发际线及眼镜相应位置的投影并强化绘制暗部的形体结构，使暗面的结构层次更加厚重。可使用橡皮擦工具进行绘制调整，通过该层“不透明度”的调节控制线条绘制的深浅变化，与现有画面充分融合（如图 10.1.11 所示）。

锁定“眼镜框”图层的透明像素，使用画笔工具，选择相应的纹理笔刷在镜框有效像素范围内进行熏染绘制。使用套索工具，按照镜框基本形体关系进行“圈影”绘制。适当缩小画笔笔触直径，以线条绘制的方式，对镜框的线形高光和反光进行线条点提式绘制（如图 10.1.12 所示）。

使用魔棒工具，在“镜框”图层单击获取“镜片”位置选区，回到底部图层，按快捷键 Ctrl + C 对选区图像进行复制，按快捷键 Shift + Ctrl + V 对刚刚复制的图像进行原位粘贴（如图 10.1.13 所示）。

图 10.1.11 暗部点提绘制

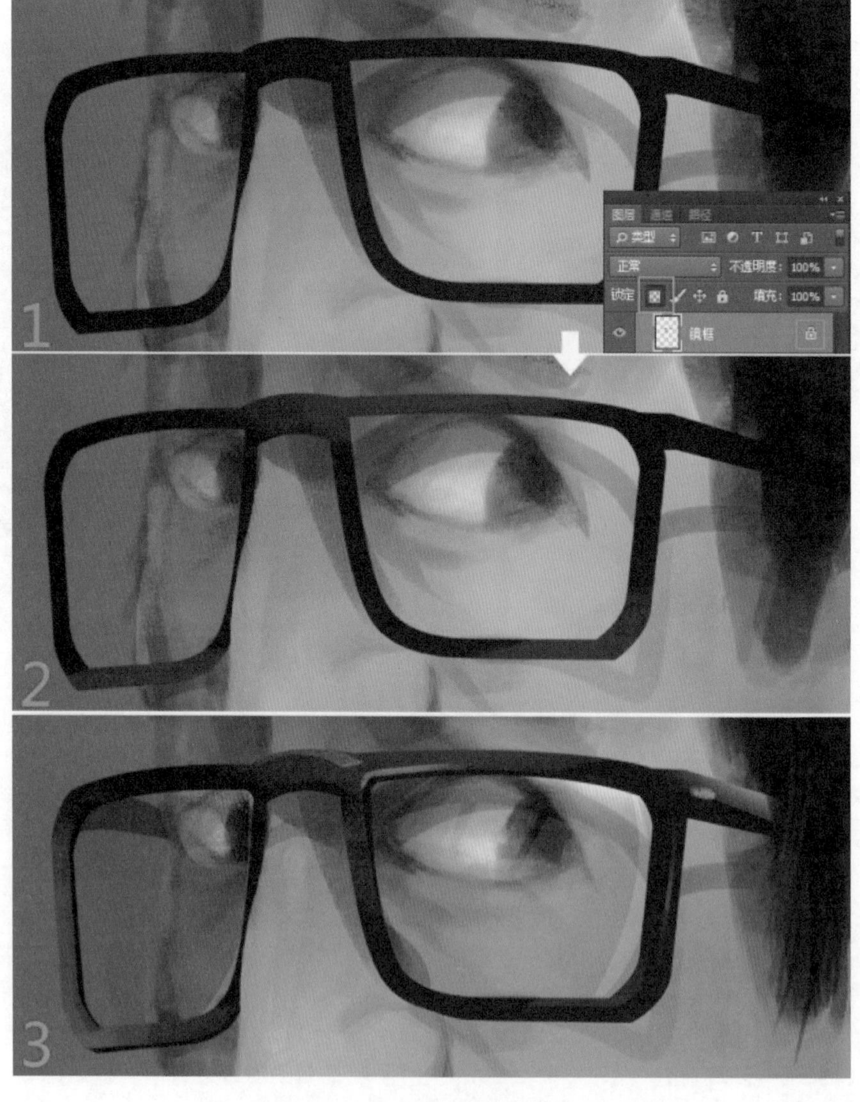

图 10.1.12 暗部点提式绘制

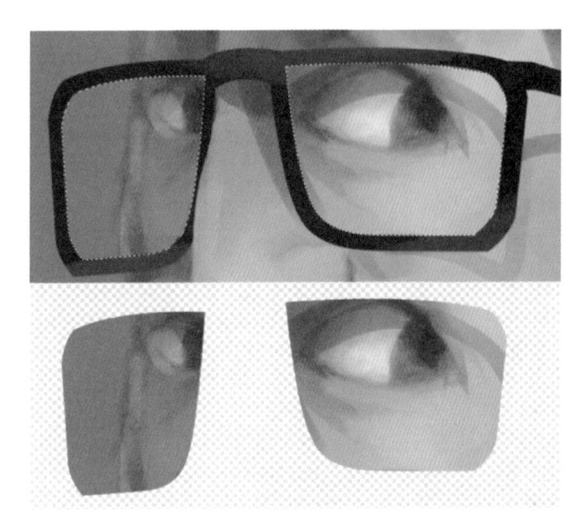

图 10.1.13　镜片区域图像示意

执行“图像”→“调整”→“亮度/对比度”命令，将镜片区域图像整体调暗，使用套索工具，对镜片高光区域进行“圈影”调亮绘制。锁定镜片图层的透明像素，使用画笔工具，将画笔模式调整为“线性减淡”，以点吸式拾取亮部皮肤色为当前颜色，对镜片层局部进行熏染绘制，为镜片添加光亮效果。新建图层，使用画笔工具，选择有压感的线条绘制笔刷以点提式绘制镜片反光及厚度效果，适时调节图层不透明度，使绘制笔触融入画面（如图 10.1.14、图 10.1.15 所示）。

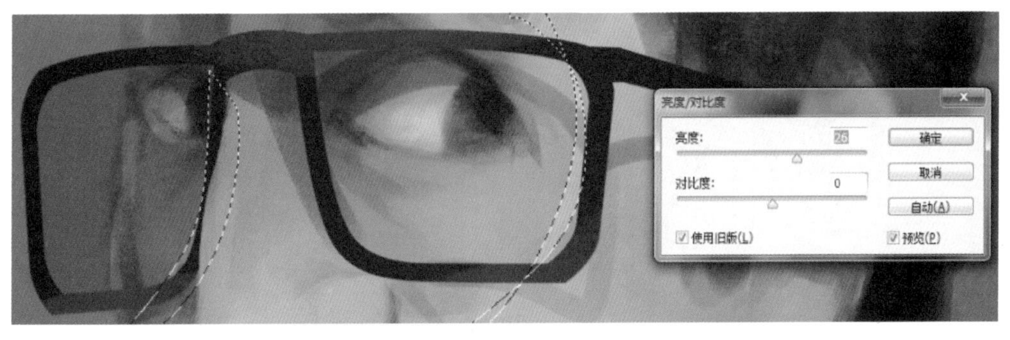

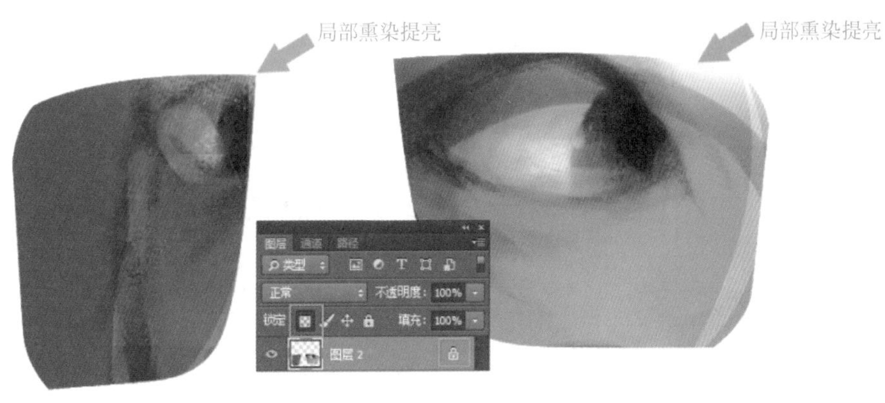

图 10.1.14　镜片效果绘制示意

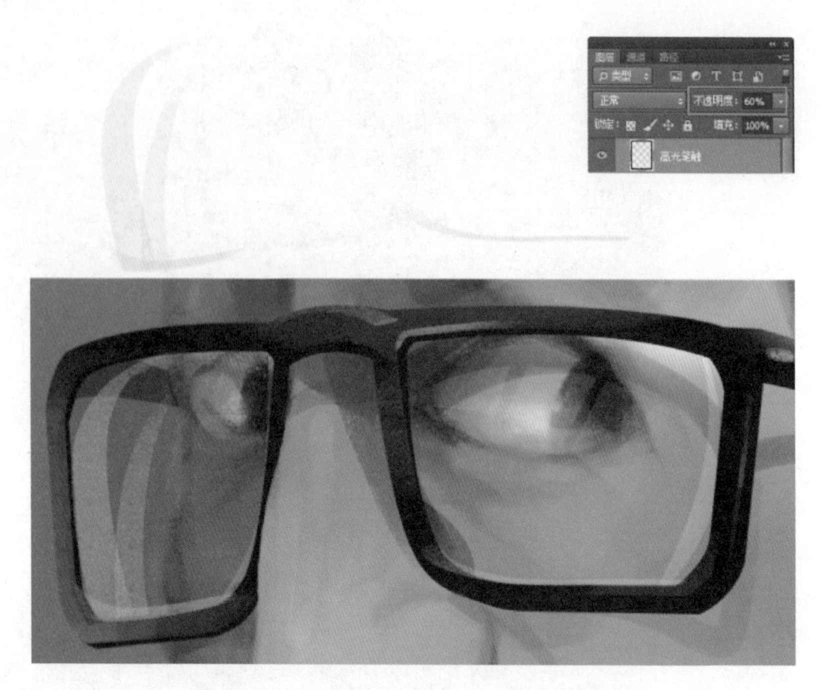

图 10.1.15　以线条点提方式绘制效果示意

在实际操作中，新建图层的线条点提式绘制应用比较频繁，充分利用图层调节的灵活性为原有画面增添细节(如图 10.1.16 所示)。

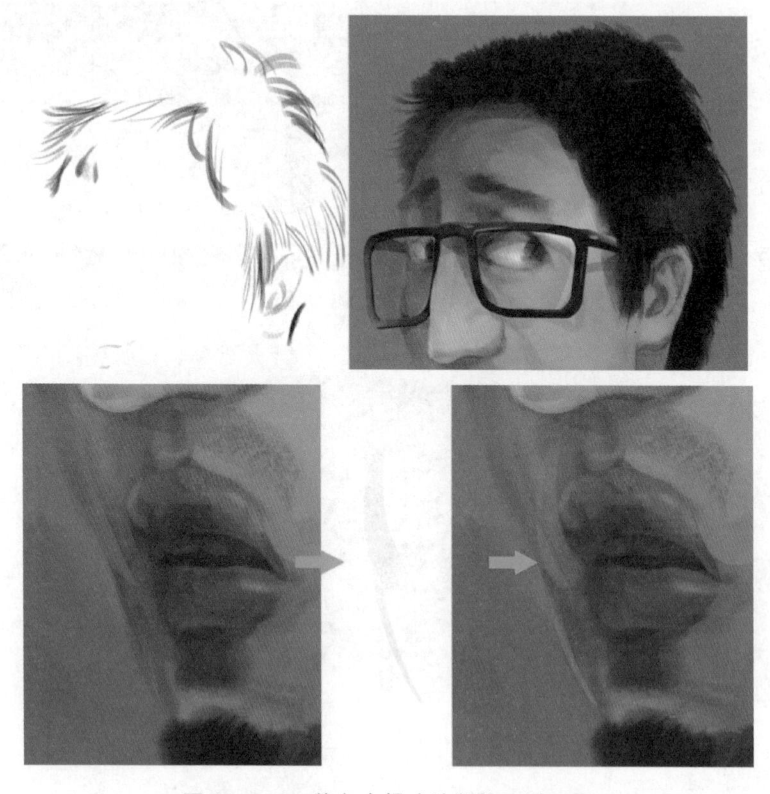

图 10.1.16　线条点提式绘制的灵活运用

使用混合器画笔工具，选择类似素描排线的画笔笔触，对现有画面笔触效果进行混合绘制，使原画面色调衔接更加柔和，增加一定的绘制感（如图 10.1.17 所示）。

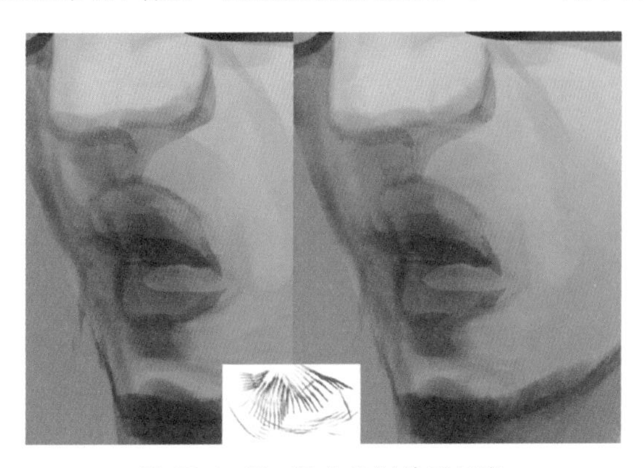

图 10.1.17　混合绘制效果示意

在整体绘制基本完成后，继续使用相关调整图层对现有画面色彩关系进行调节，具体调节操作可参考之前章节。至此，人物速涂综合案例绘制完成（如图 10.1.18、图 10.1.19 所示）。

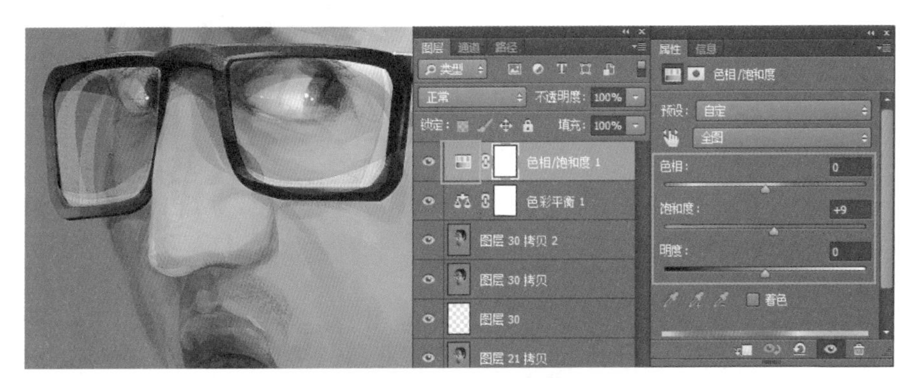

图 10.1.18　调整图层操作示意

图 10.1.19　最终画面效果示意

本节小结

本节对数字绘画肖像快速表现技法进行了较为翔实的分析，其间运用到之前章节讲授的众多使用技法。结合画面表现需求，充分运用各技法操作特性，并在实际绘制中互有穿插，是较为实用的综合表现技法。学习者应注重数字绘画规律的体会和掌握，充分结合自己当前绘画技能的掌握程度，灵活运用于实际项目。

本节作业

使用综合绘制技法为自己绘制肖像，要求造型写实，特点可做适度夸张处理。

10.2 场景概念设定效果绘制

本节将分析一个场景概念设定的效果绘制实际案例（如图 10.2.1 所示），穿插运用了之前提到的部分综合技法，并在此基础上有新意。使用画笔的特色笔触效果进行素材拼接，在透视和肌理结合的画面基础上去不断地“提炼”细节，对于“循序渐进”的绘画状态的深刻体会，对于画面“对比”关系的感受，以及点线面元素的灵活运用等，结合实际案例都做了相应的讲授，希望大家有所收获。

图 10.2.1 最终效果示意

1. 空间概念设定

新建画布，填充灰色前景色；新建图层，使用画笔工具，选择自定义的一点透视笔刷，以“点”画的方式在画面中确定灭点和水平线的位置（如图 10.2.2 所示）。

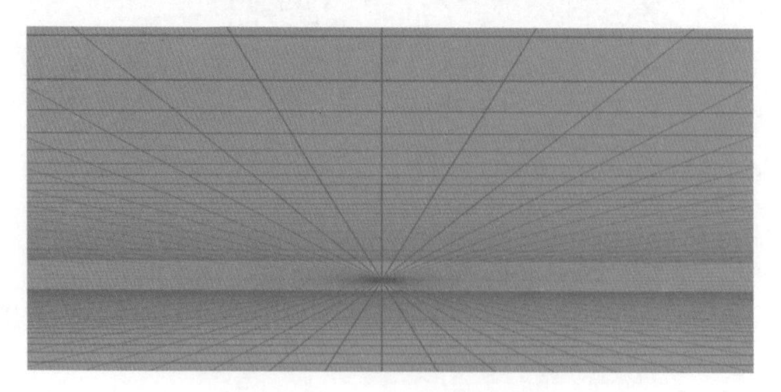

图 10.2.2 一点透视参考线绘制

继续新建图层，使用画笔工具，选择有维度感的绘画笔刷，以现有透视线作为基本参考，绘制大致的空间意向。绘制笔触应注重行笔、压感的轻重缓急。笔触与笔触间有意无意叠加而造成的某种偶然的肌理效果，会为后续绘制带来更多灵感(如图 10.2.3 所示)。

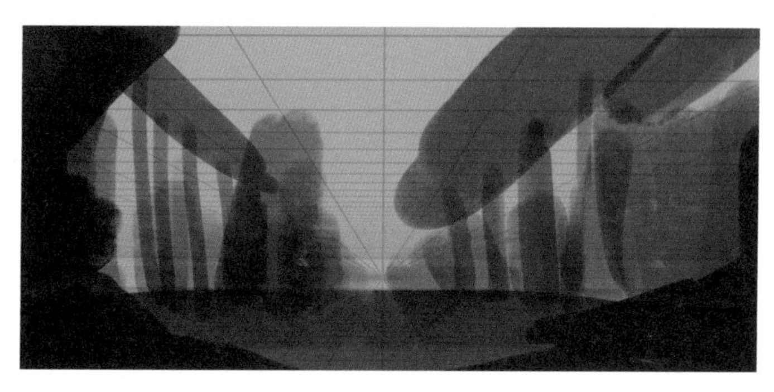

图 10.2.3 块面透视意向绘制

以点吸式绘制的方式继续整理画面空间的天地线的剪影效果，打破之前灭点左右均势的态势。结合画面的构图及位置关系，使用常规的选区绘制工具制作选区，进行熏染绘制，画笔工具的笔触体量较大，多注重宏观体量的熏染和黑白对比的关系变换，逐步地在空间中塑造体量、体块的穿插关系。这个环节基本操作并不复杂，绘制者需要在不断丰满的图面关系中找到平衡，洞察和构思宏观空间的走向，对于整个概念场景的绘制起着举足轻重的作用(如图 10.2.4、图 10.2.5 所示)。

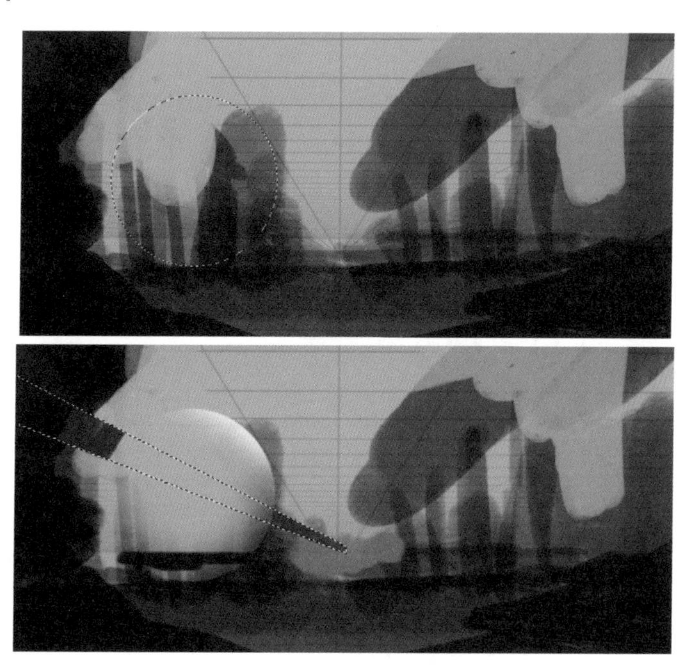

图 10.2.4 体量点吸式绘制

合并全部图层，执行“选择”→“色彩范围”命令，弹出“色彩范围”对话框，此时数位笔光标呈现颜色吸管状，单击画面的不同位置，对话框中“选择范围”的缩略预览图会实时变化，白色区域即为被选择的范围，缩略预览图上面的“色彩容差”滑杆可调节当前取色的相似度容差范围。本例中数位笔点选画面中颜色较浅的位置，单击“色彩范围”对话框的“确定”按钮。使用画笔工

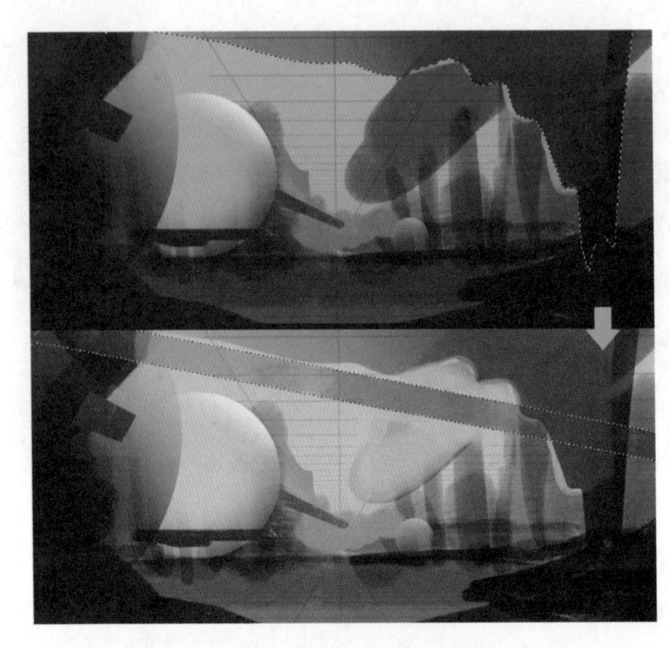

图 10.2.5　块面点吸式绘制

具 ，选择颜色相对较浅的当前色在所选区域内进行熏染，从而拉大了画面的明度对比关系，形成远景、中景、近景的层次感(如图 10.2.6 所示)。

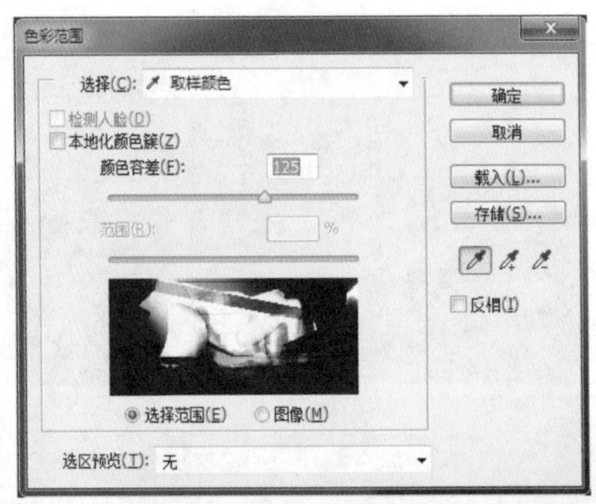

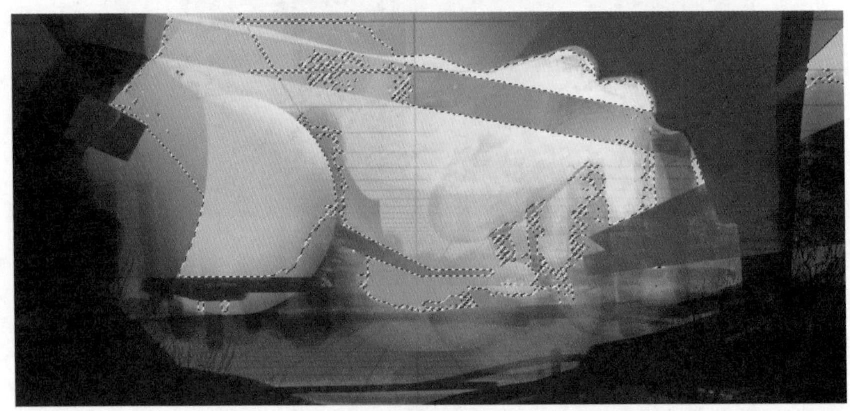

图 10.2.6　“色彩范围”命令相关操作及绘制示意

继续使用套索工具，按照“圈影”技法的基本操作，绘制区域选区或剪影选区，以笔触熏染或填充前景色的方式，继续丰富场景内容元素。通过这种方式进一步丰富了画面内容，在笔触熏染环节应注重形体变化和光线变化，为后期的继续完善和深入留有一定的发挥空间。填充颜色和熏染颜色，应注重所绘制的物体在整个空间的位置关系，遵循整体的近景、中景和远景的黑白灰关系(如图 10.2.7、图 10.2.8 所示)。

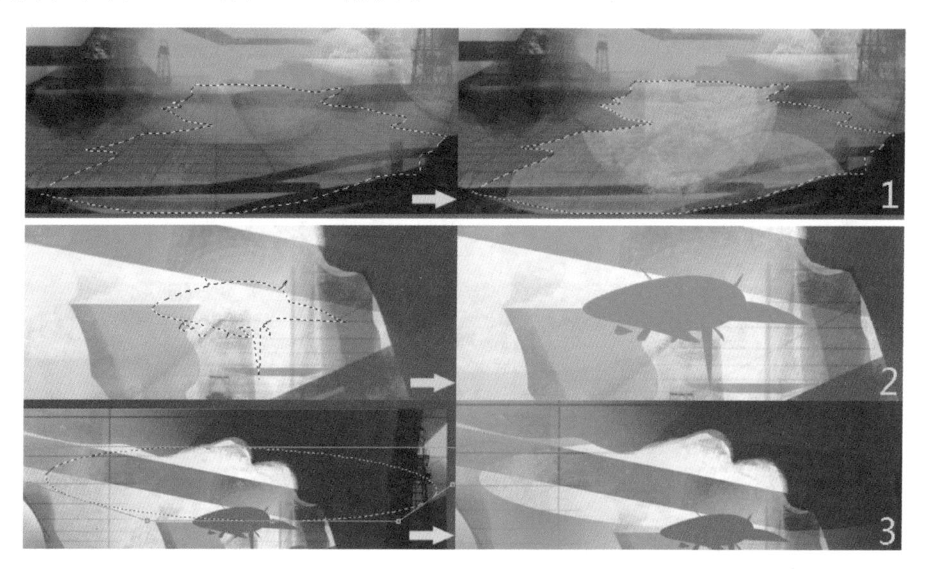

图 10.2.7　选区“熏染”绘制的灵活运用

图 10.2.8　当前画面效果示意

2. 画面细节构筑

在整体的空间布局确立后，使用画笔工具，确定当前色为黑色，选择以机械、机器为主题的纹理笔刷，采用逐层点绘的方式进行纹理绘制。每一个新建图层中绘制一个相关的机器纹理内容，适时调整图层的不透明度，让纹理融入整体的景别环境中，既不能显得突兀，又要为后期的深入绘制提供有维度的想象空间，力求做到若有若无。机械笔触具体内容的选择未必做到尽善尽美，只要符合大致的造型意向即可。纹理笔触要符合场景造型的透视感觉，点绘后可进行简单的变形处理。纹理绘制完成后，合并全部图层(如图 10.2.9～图 10.2.11 所示)。

图 10.2.9　纹理素材堆叠单独显示

图 10.2.10　素材绘制笔触与画面透视匹配

图 10.2.11　当前画面效果示意

3. 整体色调调整

新建图层，将图层混合模式调整为“滤色”模式。使用渐变工具，进行竖向渐变，适时调整图层不透明度，让整体画面形成上浅下深的整体色调关系（如图 10.2.12 所示）。

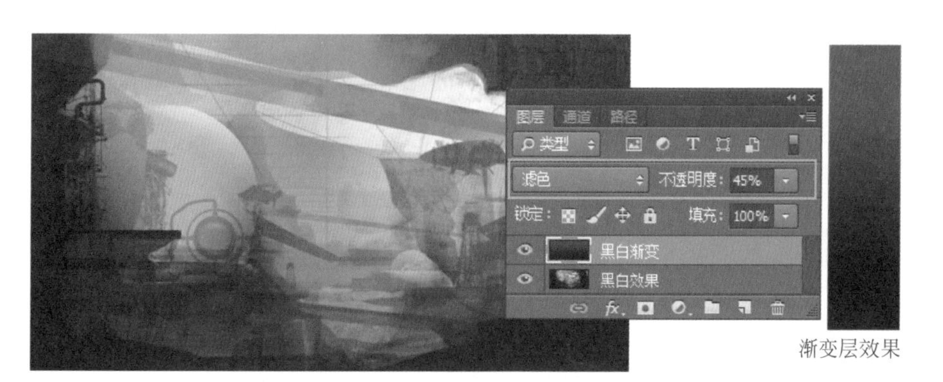

图 10.2.12　整体画面明度趋势调整

继续新建图层，将图层混合模式调整为“叠加”模式。使用渐变工具，选择画面整体的色调变化，进行竖向渐变，适时调整“主体色调”图层的不透明度，至此形成了一幅相对完整的画面印象（如图 10.2.13 所示）。

图 10.2.13　主体画面色调调整示意

执行“图层”→“新建调整图层”→“曲线”命令，单击图层缩略图标，在弹出的属性面板中，分别调整“红”“绿”“蓝”通道的曲线变化，使整体画面色彩更加丰富细腻。

执行“图层”→“新建调整图层”→“色阶”命令，单击图层缩略图标，在弹出的属性面板中，适时调整色阶滑杆的位置，增强画面的明度对比（如图 10.2.14 所示），完成色阶调整后合并全部图层。

4. 画面细化

使用画笔工具，将画笔模式调整为“颜色减淡”，选择一些光效笔刷，以点绘或扫绘的方式，为画面适当增加高光或光源效果（如图 10.2.15 所示）。

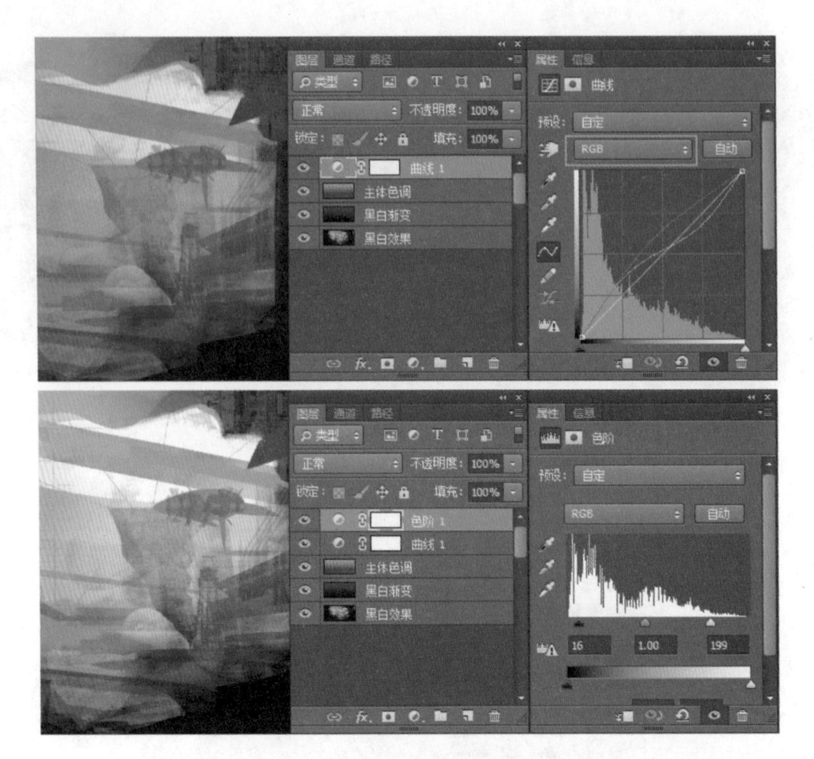

图 10.2.14　画面色阶调节示意

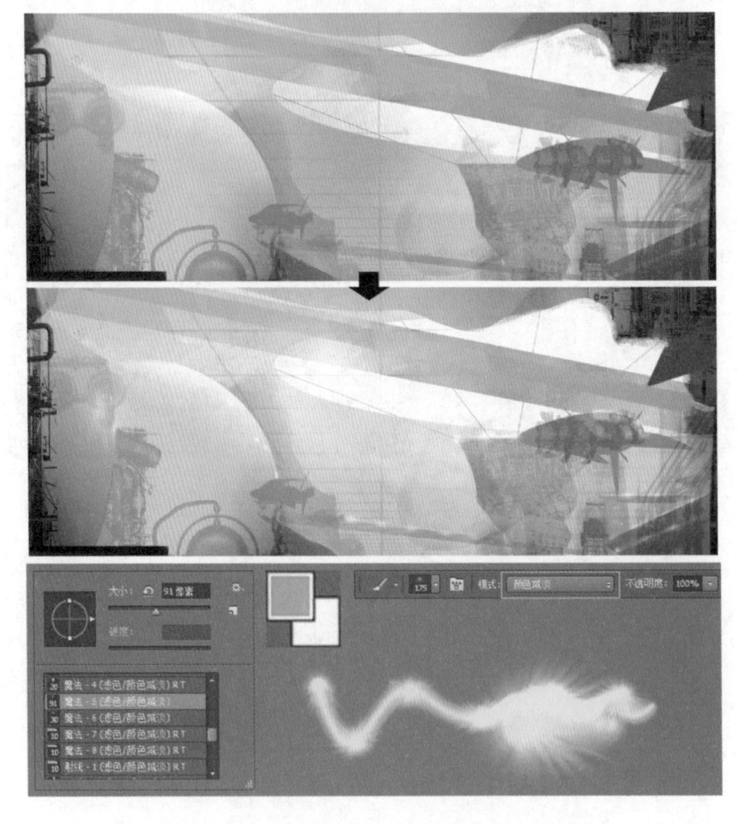

图 10.2.15　画面亮部“点提”操作效果示意

本着整体—局部—整体的绘制思路，在整体画面效果基本确定后，继续采用“各个击破”的方式完善细节。使用素材拼接的方式，选择素材的有效区域，粘贴至画面的相应位置，适时降低图层的不透明度，让素材更加融入画面整体效果（如图 10.2.16 所示）。

图 10.2.16 图像素材叠加示意

将素材图片图层与整体画面图层合并，采用点吸式绘制方式，对现有画面进行完善式。这种画面处理方式一方面使新增素材与原有画面更加融合，另一方面也为画面增添了绘制感，使画面效果更加厚重。这种素材拼接与点吸式绘制相结合的画面处理手法高效快捷，在概念设定中使用效率较高（如图 10.2.17 所示）。

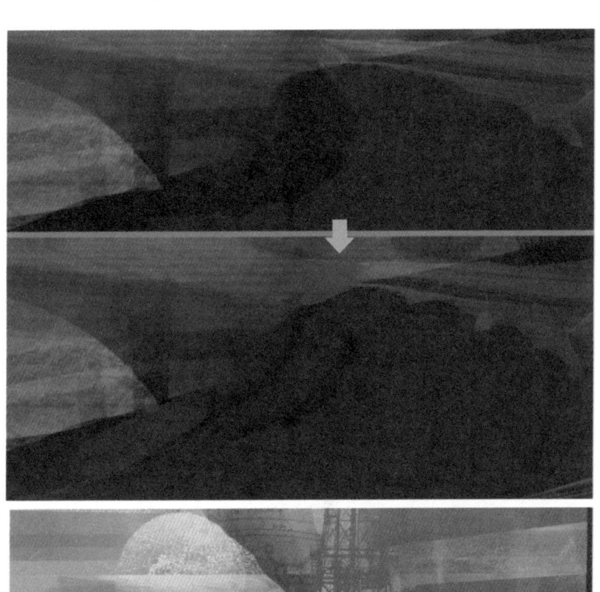

图 10.2.17 以图像素材为基础的点吸式绘制

在画面深入的过程中,“选区绘制”或“选区熏染”都是较为常用的绘制手法。在例图中,使用套索工具 或多边形套索工具 迅速绘制飞行器驾驶舱的区域选区。使用画笔工具 ,选择具有一定绘画感的笔刷,适时调整当前色,在相应的区域内,按照物体的特定结构进行覆盖式绘制,先画暗部、再看亮部。这种在特定区域内绘制的行笔感觉,非常类似于真实绘制中马克笔的快速表现技法,绘制者在实际的操作中应多体会(如图 10.2.18 所示)。这种“选区绘制”,一般在新建图层上完成绘制,便于随时修正,绘制完成后可合并图层。

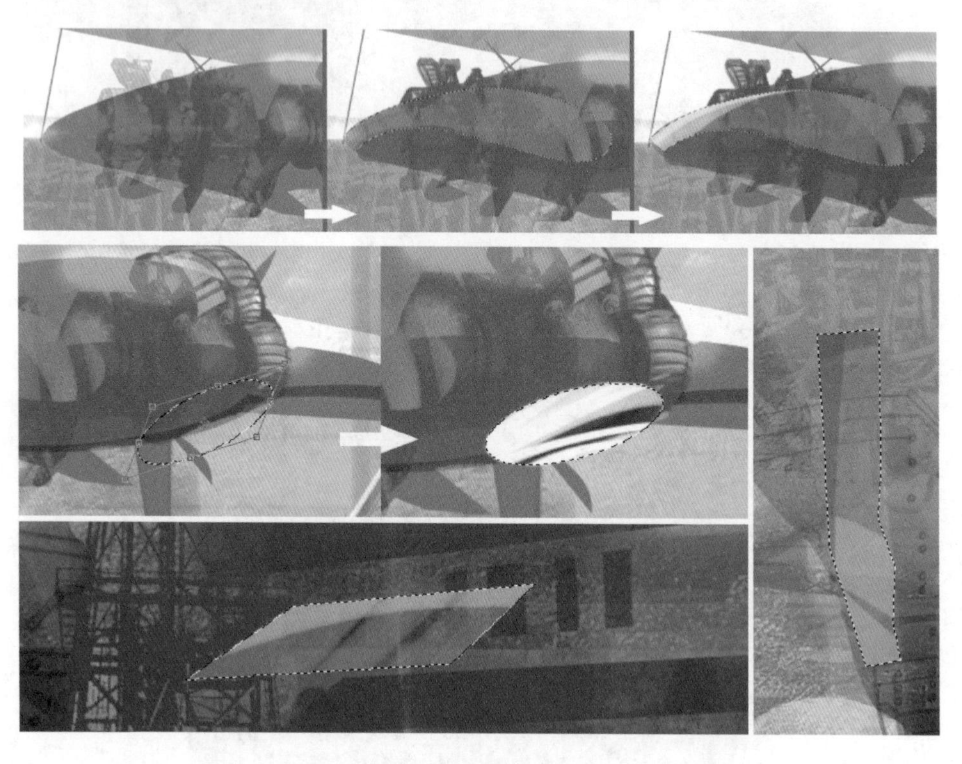

图 10.2.18　选区绘制的灵活操作

“选区熏染”绘制在之前的章节中已有介绍,在类似场景概念设定的绘画表现中,应注意控制熏染绘制的压感控制,尝试不让熏染效果过实,让画面相互渗透,使画面有机融合。根据画面需求,熏染时的画笔模式也可调整为“颜色减淡”模式,突出光线的区域变换(如图 10.2.19 所示)。

从绘制初期至此,画面整体明度一直控制在相对的范围内,从各物体的黑白灰调子来看,目前以黑调、灰调为主,随着画面的不断深入,可使用点吸式绘画的方式进行亮面的“点”“提”绘制,在绘制过程中同样是对物体细节的造型绘制,更应做到精益求精,正所谓点睛之笔。亮部高光的绘制除了常规的点吸式绘制,还可以按快捷键 Shift 绘制高光的直线效果,也可以利用相应的绘制选区,进行特定区域的绘制(如图 10.2.20 所示)。

根据整体构思,使用画笔工具 ,选择烟雾类形状笔刷进行点绘,适时地使用类似的形状类笔刷可以使画面更具有动感气息,同时相对于画面中许多硬朗的笔触和造型,这样的笔触效果也更有透气性,形成对比的呼应关系(如图 10.2.21 所示)。

随着画面绘制的不断深入,之前在画面构思之初的拼接素材逐渐略显突出。对于素材资料的使用可以“拿来主义”,但最终效果一定要入画,符合一定的逻辑性,要以素材资料作为基本框

图 10.2.19　选区“熏染”的灵活运用

图 10.2.20　点提绘制效果示意

图 10.2.21 烟雾特效笔触的运用

架。在此基础上进行归纳或丰富,最终使观者忘却素材的存在,使画面显得更加厚重丰满。本例重点拆分了一个在基本素材基础上逐步深入的过程,主要以叠层点吸式绘制和选区绘制为主,从原有素材肌理面的基础上抽离出“点”和“线”的因素(如图 10.2.22 所示)。

图 10.2.22 点吸式绘制的造型完善及重塑

通过路径描边功能为画面增添线条的因素,作为平面构成的基本要素,“点”和“线”增添细腻的视觉感受(如图 10.2.23 所示)。

图 10.2.23 线条表现提高画面的细腻感受

根据画面中远景的位置，继续使用选区绘制与选区熏染的绘制技法。在图 10.2.24 中步骤 1 在使用“减淡”模式的画笔为肌理效果的面进行选区熏染时，往往会提亮分离出意想不到的细节效果，起到了事半功倍的效果。步骤 2～4 将选区绘制与选区熏染相结合，迅速绘制景观雕塑和飞行器。绘制、熏染时可尝试适当保留原背景的效果，在绘制选区的范围内形成一定的肌理关系，达到一种细节表现的视觉错觉。

图 10.2.24 选区快速绘制表现

5. 画面整理

合并全部图层，执行“滤镜”→“锐化”→“智能锐化”命令，根据预览效果，适时调节“数量”“半径”“减少杂色”等参数，使画面像素色彩分离出更多细节，使画面看上去更加细致凝重。

注意：在使用“智能锐化”命令的时候要避免过犹不及，避免锐化效果过于极端，从而失去原有的画面愿景。

将锐化后的画面图层进行复制，执行“滤镜”→“模糊”→“动感模糊”命令。调节参数如图10.2.25所示，使用橡皮擦工具，选择圆头柔边压力笔刷，将画笔笔头直径适当加大，根据画面的视觉中心、构图关系等综合因素，擦除部分动感模糊的图层画面，使相应位置的锐化画面有所呈现，让画面形成虚实的对比关系，更具有动态效果(如图10.2.26所示)。

图10.2.25 “动感模糊”命令调节及效果示意

图10.2.26 当前画面效果示意

合并全部图层，使用画笔工具，并调整为“颜色减淡”模式，选择相应的光效笔刷，在画面中点绘高光和细节，令画面更加精致。执行“图层”→“新建调整图层”→“色彩平衡”命令，单击“色彩平衡”调整图层缩略图，在弹出的属性面板中分别调整“阴影”“中间调”“高光”。至此，概念场景设定效果表现案例绘制完毕(如图 10.2.27～图 10.2.30 所示)。

图 10.2.27　最终画面效果

图 10.2.28　画面局部效果一

图 10.2.29　画面局部效果二

图 10.2.30　画面局部效果三

本例绘制从画面完成度而言，并没有达到最终的逼真效果，可通过叠层点吸式绘制等基础技法对画面不断提炼、细化，在兼顾整体的基础上继续将每一个细部逐个绘制，以达到最终的效果需要。

本节小结

本章节案例属于综合技法的数字绘画，有很多技法组合的运用具有一定的实用性和典型性，学习者应在不断实践的基础上多尝试，并敢于抓住不同技法的画面表现特性，敢于根据实际画面需求灵活运用，敢于创新，定会有所收获。

本节作业

结合本章案例，自拟故事情节，应用综合技法，进行相关场景的数字化概念设定表现。